Der historische Buchbestand der Universitätssternwarte Wien

Franz Kerschbaum/Thomas Posch

Der historische Buchbestand der Universitätssternwarte Wien

Ein illustrierter Katalog
Teil 1: 15. bis 17. Jahrhundert

PETER LANG
Frankfurt am Main · Berlin · Bern · Bruxelles · New York · Oxford · Wien

Bibliografische Information Der Deutschen Bibliothek
Die Deutsche Bibliothek verzeichnet diese Publikation in der Deutschen
Nationalbibliografie; detaillierte bibliografische Daten sind im
Internet über <http://dnb.ddb.de> abrufbar.

Gedruckt mit Förderung des Bundesministeriums
für Bildung, Wissenschaft und Kultur in Wien
und der Wissenschafts- und Forschungsförderung
der Stadt Wien, MA 7.

Die Österreichische Akademie der Wissenschaften
unterstützte finanziell die Arbeit
von Frau M. Solar, die die Druckvorlage
des Katalogteils herstellte.

Umschlagabbildung:
Georg von Peuerbach: Theoricae novae planetarum,
Nürnberg 1473,
Druckerei und Verlag des Johannes Regiomontanus.

ISBN 3-631-52890-6
© Peter Lang GmbH
Europäischer Verlag der Wissenschaften
Frankfurt am Main 2005
Alle Rechte vorbehalten.

Das Werk einschließlich aller seiner Teile ist urheberrechtlich
geschützt. Jede Verwertung außerhalb der engen Grenzen des
Urheberrechtsgesetzes ist ohne Zustimmung des Verlages
unzulässig und strafbar. Das gilt insbesondere für
Vervielfältigungen, Übersetzungen, Mikroverfilmungen und die
Einspeicherung und Verarbeitung in elektronischen Systemen.

www.peterlang.de

Inhalt

Geleitwort	VII
Vorbemerkung	IX
Zum Katalog	XIX
15. Jahrhundert	1
16. Jahrhundert	7
17. Jahrhundert	61
Autorenindex	169
Anmerkungen	175
Literatur	197
Zeittafel zur Universitätssternwarte Wien	201

Geleitwort

Vor fast genau 250 Jahren kam der Jesuitenpater *Maximilian Hell* nach Wien, um als designierter Lehrkanzelinhaber die Errichtung der ersten Sternwarte auf dem Dach der damals neuen Universität zu koordinieren und im Jahr darauf, 1756, sein Amt als erster *Sternwartedirektor* anzutreten. Dies definiert natürlich nicht den Beginn astronomischer Forschung an der Wiener Universität, stellt aber doch einen besonders wichtigen Schritt in der Institutionalisierung der Astronomie vor allem auch im Sinne der Verselbständigung von den anderen wissenschaftlichen Disziplinen an der Universität dar.

Schon viel früher, nämlich ab 1385, findet man astronomische Lehr- und Forschungstätigkeit an der nur kurz davor, 1365, gegründeten Wiener Universität. Im 15. Jahrhundert kam es zur ersten großen Blüte der dann bereits international angesehenen Wiener Forschung durch drei herausragende Vertreter der *Wiener astronomisch-mathematischen Schule* – Johannes v. Gmunden, Georg v. Peuerbach und Johannes Müller v. Königsberg, genannt Regiomontanus –, welche als Wegbereiter der kopernikanischen Wende in die Geschichte eingingen.

Unser heutiges Institut für Astronomie steht in dieser *mehr als 600jährigen Tradition* und verwaltet gemeinsam mit der Universitätsbibliothek das wertvolle Erbe wissenschaftlicher Druckwerke, die schon in seinen Vorgängerinstitutionen eine Grundlage für Lehre und Forschung darstellten.

Unseren umfangreichen Buchbestand in Wort und Bild dokumentierend, lässt der vorliegende, das 15., 16. und 17. Jh. umfassende erste Katalogteil die Entwicklung der Astronomie von der letzten Blüte des *Ptolemäischen Weltbildes* im Spätmittelalter, der frühneuzeitlichen *kopernikanischen Revolution* bis hin zum Beginn der *Physik des Himmels* auf exemplarische Weise nachvollziehen. Der demnächst erscheinende zweite Teil beinhaltet das 18. Jh. mit der Ausbildung der Astronomie zu einer sich differenzierenden Naturwissenschaft.

Es bleibt zu wünschen, daß das Studium dieses Buches dem Leser den hohen wissenschaftlichen und kulturellen Wert historischer Druckwerke neu bewusst machen und ihn zu der lohnenden Beschäftigung mit diesem Erbe anregen möge.

Michel Breger
Leiter des Instituts für Astronomie und der Sternwarte der Universität Wien,
im August 2005

Vorbemerkung

1. Zur Motivation des vorliegenden Werks

Unter den Fachbereichs- und Institutsbibliotheken der Universität Wien zeichnet sich jene des Instituts für Astronomie zwar nicht durch einen besonders umfangreichen, wohl aber durch einen sehr weit in die Frühzeit des Buchdrucks zurückgehenden Bestand aus. So stammen von den heute etwa 12.000 Titeln der Bibliothek (die Periodika nicht mitgerechnet) 191 Titel aus der Zeit vor 1700 und mehr als 300 aus dem 18. Jh. (zur Bestandsentwicklung im Detail vgl. unten, Abschnitt 3). Dies ist freilich kein Zufall, sondern im wesentlichen auf zwei Umstände zurückzuführen: Einerseits ist die Astronomie bekanntlich die älteste Naturwissenschaft, und andererseits ist dieses Fach an der Universität Wien schon seit deren Gründung im Jahre 1365 vertreten, ja sogar von hervorragenden Vertretern wie Georg von Peuerbach gelehrt worden.

Im internationalen Vergleich wird man die Sammlung astronomiehistorischer Werke der Wiener Universitätssternwarte zwar nicht in jeder Hinsicht herausragend nennen können; erinnert sei hier nur an die Existenz einiger italienischer, französischer, niederländischer, belgischer, britischer und auch amerikanischer Bibliotheken, die zum Teil hunderte Titel aus der Zeit des 15.-17. Jh. verwahren. Davon legt z.B. der Katalog der *Crawford Library* des *Royal Observatory Edinburgh* eindrucksvoll Zeugnis ab, welcher etwa 1200 Titel (Manuskripte und alte Drucke bzw. Inkunabeln) aus der Zeit zwischen 1450 und 1700 auflistet.[1] Betrachtet man allerdings die Bibliotheken der Sternwarten Deutschlands, Österreichs und der Schweiz, so findet sich unter diesen kaum eine mit einem vergleichbaren historischen Buchbestand, obzwar einzelne Universitäts- und Staatsbibliotheken einen umfassenderen astronomiehistorisch relevanten Bestand verwalten.

Maßgeblich für die Erstellung eines illustrierten und kommentierten Katalogs unserer Sammlung alter Druckwerke war freilich nicht allein der Bestand als solcher und dessen (ohnehin nur relative) Sonderstellung, sondern auch der Wunsch, ein altes Versprechen einzulösen, welches bereits im Jahre 1900 gegeben worden war. In besagtem Jahr erschien nämlich das *Adressbuch der Bibliotheken der Oesterreichisch-ungarischen Monarchie*, welches im ersten Teil unter der Nummer 956 folgenden Eintrag enthält:

Universitätssternwarte, XVIII/1 Türkenschanzstrasse [...] – 9600 Bde.; 3000 Broschüren und 80 hauptsächlich astronomische Kartenwerke. – Jahresdotation 600 Gulden[2] [...].

---

[1] Vgl. Mary F.I. Smyth und Michael J. Smyth, Supplement to the Catalogue of the Crawford Library of the Royal Observatory of Edinburgh, Edinburgh 1977.

[2] Zum Vergleich: Die Jahresdotation der Universitätsbibliothek betrug zu jener Zeit nach derselben Quelle 30000 Gulden, jene der Nationalbibliothek war ungefähr ebenso hoch. Die Jahresdotation der Bibliothek des Physikalisch-chemischen Instituts betrug laut *Adressbuch* damals 300-400 Gulden. (Zu

Zunächst nur zur Unterstützung der wissenschaftlichen Thätigkeit der Astronomen der Sternwarte bestimmt; doch auch für andere Gelehrte oder Studirende der Astronomie während der Amtsstunden zugänglich. – Entlehnungen und Versendungen ausschließlich an wissenschaftliche Institute. – Vertreten in erster Linie Astronomie; ausserdem Mathematik, Physik, Meteorologie und mathematische Geographie. [...] In Vorbereitung ist ein Katalog zur Publication in den Annalen der Anstalt.[3]

Mit den „Annalen der Anstalt" sind in diesem Falle die *Annalen der Wiener Universitätssternwarte* gemeint, die seit 1882 von Edmund Weiß in neuer Folge herausgegeben wurden, in welchen jedoch der angekündigte Katalog nie erschienen ist! Warum es zu dieser Publikation nicht gekommen ist, konnte nicht geklärt werden; jedenfalls schien es hoch an der Zeit zu sein, das oben wiedergegebene Versprechen nach 105 Jahren – in einer Epoche, in welcher bibliographische Recherchen wohl um einiges leichter geworden sind als sie es um 1900 waren – einzulösen. Dem hier vorliegenden ersten Band, welcher Druckwerke des späten 15., des 16. und des 17. Jh. präsentiert, wird ein zweiter, die Werke des 18. Jh. verzeichnender Band folgen. Beide Bände sind nach demselben Prinzip aufgebaut: Einleitender Teil, Katalogteil, Anmerkungsteil. Strenge Systematik und Vollständigkeit der Angaben kann dabei, wenn überhaupt, nur bei den bibliographischen Basisdaten im Katalogteil erreicht werden. Schon die getroffene Auswahl der Abbildungen, erst recht aber die Auswahl der Bücher, über die wissenschaftshistorische Anmerkungen für nötig erachtet wurden, unterliegt naturgemäß persönlichen Präferenzen der Bearbeiter. Unser Prinzip war es, jedes Buch durch mindestens eine verkleinerte Abbildung der Titelseite und jedes reich illustrierte Werk durch wenigstens *zwei* Abbildungen zu repräsentieren. Historische Anmerkungen finden sich zu den meisten jener (wenigen) Werke, die in irgendeiner Weise in die allgemeine Wissenschafts- und Kulturgeschichte eingehen; darüber hinaus aber auch zu Werken, die eine bestimmte Sonderstellung in unserer Sammlung einnehmen (z.B. zu unserem ersten deutschsprachigen Werk).

Unser Ziel ist, sowohl durch den Katalog- wie durch den Anmerkungsteil *Anstöße zur Bestandserhaltung und weiteren Bestandserschließung* in wissenschaftshistorischer – aber auch, wo nötig, in konservatorischer – Hinsicht zu geben. Keineswegs soll damit gesagt sein, daß eine solche in den vergangenen Jahrzehnten vernachlässigt worden wäre: Haben doch astronomiehistorische Studien, die an der Wiener Universitätssternwarte entstanden sind, immer wieder auch international Anerkennung gefunden.[4] Doch kann in einer Situation, in welcher die Naturwissenschaften mancherorts der Gefahr erliegen, die Beziehung zu ihrer eigenen Geschichte zu verlieren,

---

den Bibliotheken der Physikalischen Institute im 19. Jh. vgl. den Band *Österreichische Zentralbibliothek für Physik: Geschichte – Dokumente – Dienste*, Wien 2004, S. 8f.)
[3] Adressbuch der Bibliotheken der Oesterreichisch-ungarischen Monarchie. Von Johann Bohatta und Michael Holzmann. Wien 1900, S. 338.
[4] Insbesondere erwähnenswert sind in diesem Zusammenhang die astronomiehistorischen Studien von Konradin Ferrari d'Occhieppo und Maria G. Firneis.

kaum genug dafür getan werden, um diese am Leben zu erhalten und für die Gegenwart fruchtbar zu machen.

In einigen Fällen erwies sich die Beschäftigung mit Abhandlungen aus vergangenen Jahrhunderten in der Tat als eine überraschend lebendige Angelegenheit. Exemplarisch sei Johannes Hevelius' Edition des Traktats *Venus in Sole visa* des genialen, früh verstorbenen britischen Astronomen Jeremiah Horrocks genannt. Dieses Werk enthält, wie andernorts gezeigt[5], eine in methodischer Hinsicht vorbildliche Darstellung fast aller für einen Venustransit relevanten Aspekte des zeitgenössischen Wissens über unser Sonnensystem. Was für Hevelius' Horrocks-Edition gilt, gilt in analoger Weise für zahlreiche andere – mitunter fast in Vergessenheit geratene – Traktate aus der Geschichte der Astronomie: Sie können uns darüber belehren, wie weitreichende Konsequenzen sich aus der akribischen Analyse von Beobachtungsdaten oder aus dem vorurteilslosen Zu-Ende-Denken von Theoremen ergeben können. Dies zeigen etwa auch Heinrich von Langensteins und Regiomontanus' Hervorkehrung der bis dahin wenig beachteten paradoxen Folge aus der ptolemäischen Lehre für den scheinbaren Monddurchmesser: dieser müßte im Laufe eines Monats um einen Faktor zwei schwanken.[6] Diese beiden Beispiele mögen genügen, um plausibel zu machen, daß die hier in rudimentärer Weise aufgeschlüsselten Bücher viele Überraschungen bergen, welche auch für den heutigen Leser eine reichhaltige Inspirationsquelle – methodisch wie auch inhaltlich – sein können.

2. Warum ein *Buch* über Bücher?

Wenn auch außer Zweifel steht, daß jede Bibliothek nur in Verbindung mit einem systematischen Katalog gut benützbar ist, so kann doch in heutiger Zeit mit Recht die Frage aufgeworfen werden, ob ein *gedruckter Katalog* noch zeitgemäß sei. Sind nicht Online-Kataloge und CD-ROMs weit besser zur Bestandserschließung und laufenden Aktualisierung der bibliographischen Informationen geeignet? Das letztere trifft zweifellos zu: Elektronische Kataloge sind in bezug auf Aktualität gegenüber gedruckten Katalogen in Zettel- oder gar in Buchform entscheidend im Vorteil. Genau aus diesem Grunde wird der Zettelkatalog unserer Institutsbibliothek auch schon seit geraumer Zeit nicht mehr weitergeführt. Er wurde Ende der 1980er-Jahre durch ein „hauseigenes" elektronisches Katalogsystem (entwickelt von M.J. Stift) und 2002 durch das mittlerweile weitverbreitete ALEPH-System ersetzt, jedenfalls was die Katalogisierung der Neuerwerbungen betrifft. Mittlerweile sind etwa 4000 Titel der Institutsbibliothek mittels des elektronischen Katalogs der Universitätsbibliothek Wien suchbar.

---

[5] Vgl. Th. Posch u. F. Kerschbaum, Kepler, Horrocks, Hevelius und der Venustransit von 1631, in: Acta Universitatis Carolinae – Mathematica et Physica, Vol. 46, 2005, im Druck. – Siehe auch die Anmerkung zu Hevelius (1662) im vorliegenden Band.
[6] Vgl. Anmerkungen zu Regiomontanus (1496) und Langenstein (1505) in diesem Band, S. 177ff.

Die leitende Vorstellung bei der elektronischen Katalogisierung ist jedoch nicht, diese allein für die Neuerwerbungen vorzunehmen oder allenfalls die in den vergangenen Jahrzehnten erworbenen Bücher auf diese Weise zu katalogisieren: Im Gegenteil: Auch der Online-Katalog der Institutsbibliothek für Astronomie[7] enthält alle relevanten bibliographischen Informationen über die historischen Druckschriften – sogar samt ausgewählten digitalisierten Schlüsselseiten –, welche hier präsentiert werden. Zweifellos ist dieses System für Neuzugänge (z.B. durch Ankäufe aus Antiquariatsbeständen) oder Hinzufügung weiterer digitalisierter Seiten (u.U. sogar ganzer digitalisierter Bücher) offener als jedes gedruckte Werk! Wie rechtfertigt sich dann also die – selbst bei Beschränkung auf Schwarzweißabbildungen – relativ kostspielige Herstellung eines „*Buchs* über Bücher"?

Zum einen schärft gerade die Arbeit an Jahrhunderte alten Büchern das Bewußtsein für die immer noch unübertroffene *Haltbarkeit* des Mediums Druckwerk. Mit dem Haltbarkeitsproblem ist das *Lesbarkeitsproblem* verknüpft: Wer vermöchte heute zu prognostizieren, wie praktikabel in 50 Jahren das Einlesen von Daten sein wird, welche auf CD-ROM gespeichert sind? Sind diese Probleme zugegebenermaßen eher äußerlicher und wohl kaum unüberwindlicher Natur, so gibt es doch einen *zweiten* Komplex von Argumenten, die für die Herstellung eines gedruckten Katalogs sprechen. Wenn auch Bücher im Vergleich zu elektronischen Medien nur eine sehr beschränkte *Menge* von Informationen „speichern" können, so ist doch die *Übersichtlichkeit* der präsentierten Information oft erheblich besser als im Falle des digitalen Gegenstücks. Hinzu tritt, daß gerade die ständige Aktualisierbarkeit elektronischer Kataloge in gewisser Weise die Fixierung von zu bestimmten Zeitpunkten erreichten Stadien (sofern diese nicht ganz vorläufig und unzureichend sind) wünschenswert erscheinen läßt. Der Vorteil, auf dem letzten Stand zu sein, wäre sonst mit dem Nachteil erkauft, daß nie ein eigentliches Produkt der Arbeit vorläge, sondern die letztere nur ein permanentes Produzieren und Verbessern bliebe.

3. Elemente der Astronomie- und Buchdruckgeschichte 1470-1700

Es kann nicht Ziel der gegenwärtigen Einleitung sein, auch nur die wichtigsten Ereignisse der Geschichte der Astronomie und der Buchdruckerkunst des späten 15. sowie des 16. und 17. Jh. darzustellen. Wohl aber erscheint es möglich und sinnvoll, einige allgemeine Bemerkungen zum Stand und zur Entwicklung dieser „Künste"[8] während des genannten Zeitraums zu machen.

Was zunächst die Entwicklung des Buchdrucks betrifft, so breitete sich dieser in der 2. Hälfte des 15. Jh. bekanntlich rapide aus. Seit Gutenberg 1455 in Mainz seine berühmte 42zeilige lateinische Bibel hergestellt hatte, verbreitete sich die für Europa neue technisch-kulturelle Errungenschaft von Südwestdeutschland aus in die be-

---

[7] Vgl. http://opac.univie.ac.at, mit Übergang (Link) zu „A107 – Institutsbibliothek für Astronomie".
[8] Mit Recht kann auch die Astronomie als eine „Kunst" in dem Sinne genannt werden, in welchem man sie von alters her zu den „septem artes liberales" (Grammatik, Rhetorik, Dialektik, Astronomie, Musik, Arithmetik, Geometrie) rechnete.

nachbarten Länder, um in den 1470er-Jahren Frankreich, Belgien, Spanien und England, in den 1480er-Jahren auch Skandinavien zu erreichen. Die Zahl der bis 1500 – in der Epoche der sog. Wiegendrucke[9] – produzierten Titel beläuft sich immerhin auf etwa 27.000 bis 40.000; etwa eine halbe Million Exemplare (von geschätzten zehn Millionen) haben sich bis heute erhalten.[10]

Obzwar im Mittelpunkt der frühen verlegerischen Tätigkeit theologische und humanistische Schriften standen, wurde die Bedeutung des Buchdrucks auch für die Pflege der mathematischen Wissenschaften bald erkannt. Ein aufschlußreiches Beispiel dafür ist die letzte Schaffensphase des bereits erwähnten Johannes von Königsberg (Regiomontanus). Dieser jüngste der drei großen Exponenten der Wiener astronomisch-mathematischen Schule gründete 1471/72 in Nürnberg eine eigene Druckerei, um die „Neue Planetentheorie" seines Lehrers Georg von Peuerbach sowie zahlreiche andere Werke antiker und neuerer Autoren verbreiten – manche davon auch kommentieren – zu können.[11]

Regiomontans Name bringt uns zur Frage, wie die Ausrichtung der astronomischen Forschung von der Zeit der Wiegendrucke bis 1700 mit wenigen Worten pauschal charakterisiert werden könne. Auf große Namen bezogen, müßte man diese Epoche jene *von Peuerbach bis Newton* nennen, auch wenn der Zweitgenannte, der 1727 in seinem vierundachtzigsten Lebensjahr verstarb, nicht nur durch die Rezeption seiner Werke, sondern auch durch seine physische Gegenwart weit ins 18. Jh. hineinreichte. Die Nennung dieser beiden Namen – Peuerbach und Newton – bezeichnet nun aber zugleich die thematische Ausrichtung der astronomischen und zu einem bedeutenden Teil der gesamten naturwissenschaftlichen Forschung zwischen 1450 und 1700: die *Erforschung der Bewegung* (und, soweit als möglich, auch der *Natur*) *der Körper des Sonnensystems* war es, welche sich einem Peuerbach, Regiomontanus, Kopernikus, Tycho, Kepler, Galilei, aber auch noch einem Newton als vorrangiges Ziel darstellte.

Diese Aussage impliziert natürlich nicht, daß es im 18., 19. oder 20. Jh. keine bedeutenden Naturforscher mehr gegeben hätte, für die sich Kinematik und Dynamik des Sonnensystems als primärer Gegenstand ihrer Arbeit dargeboten hätte. Dennoch ist das Studium der Bewegungsabläufe im Sonnensystem in jenen Jahrhunderten nicht mehr schlechthin als *der* rote Faden der Astronomiegeschichte anzusehen. Am ehesten gilt dies noch für das 18. Jh., denn auch in diesem begann die Astronomie nur langsam, ihren Horizont systematisch über die Grenze unseres Sonnensystems hi-

---

[9] Für die um 1500 gedruckten Bücher werden die synonymen Ausdrücke „Inkunabel" und „Wiegendruck" verwendet.

[10] Vgl. M. Janzin und J. Güntner, Das Buch vom Buch, Hannover 1997, S. 119 und S. 126, wo sich auch Angaben zur Zahl der bis 1500 etablierten Druck- und Verlagsorte finden, welche hier kurz wiedergegeben seien: im deutschsprachigen Gebiet waren es 62, im Gebiet des heutigen Italien 80, in Frankreich 45 und in Spanien 24 Druckorte. (Insgesamt waren bis 1500 über 1100 Druckereien in 256 Städten entstanden.)

[11] Vgl. Regiomontans Druckereiprogramm „*Hec opera fient in oppido Nuremberga Germanie ductu Ioannis de Monteregio*" von 1473/74, beschrieben in: Regiomontanus-Studien. Hg. von Günther Hamann. Wien 1980, S. 267ff. Vgl. auch E. Zinner, Leben und Wirken des Joh. Müller von Königsberg, genannt Regiomontanus, Osnabrück 1968, S. 163ff.

naus auszudehnen. Bezeichnend hierfür ist, daß Charles Messier (1730-1817) seinen Katalog der Nebelflecken und Sternhaufen bekanntermaßen ursprünglich zu dem Zweck erstellte, Kometenbeobachtern eine sichere Handhabe zu geben, um „Schweifsterne" von diffusen Objekten zu unterscheiden, welche nicht unserem Sonnensystem zugehören. Hier steht die astronomische Forschung also gleichsam auf dem Sprunge, sich dem, was wir heute die Erforschung der Galaxis nennen würden, zuzuwenden – dies aber noch im Dienste und im Interesse der Erforschung des Sonnensystems.

Doch auch unabhängig davon, wie man die Entwicklung der Astronomie seit dem 18. Jahrhundert beurteilt, ist jedenfalls für das 15.-17. Jh. die genannte Schwerpunktsetzung nicht bezweifelbar. Es mag hilfreich sein, dies anhand einiger weniger ausgewählter Werke, die Bestandteile unserer Sammlung sind, etwas näher zu erläutern.

Die astronomische Literatur des ausgehenden 15. und des gesamten 16. Jh. wird stark von Planetentheorie-Büchern und darauf aufbauenden Ephemeriden dominiert. Peuerbachs und Regiomontans Planetentheorie beruhte – bei mancher Kritik im einzelnen – noch auf ptolemäischen Grundlagen. Das Wort „novae" in „Theoricae novae planetarum" ist bekanntlich eher im Sinne von „auf den neuesten Stand gebracht" als im Sinne von „grundlegend neu" zu interpretieren. Damit soll Peuerbachs und Regiomontans Leistung keineswegs geschmälert werden: im Gegenteil, es zählt zu ihren Verdiensten, Planetenpositionen auf ptolemäischer Grundlage mit neuer Präzision vorausberechnet zu haben. (Nicht umsonst bedienten sich Seefahrer wie Vasco da Gama und Christoph Columbus auf ihren Entdeckungsreisen der Ephemeriden aus der Wiener Schule.) Als Kopernikus' Hauptwerk – in unserer Sammlung sowohl durch die Erstausgabe (Nürnberg 1543) als auch durch die zweite Auflage (Basel 1566) vertreten – erschien, war die Zeit noch relativ fern, zu der die neue, heliozentrische Astronomie „ephemeriden-technisch" sinnvoll anwendbar werden sollte. Zwar veröffentlichte Erasmus Reinhold 1571 seine *Prutenicae Tabulae* und somit bereits Ephemeriden, die heliozentrisch berechnet worden waren; doch waren diese ungenauer als die geozentrisch berechneten „Konkurrenzprodukte". Es bedurfte Keplers neuer *Physica coelestis* – so der weniger bekannte Untertitel der *Astronomia nova* von 1609 –, um die heliozentrische Hypothese so weit zu verbessern, daß sie sich der geozentrischen auch rechnerisch als überlegen erweisen konnte. Im übrigen ist auch das von Kepler selbst erstellte erste Meisterwerk heliozentrischer Ephemeridenrechnung – die *Tabulae Rudolphinae* von 1627 – Teil unserer Sammlung.

Nicht zu übersehen ist, daß im 17. Jh. – nach Erfindung und astronomischer Anwendung des Fernrohrs – zu den oben genannten Bereichen ein neues Themengebiet hinzutritt: die physische Beschaffenheit der Himmelskörper, insbesondere der uns am nächsten liegenden. Auf Galileis *Sidereus nuncius* ist hier nicht näher einzugehen, teils angesichts der Bekanntheit dieser Publikation, teils in Ermangelung einer zu besprechenden frühen Ausgabe dieses Werkes im Bestand unserer Bibliothek. Weniger bekannte Titel seien in diesem Zusammenhang exemplarisch erwähnt: Christoph Scheiners *Rosa Ursina* aus dem Jahre 1630 – eine umfangreiche Monographie über die Sonne, ihre beobachtbaren Atmosphärenstrukturen, ihre Rotationsperiode und dergleichen –; Johannes Hevelius' *Venus in sole visa* von 1661 – das erste Buch über die Beobachtung eines Venustransits, eigentlich eine kommentierte Ausgabe einer zwei Jahrzehnte älteren Schrift von Jeremiah Horrocks – sowie Stanislaus Lubienitz' zweibändiger Foliant *Theatrum cometicum* von 1668. Diese drei willkürlich herausgegriffenen Bücher aus dem 17. Jh. repräsentieren auf unterschiedliche Weise Versuche ihrer Autoren, die Frage nach der *Bewegung* der von ihnen beschriebenen Objekte mit der Frage nach der *Beschaffenheit* derselben zu verbinden. Spekulationen über die Beschaffenheit des Mondes, der Sonne, der Kometen und Planeten sind freilich fast so alt wie die Astronomie selbst. Neu in der Literatur des 17. Jh. ist aber die Bemühung um eine systematische, das beste verfügbare Beobachtungsmaterial einbeziehende Herangehensweise an die Frage nach der Natur der Körper des Sonnensystems.

4. Zur Bestandsentwicklung

Um den Zusammenhang zwischen Schwerpunkten der internationalen astronomischen Forschung vergangener Jahrhunderte und lokalen Interessensschwerpunkten sowie dadurch motivierten Akzentsetzungen in der Bücherbeschaffung zu verstehen, wäre es wünschenswert, rekonstruieren zu können, auf welchen Wegen und auf wessen Geheiß die heute an der Wiener Universitätssternwarte verwahrten Werke dorthin gelangt sind. Eine derartige Rekonstruktion ist zwar etwa für die Zeit seit der Fertigstellung des jetzigen Sternwartegebäudes (1883) einigermaßen zuverlässig möglich, auch für frühere Dekaden des 19. Jh. wohl nicht allzu schwierig, aber nach momentanem Kenntnisstand der Verfasser für die hier behandelten Jahrhunderte im einzelnen kaum zu leisten.

Die erste Wiener Universitätssternwarte wurde 1755 gegründet. Der Jesuit Maximilian Hell (1720-92) wurde zu deren erstem Direktor ernannt. (Schon seit 1623 oblag dem Jesuitenorden die Besetzung der Lehrkanzeln nicht nur der theologischen, sondern auch der philosophischen Fakultät.) Der alte Bibliotheksbestand dieser Sternwarte ist daher ebenso wie der übergeordnete Bestand der Universitätsbibliothek Wien in der Hauptsache aus den Büchersammlungen von Jesuitenkollegien hervorgegangen.[12] Daraus erklärt sich auch der handgeschriebene, recht häufige Eingangsvermerk „Specula Astronomica Collegij Societatis Jesu Vienna".[13]

---

[12] Die Universitätsbibliothek Wien wurde am 13. Mai 1777 – am Geburtstag der Kaiserin Maria Theresia – eröffnet und ist somit um etwa vier Jahrhunderte jünger als die Universität Wien selbst. Der Grundstock ihres Buchbestandes stammt aus den Bibliotheken von fünf im Jahre 1774 in Wien und Niederösterreich (Krems, Wiener Neustadt) aufgelassenen Jesuitenkollegien. Vgl. S. Frankfurt, Die Universitäts-Bibliothek, in: Die Universität Wien. Ihre Geschichte, ihre Institute und Einrichtungen. Herausgegeben vom Akademischen Senat. Düsseldorf 1929, S. 73ff.

[13] Es findet sich aber auch ein anderer Typ von Eingangsvermerk, so z.B. bei Peuerbach 1473: „facultatis philosophica Vienna 1686"; manche Bücher werden explizit als Dubletten des Bestands der Hauptbibliothek ausgewiesen, wurden also offenbar im Nachhinein von dieser an die ihr untergeordnete Sternwarte-Bibliothek überstellt.

Wesentlich einfacher als eine Rekonstruktion der Erwerbungsgeschichte einzelner Bücher ist eine *statistische* Untersuchung der Zahl der heute vorhandenen Werke in Abhängigkeit vom Erscheinungsjahr. Zwar können Erscheinungs- und Erwerbungsjahr nicht pauschal gleichgesetzt werden, doch spiegelt die Zahl der Bücher aus einem gegebenen „Erscheinungsjahrzehnt" mit hoher Wahrscheinlichkeit auch die Neuanschaffungsrate im entsprechenden Jahrzehnt wider, wenigstens seit der Zeit, seit welcher die die Anschaffungen tätigende Institution wohldefiniert ist. Betrachten wir ein Diagramm wie das unten dargestellte, so können wir daraus ableiten, daß zur Zeit der Berufung Hells zum Sternwartedirektor etwa 30 Titel pro Dekade neu angeschafft wurden, gegen Ende des 18. Jh. aber schon etwa doppelt so viele Titel pro Dekade. Im Verlaufe des 19. Jh. erhöht sich diese Rate dann gar auf 200-300 Titel pro Jahrzehnt: Wir befinden uns hier denn auch schon im Zeitalter der Auffächerung der Astronomie in Spezialdisziplinen und einer entsprechend zunehmenden Publikationsrate.

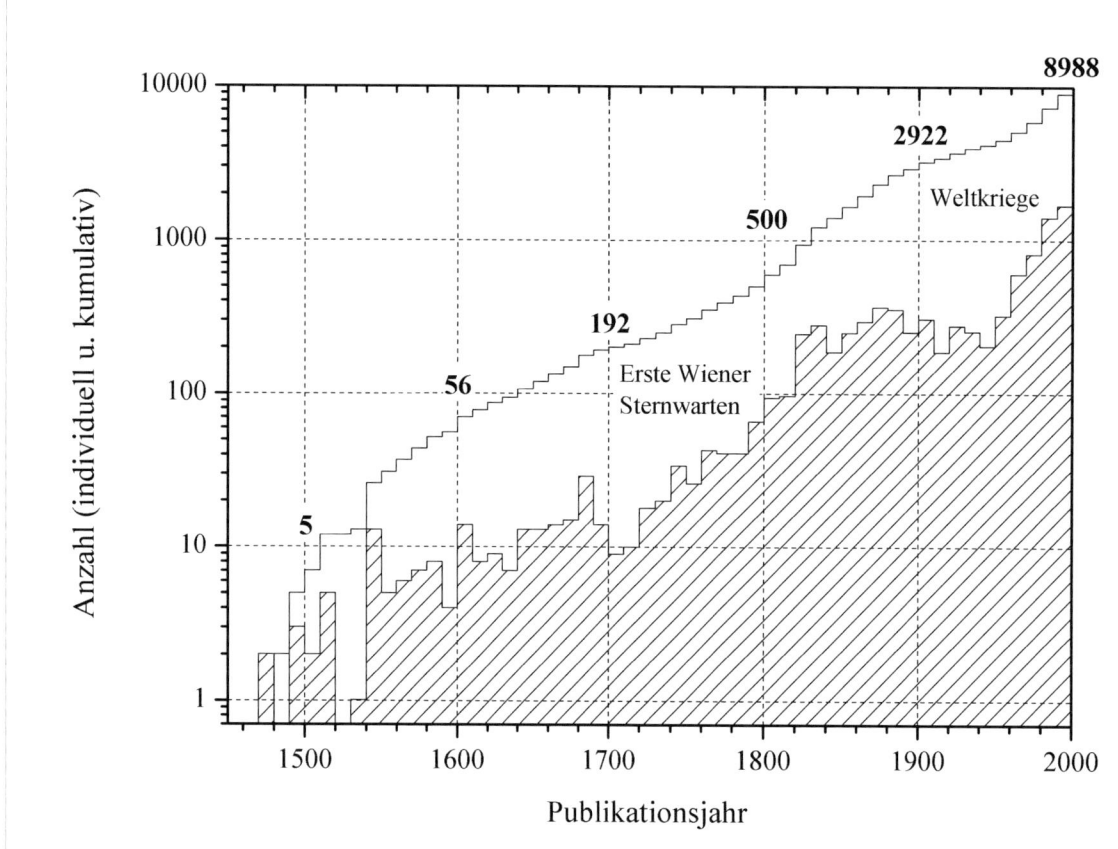

Abb.: Zur Bestandsentwicklung der Bibliothek der Wiener Universitätssternwarte. Schraffiert die Neuerwerbungsrate, darüber der Gesamtbestand.

Diese somit nur ganz summarisch umrissene Bestandsentwicklung liefert ein starkes Argument für die Beschränkung eines Katalogprojekts, welches jeden Titel separat auf einer Seite bibliographieren will, auf die Zeit vor 1800 (jedenfalls, sofern man den zeitlichen Horizont durch ein Jahrhundert-Ende markiert sehen will): Denn ein volles

Jahrhundert zusätzlich in derselben Weise dokumentieren zu wollen, würde bedeuten, fünf etwa 500seitige Bände zusätzlich zu produzieren! Neben diesem pragmatischen Argument, welches dafür spricht, über einen zweiten Band für die Zeit von 1700-1800 nicht hinauszugehen, gibt es aber auch noch ein buchdruckgeschichtliches: Gilt doch das 19. Jh. als Beginn des Zeitalters der industriellen Buchproduktion,[14] und verdienen doch die handwerklich hergestellten Bücher zweifellos besondere Aufmerksamkeit sowohl in wissenschaftsgeschichtlicher wie in druckgeschichtlicher Hinsicht.

5. Danksagung und Ausblick

Am Zustandekommen des vorliegenden Werkes waren zahlreiche Personen beteiligt. An erster Stelle sind hier neben Frau Marion Solar jene Studierenden zu nennen, die an der Lehrveranstaltung „Historische Druckschriften der Wiener Universitätssternwarte", welche im Sommersemester 2004 stattfand, sowie an daran anschliessenden Arbeiten im kleineren Kreis teilnahmen. Namentlich sind dies: Maria-Luisa Alvear-Gomez, Victoria Antoci, Angela Baier, Hubert Baum, Verena Baumgartner, Cornelia Diethart, Paul Eigenthaler, Miriam Gschwandtner, Pia Hecht, Alexander Kaiser, Matthias Kittel, Karin Lackner, Denise Lorenz, Laurent Mekul, Isolde Müller, Walter Nowotny-Schipper, Wilhelm Nöbauer, Jürgen Öhlinger, Roland Ottensamer, Hannes Richter, Bruno Steininger, Peter Vogl, Pavel Zavodny und Georg Zwettler.
Konradin Ferrari d'Ochieppo (Innsbruck) sah die Druckvorlage kritisch durch und verbesserte diese entscheidend. Christian Beiler (Universitätsbibliothek Wien), Gertraude Loger und Monika Kiegler-Griensteidl (Österreichische Nationalbibliothek) waren wiederholt zu Hilfestellungen zum richtigen Gebrauch des Katalogisierungs-Systems „ALEPH500" bereit. Gerhard Auner und Ernst Göbel (Institut für Astronomie der Universität Wien) waren uns beim Auffinden einiger verreihter Bücher sowie beim Übersetzen fremdsprachiger Titel behilflich. Maria G. Firneis (gleichfalls Institut für Astronomie) ist für entscheidende Hinweise auf einschlägige Literatur zu danken. Die Verfasser sind sich dessen bewußt, daß insbesondere der Anmerkungsteil in vielerlei Hinsicht ein Fragment bleiben mußte. In gewisser Weise wurde er jedoch bewußt als ein solches konzipiert. Beabsichtigt war nicht mehr, als schlaglichtartig einzelne Werke auch hinsichtlich ihres Inhalts, ihrer Druck- oder Rezeptionsgeschichte etwas näher zu beleuchten, während andere, teils auch wirkmächtige Titel in den Anmerkungen unberücksichtigt bleiben mußten. Wie eingangs bereits erwähnt, ist unsere Hoffnung nicht zuletzt die, durch die neue bibliographische Erschließung unsere Leser

---

[14] Vgl. Janzin und Güntner, Das Buch vom Buch, a.a.O., S. 293: „Die industrielle Revolution machte auch vor dem Buchgewerbe nicht halt. Schriftgießer, Setzer, Drucker und Buchbinder wurden von Handwerkern zu Industriearbeitern. Automatisierung und Rationalisierung hielten Einzug. [...] Unter den Freunden des schönen Buches gilt das 19. Jahrhundert als Epoche des Verfalls. Holzschliffpapier und Drahtklammerheftung traten an die Stelle von handgeschöpftem Büttenpapier, Fadenheftung und Handeinband. Doch noch zum Ende dieses Jahrhunderts, das sich so bereitwillig über alles Handwerkliche hinwegsetzte, kam es zu Gegenbewegungen, zur Neuaneignung traditioneller Formen."

zur vertieften Auseinandersetzung mit den vorgestellten Werken einzuladen und zu inspirieren. Es sei erlaubt, diese Vorbemerkung mit einem modifizierten Zitat aus einem Brief des Regiomontanus an den Rektor der Erfurter Hochschule, Christian Roder, zu schließen:

> Denn wiewohl wir zweifeln dürfen, ob unsere Zeit für die Schaffung eines annähernd zufriedenstellenden Werkes genügte, so muß doch mit allen Kräften versucht werden, der Wahrheit näherzukommen, damit wir nicht beschuldigt werden, das Leben in träger Untätigkeit verbracht zu haben.[15]

---

[15] Nach E. Zinner, Leben und Wirken des Johannes Müller von Königsberg, a.a.O., S. 165. Das (übersetzte) Originalzitat lautet folgendermaßen: „Denn wiewohl wir zweifeln dürfen, ob unsere Zeit für die Schaffung einer allgemeinen Wissenschaft genügen wird, so muß doch mit allen Kräften versucht werden, der Wahrheit näherzukommen, damit wir nicht beschuldigt werden, das Leben in träger Untätigkeit verbracht zu haben."

Zum Katalog

Kurz soll noch auf Systematik und Inhalt des folgenden Katalogteils eingegangen werden. Der Hauptteil ist chronologisch geordnet und in drei Jahrhunderte unterteilt. Darauf folgt ein alphabetisch nach Erstautor sortierter Indexteil, der zusätzlich zum jeweiligen Autor noch den entsprechenden Kurztitel und das Publikationsjahr enthält. Damit lassen sich einfach die Werke der jeweiligen Autoren im Katalogteil lokalisieren.

Im Katalogteil ist jeweils eine Seite für jedes Werk reserviert. Die Kopfzeilen jeder Seite geben den jeweiligen Erstautor inklusive seiner Lebensdaten, das Publikationsjahr des Werkes und, im Falle des Vorliegens einer Anmerkung, eine hochgestellte Zahl an, unter der sich der Eintrag im Anmerkungsteil findet.

Je nach Verfügbarkeit werden darunter verschiedene, die Werke beschreibende Einträge aufgelistet. Neben den selbsterklärenden bibliographischen Angaben verdienen folgende eine besondere Erwähnung: Bei der *Verfasserangabe* handelt es sich oft um eine Nennung der beruflichen Tätigkeit bzw. Funktion des jeweiligen Verfassers. Die Kategorie *Bibliograph. Nachweis* zitiert in Kurzform die in unserer Literaturliste angegebenen bibliographischen Nachschlagewerke, der *Besitznachweis* listet weitere Exemplare unserer Werke im Bestand der Universitätsbibliothek Wien (abgek. „UB") oder der Österreichischen Nationalbibliothek (abgek. „NB") auf, *Signatur* stellt die historisch verwendete Bezeichnung des jeweiligen Werkes im Bestand der Universitätssternwarte Wien dar. Besitzen mehrere Titel dieselbe Signatur, so bedeutet dies in der Regel, daß die entsprechenden Exemplare zusammengebunden vorliegen.

Jedes Werk wird mindestens durch eine verkleinerte Wiedergabe seiner Titelseite sowie gegebenenfalls weitere ausgewählte Abbildungen illustriert. Unter dem Eintrag *Abbildungen* werden diese kurz benannt.

15. Jahrhundert

Peuerbach, Georg von [1]
(1423-1461)

Titel: Theoricae novae planetarum

Verfasserangabe: Georgii Purbachii astronomi celebratissimi

Erscheinungsort: Nürnberg

Verlag: Regiomontanus, Johannes

Sprache: Lateinisch

Umfang: [20] Bl.

Format: Folio (33x22cm)

Bibliogr. Nachweis: Hain-Copinger, Nr. 13595

Besitznachweis: ÖNB Ink 1.D.2; Ink 21.C.18

Signatur: Hw 39

Abbildungen: Titelseite
  Mondfinsternisse

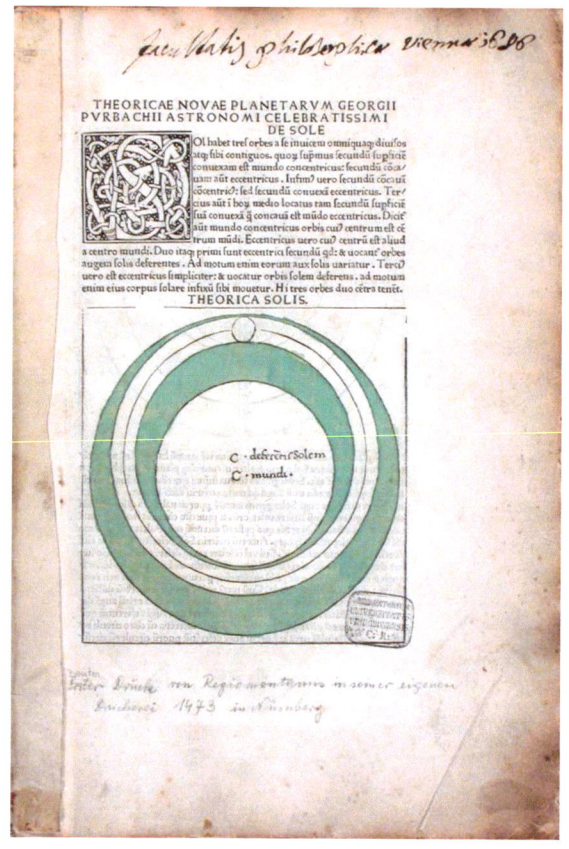

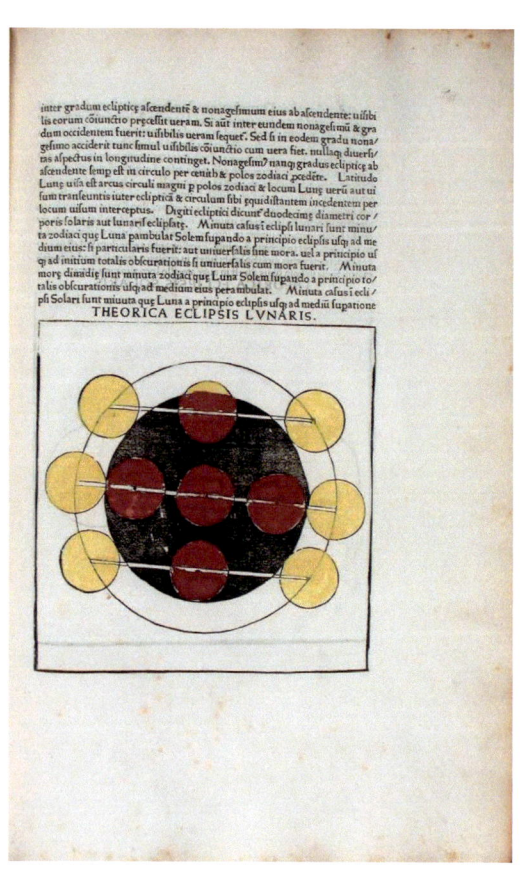

Regiomontanus, Johannes [2]
(1436-1476)

1476

Titel: [Kalendarium]

Zusatz: Aureus hic liber est: non est preciosior ulla Gemma kalendario: quod docet istud opus. Aureus hic numerus: lunae: solisque labores Monstrantur facile: cunctaque signa poli: Quotque sub hoc libro terrae per longa regantur Tempora: quisque dies: mensis: et annus erit. Scitur in instanti quaecumque sit hora diei. Hunc emat astrologus qui velit esse cito.

Verfasserangabe: Hoc Johannes opus regio de monte probatum composuit

Erscheinungsort: [Venedig]

Verleger: Maler, Bernhard
Löslein, Peter
Ratdolt, Erhard

Sprache: Lateinisch

Umfang: [32] Bl.

Format: Folio (30x21cm)

Bibliogr. Nachweis: Hain-Copinger, Nr. 13776
Zinner, Regiomontanus, Nr. 139
Klebs, Nr. 836.2
Lalande, S. 12

Besitznachweis: ÖNB Ink 16.D.1

Signatur: Hw 71

Abbildungen: Titelseite
Finsternisse

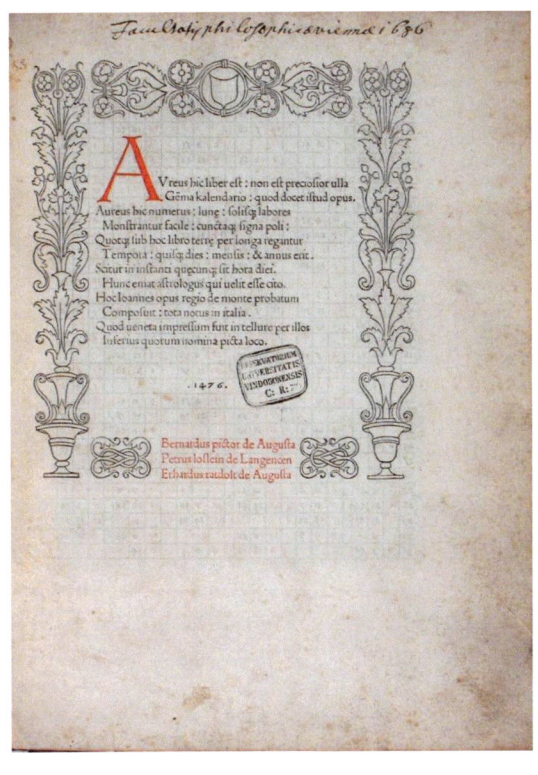

Regiomontanus, Johannes [3]
(1436-1476)

1496

Titel: Epytoma in Almagestum Ptolemaei

Erscheinungsort: Venedig

Verlag: Hamman, Johannes

Sprache: Lateinisch

Umfang: 107 Bl.

Format: Folio (32x22cm)

Bibliogr. Nachweis: Hain-Copinger, Nr. 13806
Zinner, Regiomontanus, Nr. 51

Besitznachweis: ÖNB Ink 10.D.9

Signatur: Hw 42

Abbildungen: Titelseite
Erste Seite mit Widmung an Kardinal Bessarion
Ptolemaios und Regiomontanus unter der Weltkugel

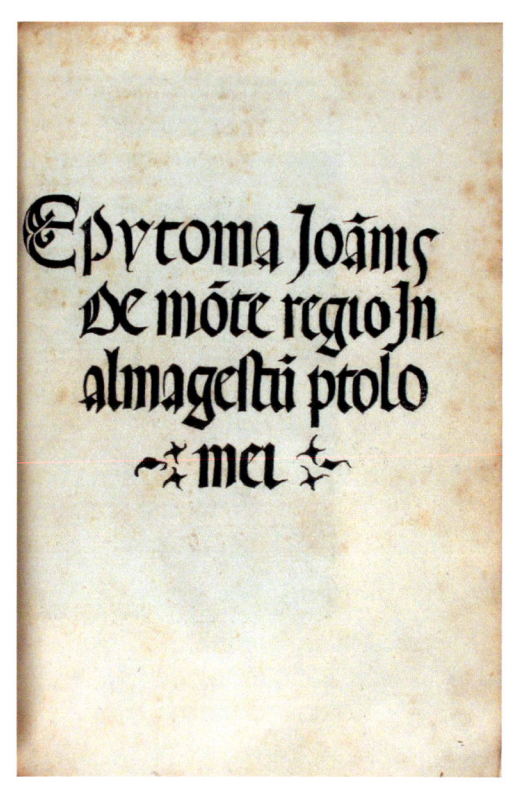

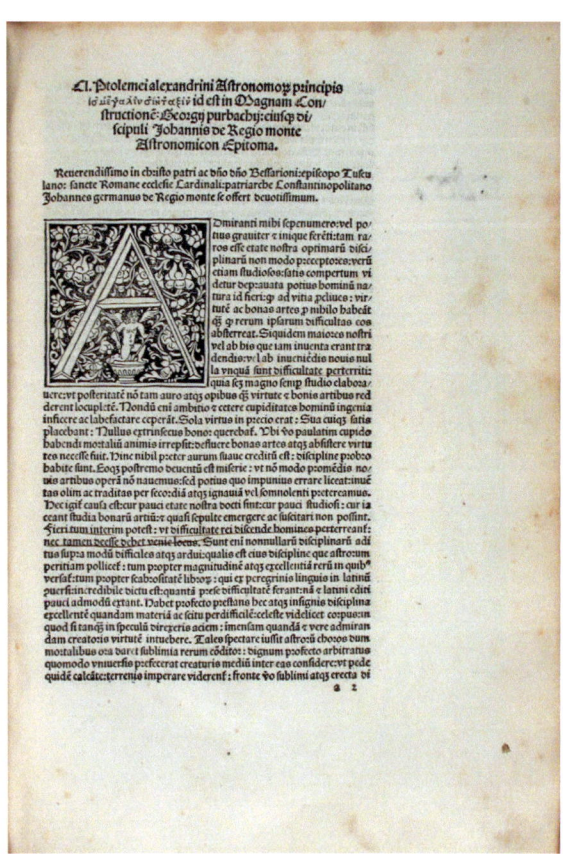

Nicephorus <Blemmyda>
(1197-1272)

Titel: <Nicephori> Logica

2. Autor: Valla, Giorgio

Enthält: Nicephorus Gregoras: De astrolabio.
Georgius Valla: Libellus de argumentis.
Pseudo-Euclides [Hypsicles]: Liber quartus decimus elementorum; Interpretatio eiusdem libri Euclidis.
Proclus: De astrolabio. Aristarchus: De magnitudinibus et distantiis solis et lunae.
Timaeus Locrus: De mundo.
Cleonides: Musica.
Eusebius Caesariensis: De quibusdam theologicis ambiguitatibus.
Cleomedes: De mundo.
Athenagoras: De resurrectione.
Aristoteles: De caelo et mundo, Magna Moralia, De arte poetica.
[Mohammed] Rhases: De pestilentia.
Galenus: De bono corporis habitu, De inaequali distemperantia, De confirmatione corporis humani, De praesagitura, Introductorium, De succidaneis.
Alexander Aphrodisaeus: De causis febrium.
Michael Psellus: De victu humano

Verfasserangabe: Georgio Valla Placentino Interprete

Erscheinungsort: Venedig

Verlag: Bevilaqua, Simon

Sprache: Lateinisch

Umfang: 156 Bl.

Format: Folio (32x22cm)

Bibliogr. Nachweis: Hain-Copinger, Nr. 11748
Lalande, S. 24
Klebs, Nr. 1012.1

Besitznachweis: ÖNB Ink 16.B.13

Signatur: Hw 42

Abbildung: Titelseite mit Inhaltsverzeichnis

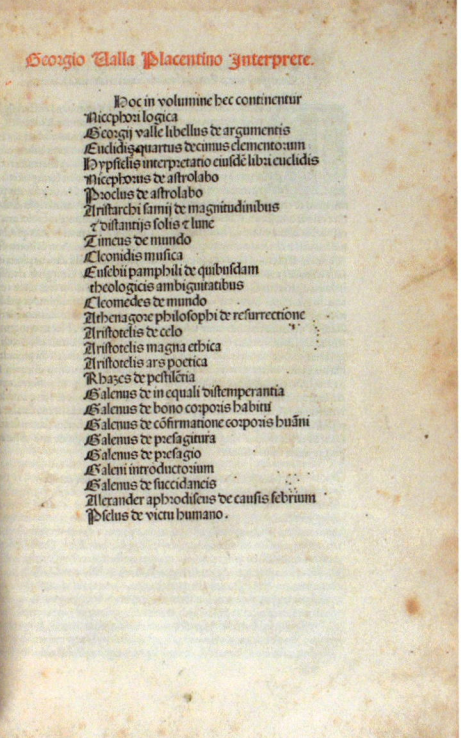

1498

Pseudo Proclus Diadochus [*recte* Geminos] [4]   1499

Titel: <Procli Diadochi> Sphaera

2. Autor: Linacrus, Thomas (Übs.)

Zusatz: Astronomiam discere incipientibus utilissima

Verfasserangabe: Thoma Linacro Britanno interprete

Erscheinungsort: Venedig

Verlag: Aldus Manutius, Romanus

Sprache: Lateinisch

Umfang: [8] Bl.

Format: Folio (26x20cm)

Bibliogr. Nachweis: Hain-Copinger, Nr. 14559
                         Lalande, S. 25

Signatur: Hw 79

Abbildung: Titelseite

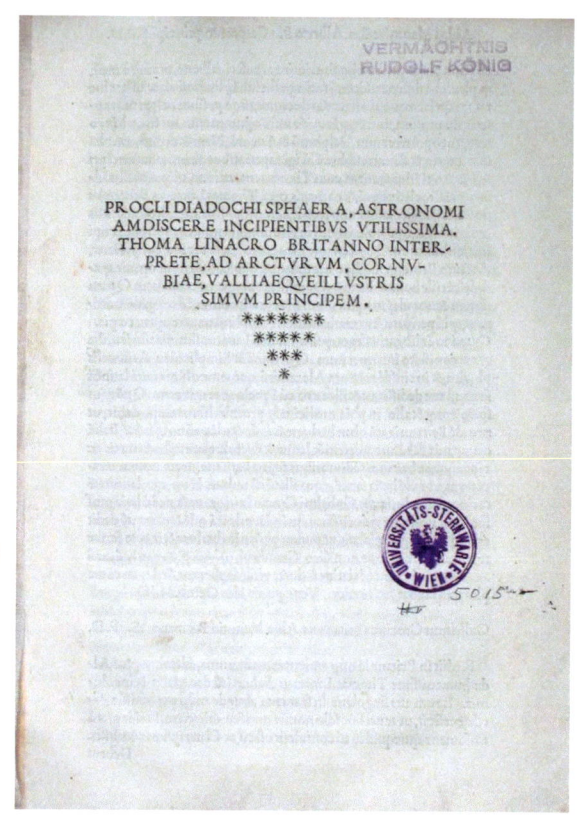

16. Jahrhundert

Langenstein, Heinrich von [5]
(1325-1397)

1505

Titel: Secreta sacerdotum qu[a]e in missa teneri debent

2. Autor: Lochmair, Michael

Verfasserangabe: Collectum p[er] venerabilem magistru[m] Henricu[m] de Hassia

Erscheinungsort: [Straßburg]

Verlag: Hupfuff, Mathias

Sprache: Lateinisch

Umfang: [12] Bl.

Format: Quart (21x14cm)

Bibliogr. Nachweis: VD 16 H 2136

Besitznachweis: UB I 8871
NB 78 R 26

Abbildung: Titelseite

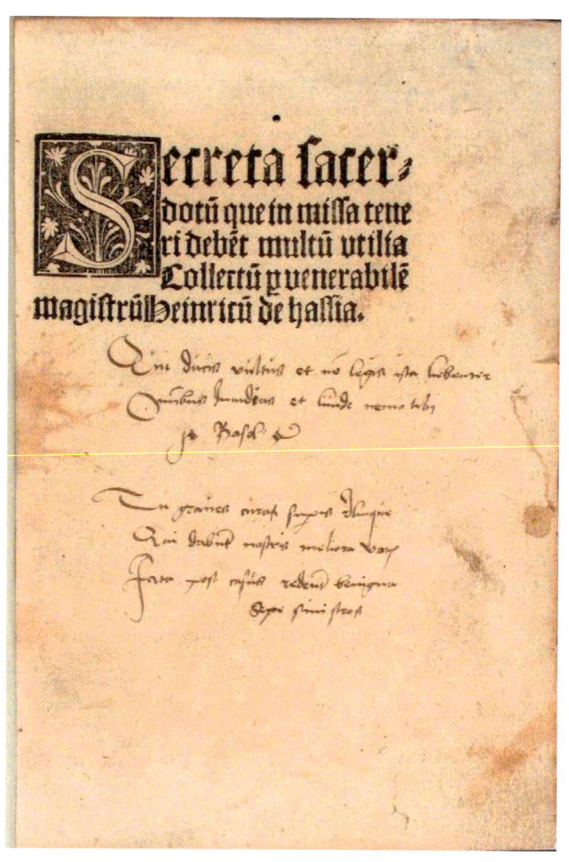

Stöffler, Johannes
(1452-1531)

1507

Titel: Almanach nova plurimis annis venturis inservientia

2. Autor: Pflaum, Jakob

Verfasserangabe: per Joannem Stoefflerinum Justingensem et Jacobum Pflaumen Ulmensem

Erscheinungsort: Venedig

Verlag: Liechtenstein, Petrus

Sprache: Lateinisch

Umfang: ca. 380 Bl. (unvollständig)

Format: Quart (21x16cm)

Bibliogr. Nachweis: Adams, no. S1882
Lalande, S. 32

Besitznachweis: NB 70 T 46

Signatur: Hw 186

Abbildungen: Titelseite
Sonnen- und Mondfinsternis

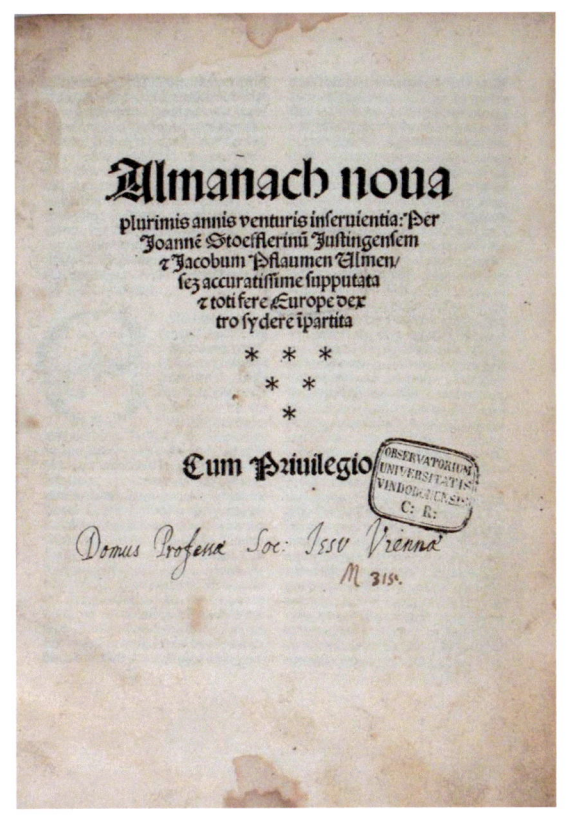

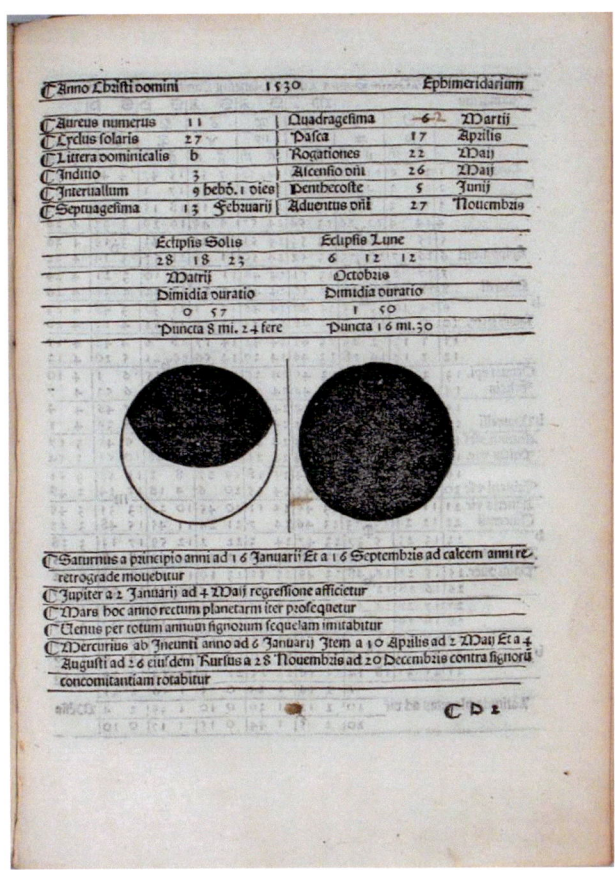

Stöffler, Johannes
(1452-1531)

1513

Titel: Elucidatio fabricæ ususq[ue] astrolabii

Verfasserangabe: A Ioanne Stoflerino Iustingensi viro Germano

Erscheinungsort: Oppenheim

Verlag: Köbel, Jakob

Sprache: Lateinisch

Umfang: [12] Bl., 78 Bl.

Format: Folio (30x21cm)

Bibliogr. Nachweis: Adams, Nr. S1886
Zinner, Renaissance, Nr. 991
Lalande, S. 36

Besitznachweis: NB 72 A 62

Signatur: Hw 41

Abbildungen: Titelseite
Astrolabium mit Tabelle
Bestimmung der Sonnenhöhe

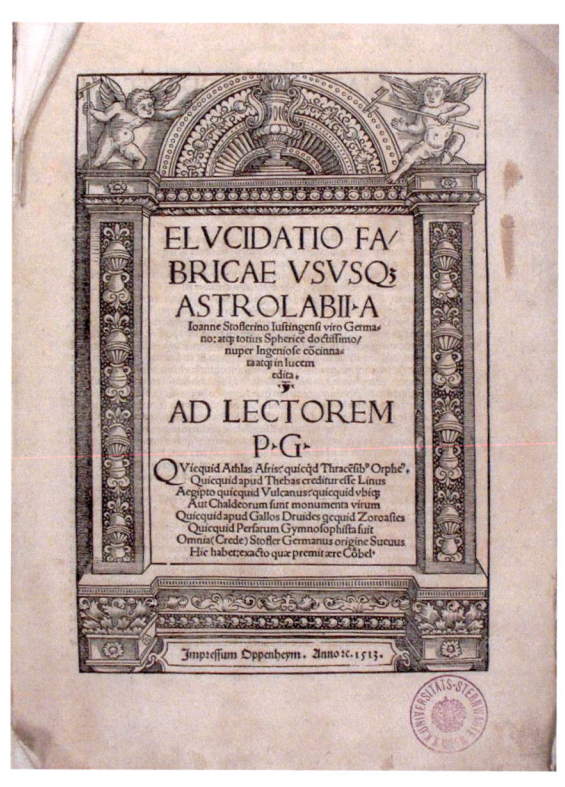

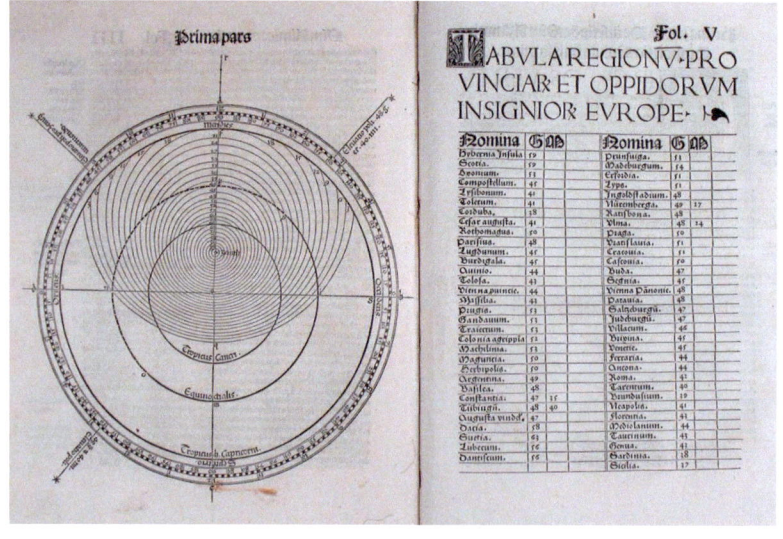

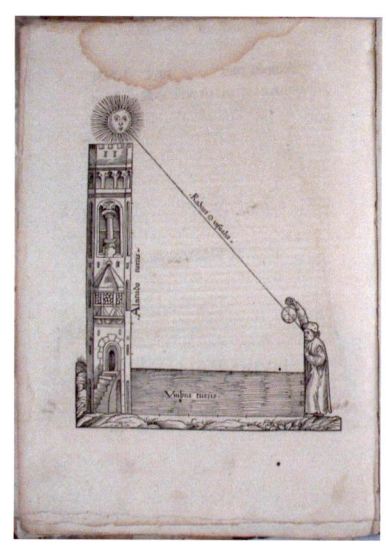

Peuerbach, Georg von [6]
(1423-1461)

1514

Titel: Tabulæ Eclypsium

2. Autor: Tannstetter Collimitius, Georg

Verfasserangabe: Magistri Georgii Peurbachii

Beigefügt: Tabula primi mobilis Ioannis de Monteregio

Erscheinungsort: Wien

Verlag: Winterburger, Johannes

Sprache: Lateinisch

Umfang: 5 Bl., [81] Bl., 90 S., [1] Bl.

Format: Folio (30x21cm)

Bibliogr. Nachweis: VD 16 P 2056
Adams, Nr. P2271
Zinner, Regiomontanus, Nr. 58
Zinner, Renaissance, Nr. 1013

Besitznachweis: UB II 189 184
NB 72 E 19

Signatur: Hw 73

Abbildungen: Titelseite
Sonnenfinsternis von 1460

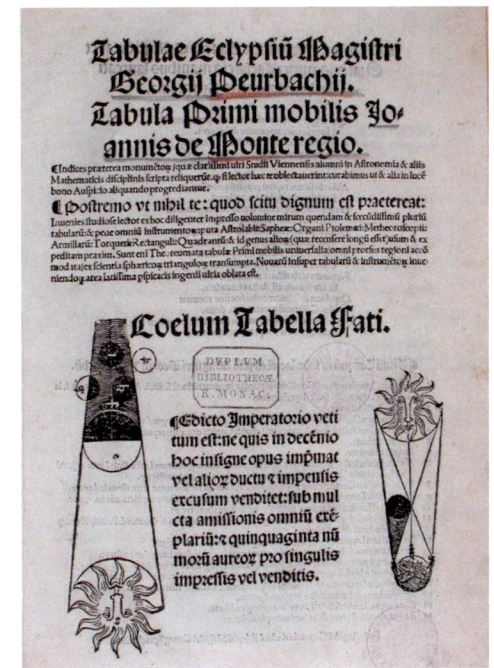

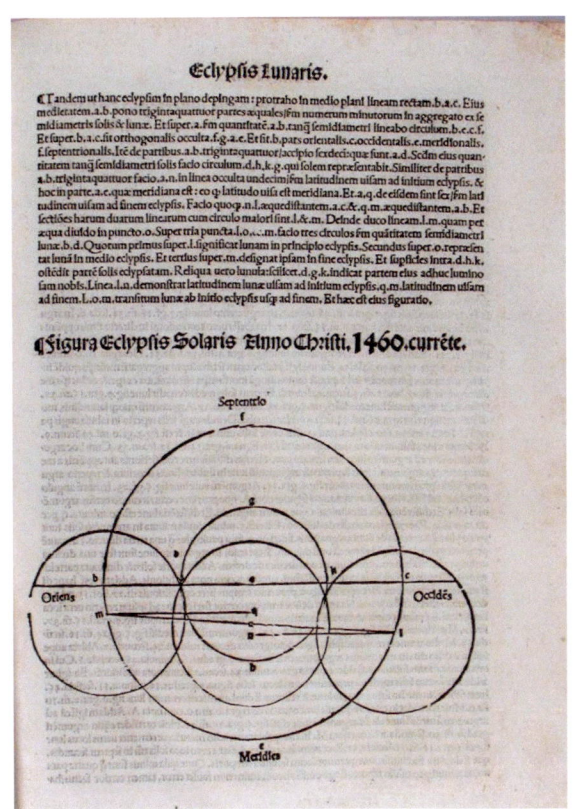

Ptolemaeus, Claudius
(ca. 100-178)

1515

Titel: Almagestum

Zusatz: Opus ingens ac nobile omnes Celorum motus continens. Felicibus Astris eat in lucem

Verfasserangabe: Cl[audii] Ptolemei Pheludiensis Alexandrini Astronomorum principis

Erscheinungsort: Venedig

Verlag: Liechtenstein, Petrus

Sprache: Lateinisch

Umfang: [3] Bl., 152 S.

Format: Folio (32x22cm)

Bibliogr. Nachweis: Adams, Nr. P2213
Lalande, S. 37

Besitznachweis: NB 80 O 11

Signatur: Hw 42

Abbildungen: Titelseite
Letzte Seite

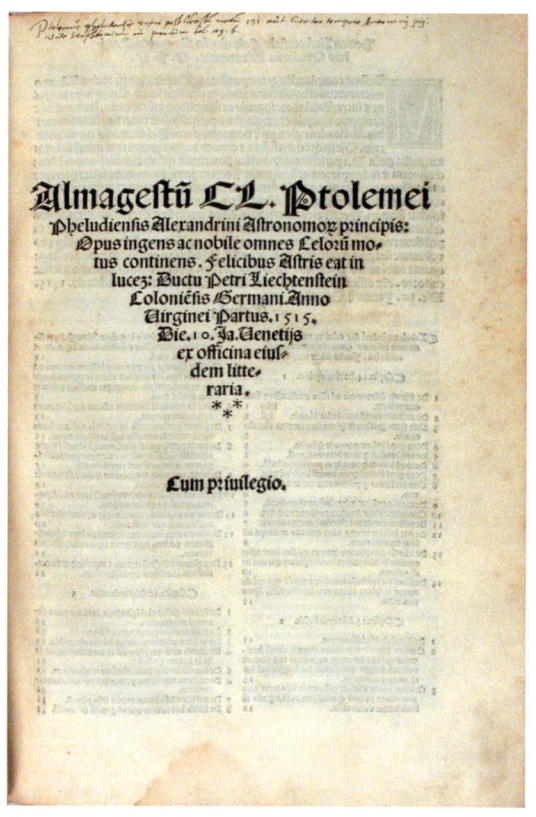

Lefèvre d'Etaples, Jacques
(ca. 1450-1536)

1517

Titel: Introductorium astronomicum

Erscheinungsort: Paris

Verlag: Stephanus, Henricus

Sprache: Lateinisch

Umfang: 56 Bl.

Format: Folio (32x22cm)

Bibliogr. Nachweis: Adams, Nr. F26
Lalande, S. 39

Besitznachweis: UB I 208 192, III 230 776
NB 38 A 37

Signatur: Hw 42

Abbildung: Titelseite

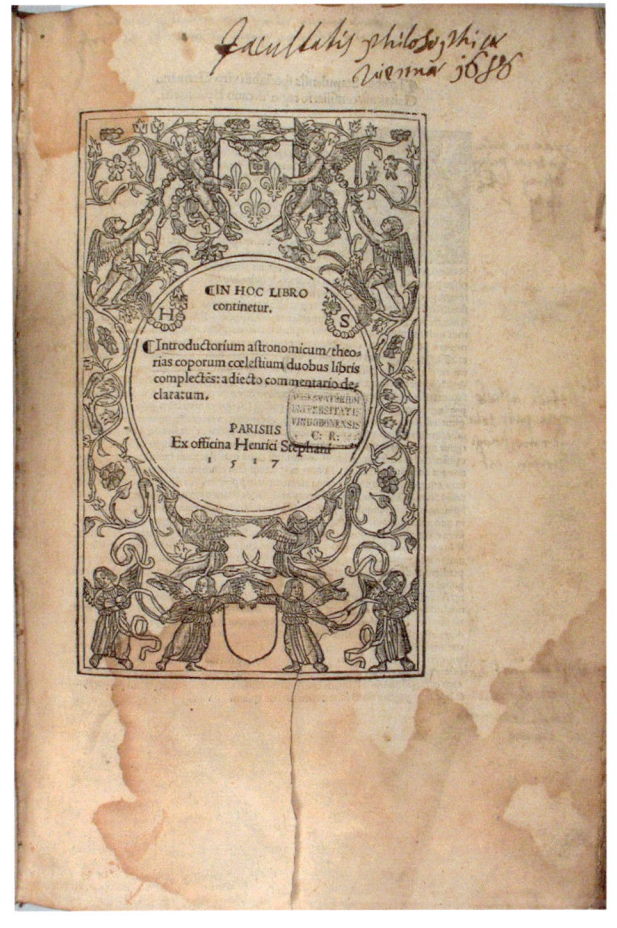

Sacrobosco, Johannes von [7]
(ca. 1195-1256)

1519

Titel: Sphera materialis

Zusatz: geteu[t]scht durch meyster Conradt Heynfogel von Nuremberg, eyn anfanck oder fundament der ghenen die da lust haben zu der kunst der Astronomy

2. Autor: Heynfogel, Conradt

Erscheinungsort: Köln

Verlag: Arnt von Aych

Sprache: Deutsch

Umfang: 28 Bl.

Format: Quart (20x15cm)

Bibliogr. Nachweis: VD 16 J740
Zinner, Renaissance, Nr. 1119

Besitznachweis: NB 72 G 105

Signatur: Hw 129

Abbildung: Titelseite

Apian, Petrus [8]
(ca. 1495 -1552)

1540

Titel: Astronomicum Cæsareum

Erscheinungsort: Ingolstadt

Verlag: Arnt von Aych

Sprache: Lateinisch

Umfang: [59] Bl.

Format: Folio (46x32cm)

Bibliogr. Nachweis: VD 16 A3072
Adams, Nr. A1277
Zinner, Renaissance,
Nr. 1734

Besitznachweis: NB 72 O 1

Signatur: Hw 16

Abbildungen: Titelseite
Nördlicher Sternhimmel

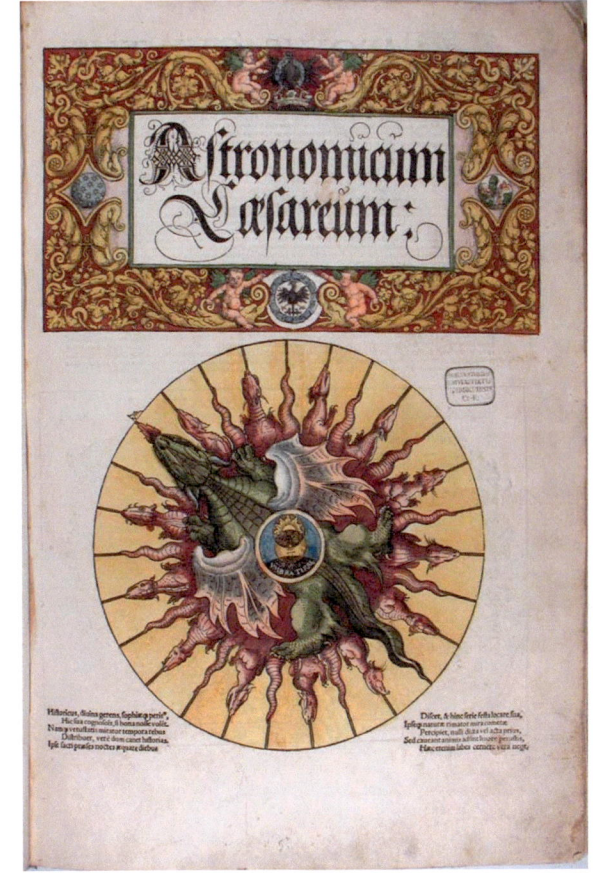

Kopernikus, Nikolaus
(1473-1543)

1542

Titel: De lateribus et angulis triangulorum, tum planorum rectilineorum, tum sphaericorum, libellus eruditissimus et utilissimus

Zusatz: cum ad plerasque Ptolemaei demonstrationes intelligendas, tum vero ad alia multa

Verfasserangabe: scriptus a Clarissimo et doctissimo viro Nicolao Copernico Toronensi

Erscheinungsort: Wittenberg

Verlag: Lufft, Johannes

Sprache: Lateinisch

Umfang: [30] Bl.

Format: Quart (21x16cm)

Bibliogr. Nachweis: VD 16 K2101
Adams, Nr. C2601
Zinner, Renaissance, Nr. 1795

Besitznachweis: NB 45 T 54

Signatur: Hw 115

Abbildung: Titelseite

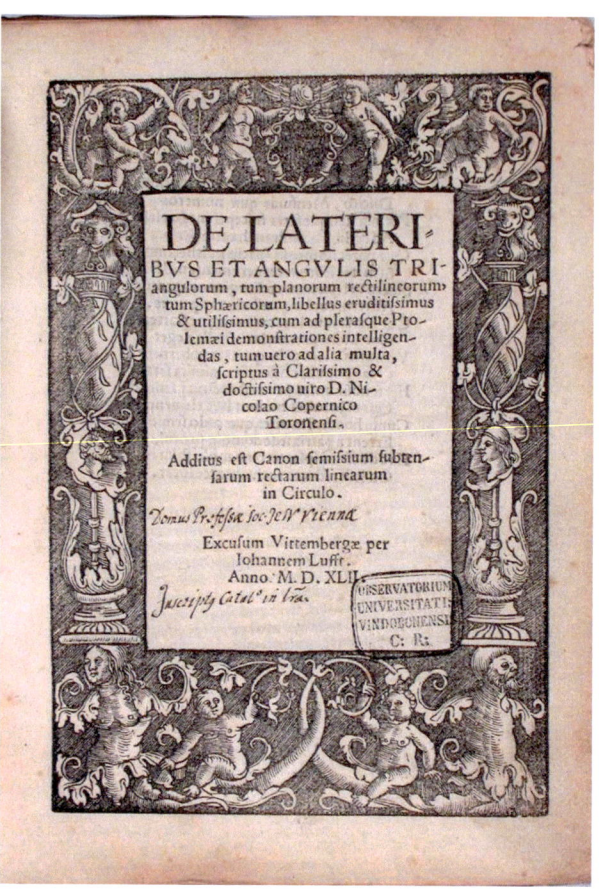

Nuñez, Pedro
(ca. 1500-1578)

1542

Titel: <Petri Nonii Salaciensis> De Crepusculis liber unus

Zusatz: nunc recens et natus et editus

Beigefügt: <Allacen Arabis vetustissimi> de causis Crepusculorum Liber unus, a Gerardo Cremonensi iam olim Latinitate donatus, nunc vero omnium primum in lucem editus

Verfasserangabe: Petri Nonii Salaciensis

Erscheinungsort: Lissabon

Verlag: [Rodericus, Ludovicus]

Sprache: Lateinisch

Umfang: [76] Bl.

Format: Quart (21x16cm)

Bibliogr. Nachweis: Adams, Nr. N375

Besitznachweis: UB I 186 940
NB 72 S 61

Signatur: Hw 118

Abbildungen: Titelseite
Erste Seite von Teil 1
Letzte Seite von Teil 1

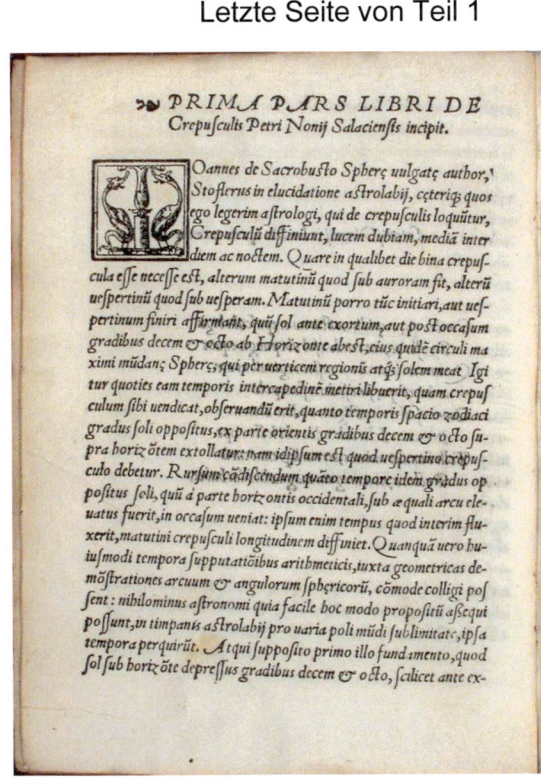

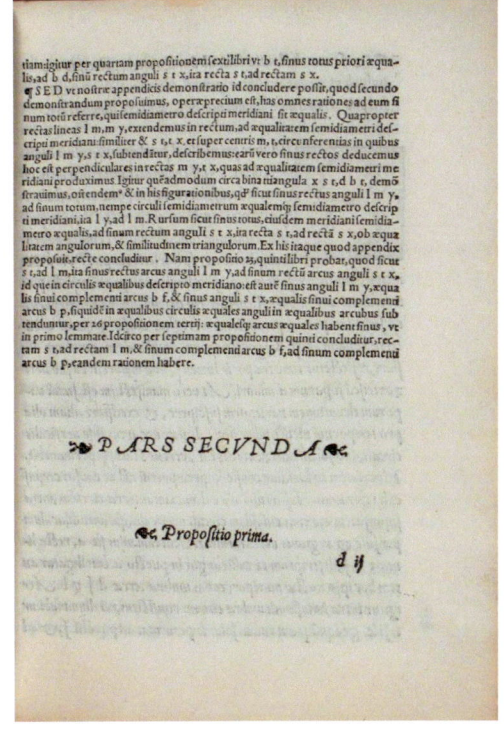

Peuerbach, Georg von
(1423-1461)

1542

Titel: Theoricæ Novæ Planetarum

Zusatz: ab Erasmo Reinholdo Salveldensi pluribus figuris auctæ, et illustratæ scholijs, quibus studiosi præparentur, ac invenitur ad lectionem ipsius Ptolemæi. Inserta item methodica tractatio de illuminatione Lunæ

2. Autor: Reinhold, Erasmus

Verfasserangabe: Georgii Purbachii Germani

Erscheinungsort: Wittenberg

Verlag: Lufft, Johannes

Sprache: Lateinisch

Umfang: [240] Bl.

Format: Oktav (16x10cm)

Bibliogr. Nachweis: VD 16 P2060
Zinner, Renaissance, Nr. 1802

Besitznachweis: UB I 184 279
NB 72 N 1

Signatur: Hw 146

Abbildungen: Titelseite
Exzentrizität der Mondbahn

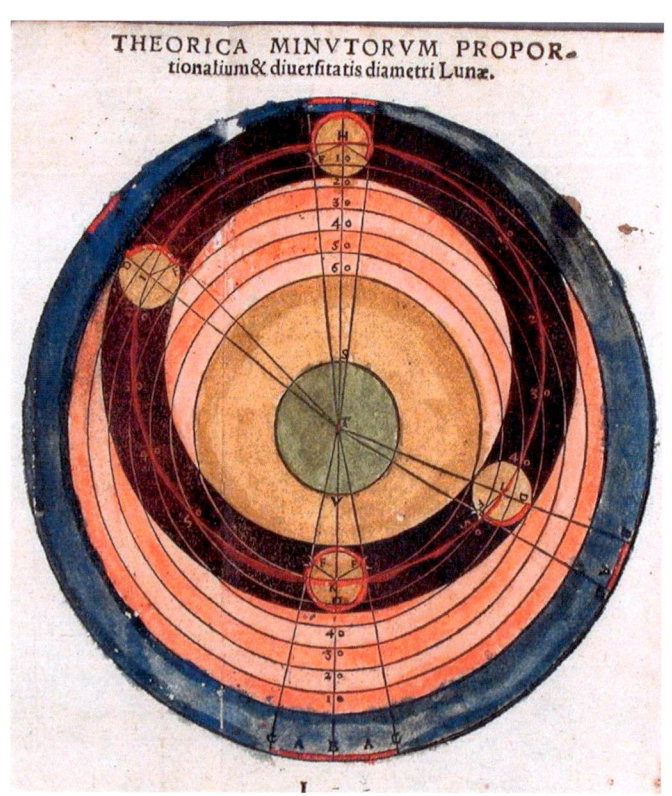

Kopernikus, Nikolaus [9]
(1473-1543)

1543

Titel: <Nicolai Copernici Torinensis>
De revolutionibus orbium coelestium
Libri VI

Zusatz: Habes in hoc opere iam recens nato et aedito, studiose lector, Motus stellarum, tam fixarum, quam erraticarum, cum ex veteribus, tum etiam ex recentibus observationibus restitutos; et novis insuper ac admirabilibus hypothesibus ornatos. Habes etiamTabulas expeditissimas, ex quibus eosdem ad quodvis temous quamfacillime calculare poteris. Igitur eme, lege, fruere

Erscheinungsort: Nürnberg

Verlag: Petreius, Johannes

Sprache: Lateinisch

Umfang: [7] Bl., 196 Bl.

Format: Quart (27x19cm)

Bibliogr. Nachweis: VD 16 K2099
Adams, Nr. C2602

Besitznachweis: UB II 206 015
NB 72 C 36

Signatur: Hw 47

Abbildungen: Titelseite
Heliozentrisches System

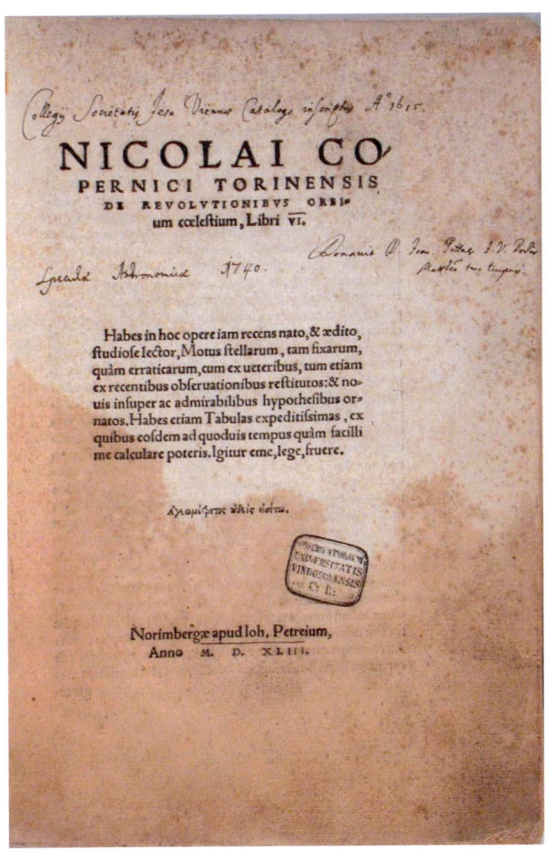

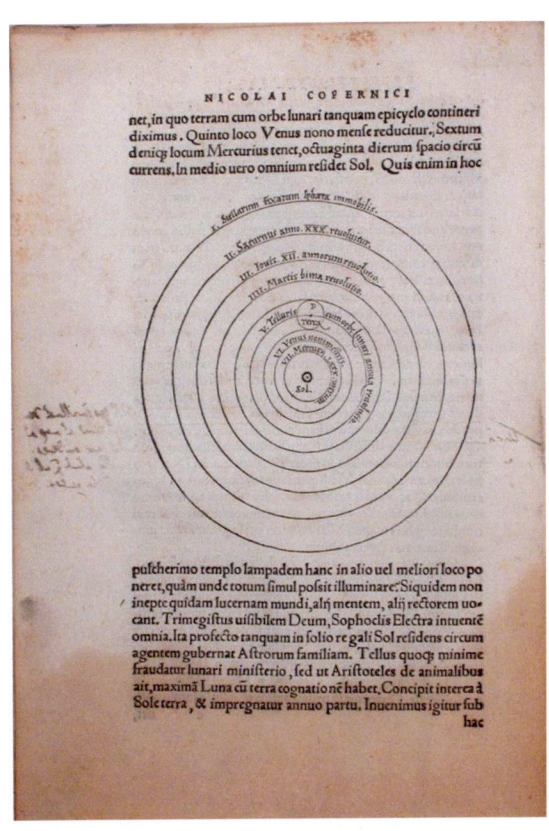

Pitatus, Petrus
(1490-1567)

1544

Titel: Almanach novum Petri Pitati Veronensis Mathematici, Superadditis annis quinque supra ultimas hactenus in lucem editas Joannis Stoefleri Ephemeridas 1551 ad futurum Christi annum 1556

Zusatz: Isagogica in cœlestem astronomicam disciplinam. Tractatus tres perbreves de electionibus revolutionibus annorum et mutatione aeris. Horariæ tabulæ per altitudinem solis de die, ac stellarum in nocte ad medium sexti climatis

Erscheinungsort: Tübingen

Verlag: Morhard, Ulrich

Sprache: Lateinisch

Umfang: [4] Bl., 78 Bl., [70] Bl.

Format: Quart (21x16cm)

Bibliogr. Nachweis: VD 16 S9199
Adams, Nr. P1320
Zinner, Renaissance, Nr. 1855

Besitznachweis: NB 72 W 51

Signatur: Hw 186a

Abbildung: Titelseite

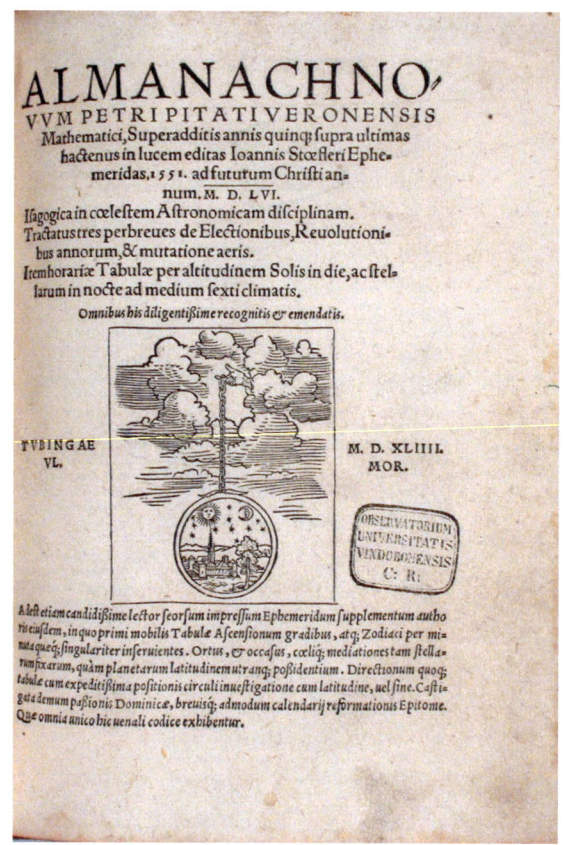

Trapezunt, Georg von
(ca. 1395 - ca. 1485)

1544

Titel: <Georgii Trapezuntii> In Claudij Ptolemaei centum Aphorismos Commentarius

Zusatz: Eiusdem, de Antisciis, in quorum rationem fata sua reijcit. Item ab eodem, Cur Astrologorum iudicia plerumque fallant. Nunc primum omnia in lucem edita. Additus est dialogus Ioannis Pontani, in quo doctissime disputatur, quatenus credendum sit Astrologiæ

2. Autor: Pontanus, Johannes

Erscheinungsort: Köln

Verlag: Gymnicus, Johannes

Sprache: Lateinisch

Umfang: [102] Bl.

Format: Oktav (16x13cm)

Bibliogr. Nachweis: VD 16 P5264
Adams, Nr. T911

Besitznachweis: UB I 202 494

Signatur: Hw 150

Abbildung: Titelseite

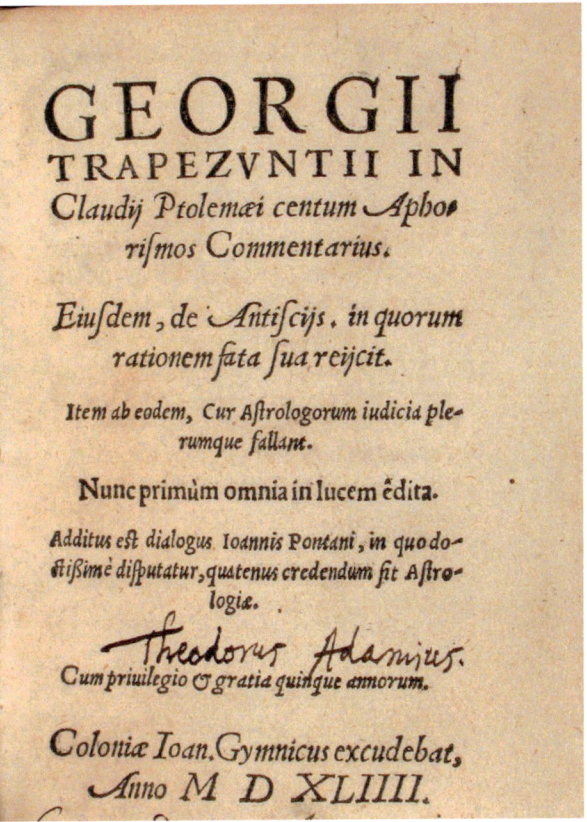

Alfons X. von Kastilien
(1221-1284)

1545

Titel: <Divi Alphonsi Romanorum et Hispaniarum regis> Astronomicæ tabulæ

Zusatz: in propriam integritatem restitutæ, ad calcem adiectis tabulis quæ in postrema editione deerant, cum plurimorum locorum correctione et accessione variarum tabellarum ex diversis auctoribus huic operi insertarum [...]

Hrsg.: Hamellius, Paschasius

Erscheinungsort: Paris

Verlag: Wechel, Christian

Sprache: Lateinisch

Umfang: [4] Bl., 274 S.

Format: Quart (26x19cm)

Bibliogr. Nachweis: Adams, Nr. A733
Lalande, S. 64f.

Besitznachweis: UB I 209 313

Signatur: Hw 173

Abbildungen: Titelseite
Tabelle mit handschriftlichen Eintragungen

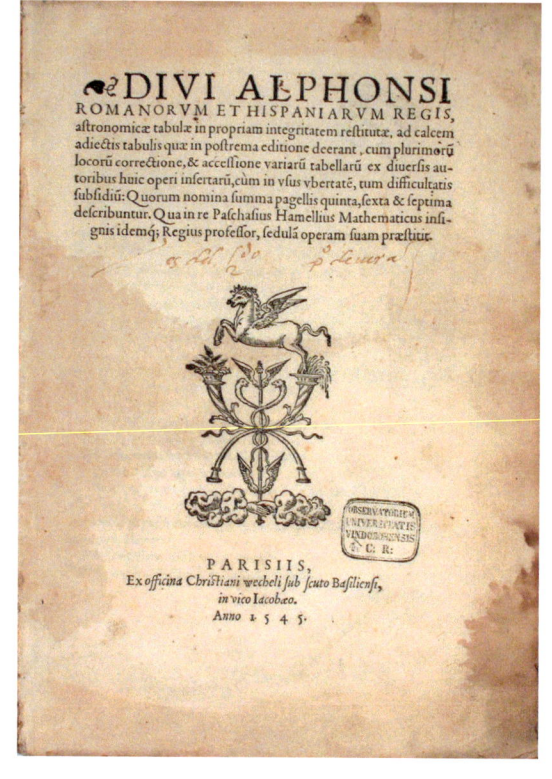

Memmo, Giovanni Maria
(gest. 1553)

1545

Titel: Tre libri della sostanza et forma del mondo

Zusatz: Ne quali per modo di Dialogo si disputano molte acutissime questioni, e sono poi risolute con le ragioni de i più savi Philosophi e dei più dotti Astrologi antichi

Verfasserangabe: del Clarissimo M. Giovan Maria Memo, Dottor e Cavaliere

Erscheinungsort: Venedig

Verlag: de Farri, Giovanni (und Brüder)

Sprache: Italienisch

Umfang: 76 Bl.

Format: Quart (21x16cm)

Bibliogr. Nachweis: Adams, Nr. M1234

Besitznachweis: NB 72 T 17

Signatur: Hw 103

Abbildung: Titelseite

Sacrobosco, Johannes von
(ca. 1195-1256)

1545

Titel: <Ioannis de Sacrobusto> Libellus De Sphæra

2. Autor: Melanchthon, Philipp

Beigefügt: Accessit Eiusdem Autoris Computus Ecclesiasticus, Et alia quædam in studiosorum gratiam edita

Erscheinungsort: Wittenberg

Verlag: Creutzer, Vitus

Sprache: Lateinisch

Umfang: [134] Bl.

Format: Oktav (16x10cm)

Bibliogr. Nachweis: VD 16 J726
Adams, Nr. H725
Zinner, Renaissance, Nr. 1881

Besitznachweis: UB I 202 425
NB 46 L 42

Signatur: Hw 146

Abbildungen: Titelseite
Zum Erweis der Erdkrümmung

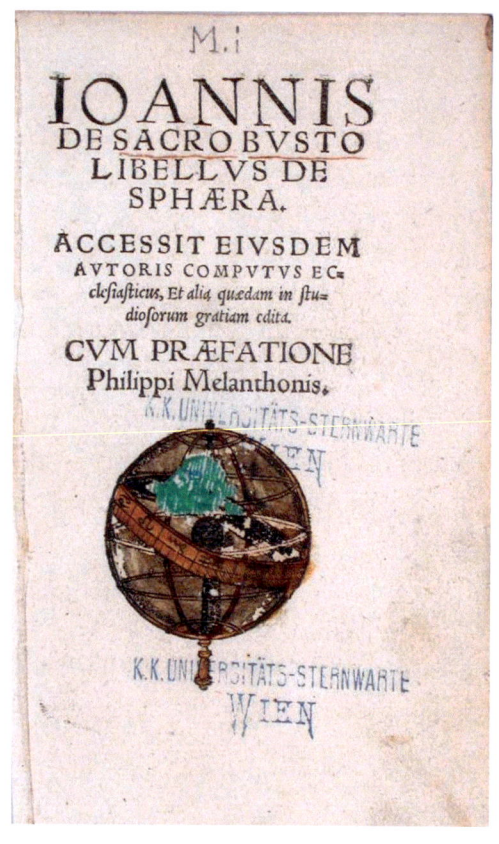

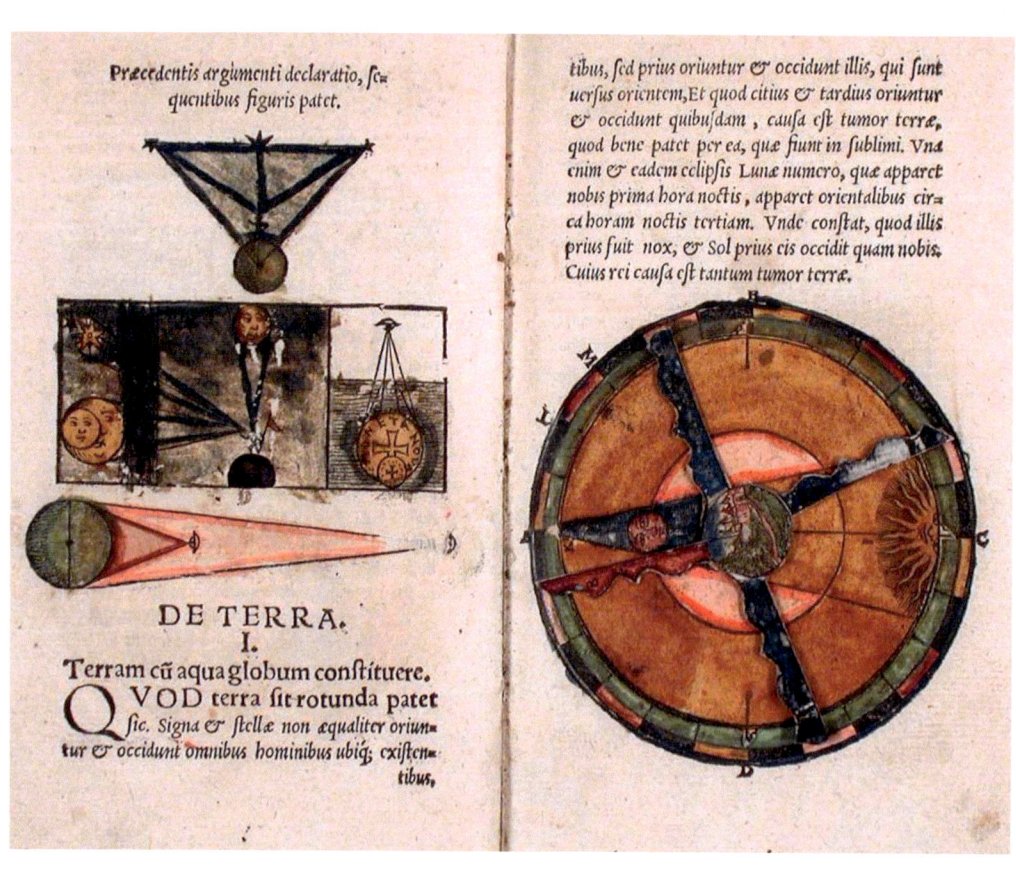

Euklid [10] 1546
(3. Jh v. Chr. Geb.)

Titel: <Euclidis Megarensis mathematici clarissimi> Elementorum geometricorum libri XV

Ansetzungstitel: Elementa geometrica

2. Autor: Zamberti, Bartolomeo

Verfasserangabe: cum expositione Theonis in priores XIII a Bartholomaeo Veneto Latinitate donata, Campani in omnes, et Hypsiclis Alexandrini in duos postremos

Erscheinungsort: Basel

Verlag: Hervagius, Johannes

Sprache: Lateinisch

Umfang: [4] Bl., 587 S., [1] S.

Format: Folio (31x21cm)

Bibliogr. Nachweis: VD 16 E4141
Adams, Nr. E974

Besitznachweis: NB 72 A 36

Signatur: Hw 196

Abbildungen: Titelseite
Zum Beweis des Pythagoräischen Lehrsatzes

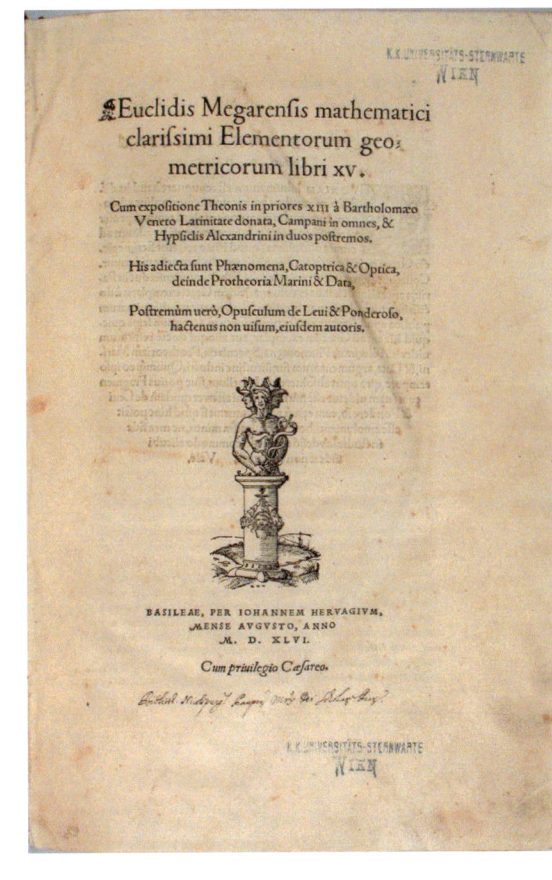

Gemma Frisius, Rainer
(1508-1555)

1548

Titel: De principiis Astronomiæ et Cosmographiæ

Zusatz: Deque Usu Globi Cosmographici ab eodem editi

Beigefügt: De Orbis divisione et Insulis, rebusq[ue] nuper inuentis. Eiusdem De Annuli Astronomici usu. Ioannis Schoneri De usu Globi Astriferi opusculum

Erscheinungsort: Antwerpen

Verlag: Steelsius, Johannes

Sprache: Lateinisch

Umfang: 156 S.

Format: Oktav (15x12cm)

Bibliogr. Nachweis: Hamel, Nr. 1286
Lalande, S. 67

Besitznachweis: UB I 331 156
NB 72 Cc 50

Signatur: Hw 150

Abbildungen: Titelseite von *De principiis Astronomiae et Cosmographiae*; Titelseite des beigef. Werkes *Usus annuli astronomici*; Höhenmessung

Melanchthon, Philipp
(1497-1560)

1550

Titel: Initia doctrinæ physicæ

Zusatz: Dictata in Academia Witebergensi

Erscheinungsort: Wittenberg

Verlag: Lufft, Johannes

Sprache: Lateinisch

Umfang: 206 Bl.

Format: Oktav (17x11cm)

Bibliogr. Nachweis: Adams, Nr. M1160
Zinner, Renaissance, Nr. 1991

Besitznachweis: UB I 120 916
NB 71 Y 26

Signatur: Hw 138

Abbildung: Titelseite

Regiomontanus, Johannes
(1436-1476)

1550

Titel: \<Ioannis de Monte Regio Mathematici clarissimi\> Tabulæ directionum, profectionumq[ue] non tam Astrologicæ judicariæ, quam tabulis instrumentisq[ue] fabricandis utiles

Beigefügt: Tabula sinuum, per singula minuta extensa, universam sphæricorum triangulorum scientiam complectens

Erscheinungsort: Tübingen

Verlag: Morhard, Ulrich

Sprache: Lateinisch

Umfang: [139] Bl., [18] Bl.

Format: Oktav (16x12cm)

Bibliogr. Nachweis: Zinner, Regiomontanus, Nr. 120
Zinner, Renaissance, Nr. 1998
Lalande, S. 70

Signatur: Hw 181, Hw 181d

Abbildung: Titelseite

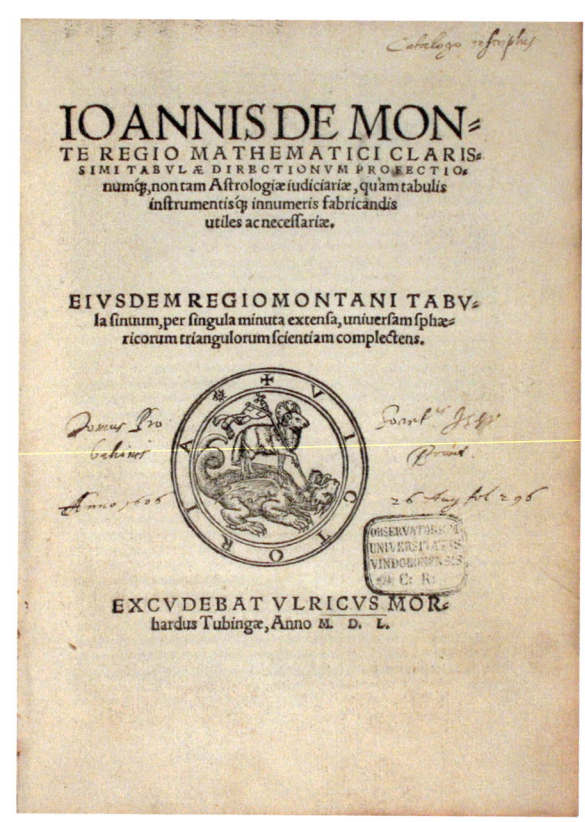

Brusch, Kaspar
(1518-ca. 1557)

1551

Titel: Monasteriorum Germaniæ Præcipuorum ac maxime illustrium: Centuria Prima

Zusatz: In qua Origines, Annales ac celebriora cuiusque Monumenta, bona fide recensentur

Verfasserangabe: Authore Gaspare Bruschio Egrano, Poeta Laureato ac Comite Palatino

Erscheinungsort: Ingolstadt

Verlag: Weißenhorn, Alexander & Samuel

Sprache: Lateinisch

Umfang: [11] Bl., 191 Bl.

Format: Folio (34x23cm)

Bibliogr. Nachweis: VD 16 B 8785

Besitznachweis: UB III 267 239
NB 42 E 16, 31 J 20

Signatur: Hw 43

Abbildung: Titelseite

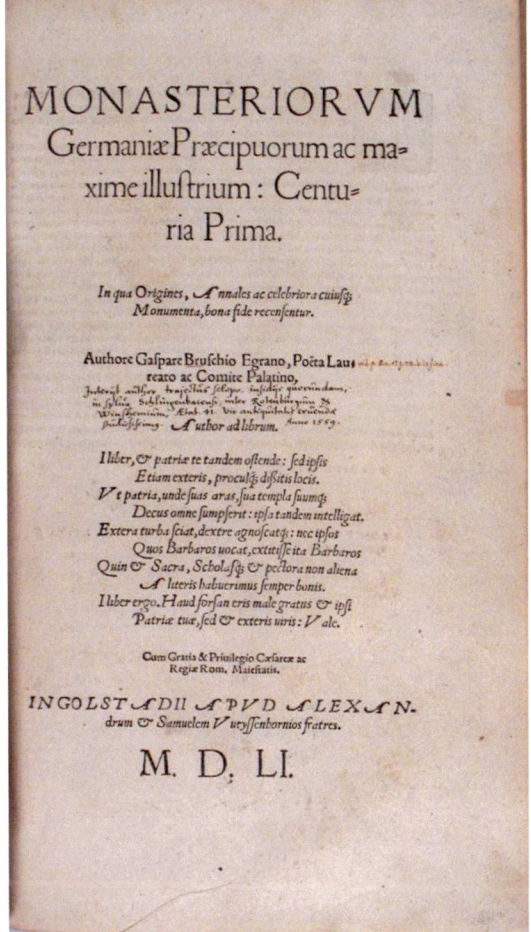

Ptolemaeus, Claudius
(ca. 100-178)

1551

Titel: <Claudii Ptolemæi pelusiensis Alexandrini> Omnia quæ exstant opera præter Geographiam, quam non dissimili forma nuperrime ædidimus

Hrsg.: Schreckenfuchs, Erasmus Oswald

Verfasserangabe: summa cura et diligentia castigata ab Erasmo Osvaldo Schrekhenfuchsio

Erscheinungsort: Basel

Verlag: Marz, Heinrich Peter

Sprache: Lateinisch

Umfang: [60] Bl., 447 S.

Format: Folio (34x23cm)

Bibliogr. Nachweis: VD 16 P5205
Adams, Nr. P2208
Zinner, Renaissance, Nr. 2026

Besitznachweis: UB II 195 702

Signatur: Hw 43

Abbildung: Titelseite

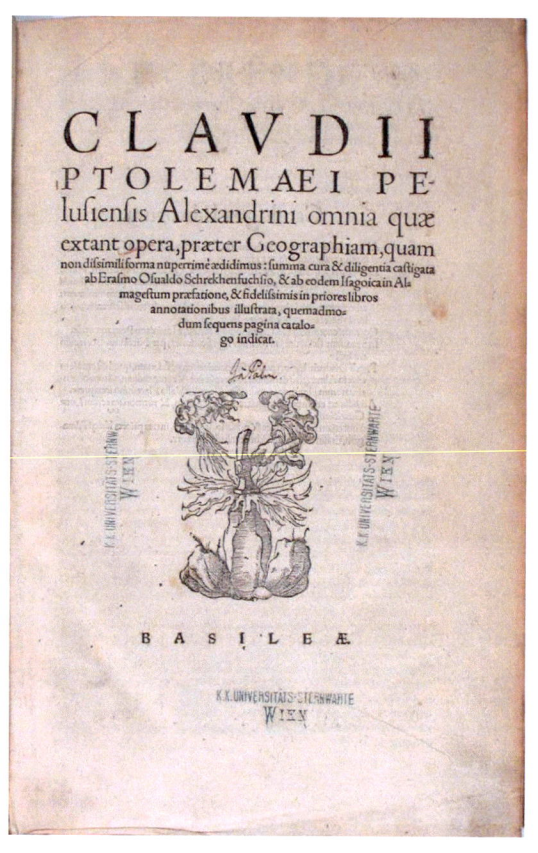

Regiomontanus, Johannes
(1436-1476)

1552

Titel: Tabulæ directionum et profectionum clarissimi viri ac præstantissimi mathematici, Ioannis Regiomontani, non tam astrologiæ iudiciariæ, quam tabulis et instrumentis astronomicis variis conficiendis plurimum utiles ac necessariæ

2. Autor: Leowitz, Cyprian

3. Autor: Melanchthon, Philipp

Verfasserangabe: Per Cyprianum Leovitium a Leonicia. Cum præfatione D. Philippi Melanthonis

Beigefügt: Tabula sinuum, per singula minuta extensa, universam sphæricorum triangulorum scientiam compræhendens [...]; His nunc primum accesserunt brevis ac succincta methodus procedendi in directionibus [...]; Deinde tabulæ positionum numero 54 ad directionem necessario pertinentes [...]; Præterea tabulæ ascensionum obliquarum

Erscheinungsort: Augsburg

Verlag: Uhlhart, Philipp

Sprache: Lateinisch

Umfang: 323 Bl.

Format: Quart (22x16cm)

Bibliogr. Nachweis: VD 16 M6564
Adams, Nr. R289
Zinner, Regiomontanus, Nr. 121
Zinner, Renaissance, Nr. 2047

Besitznachweis: UB I 143 432
NB 72 W 42; 72 V 31

Signatur: Hw 180

Abbildung: Titelseite

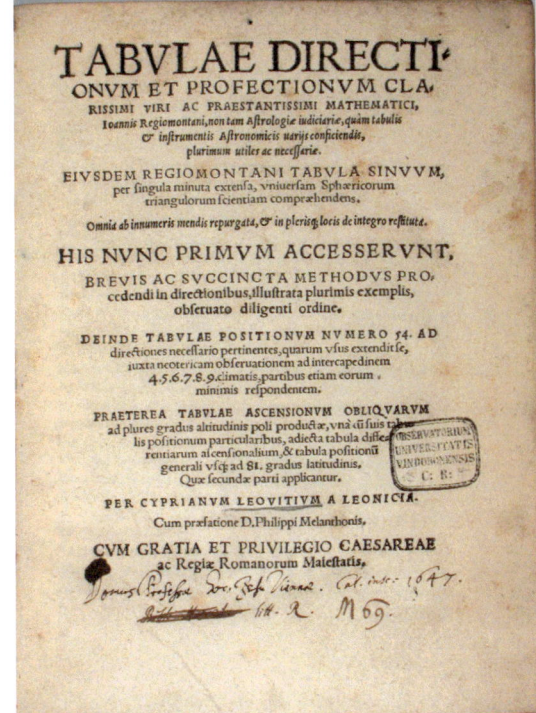

Pitatus, Petrus
(1490-1567)

Titel: Almanach novum

Zusatz: Ad annos undecim incipiens ab anno Christi 1552 usque ad annum 1562

Verfasserangabe: Petri Pitati Veronensis Mathematici

Erscheinungsort: Venedig

Verlag: Giunta

Sprache: Lateinisch

Umfang: [2] Bl., 57 Bl., [158] Bl.

Format: Quart (21x16cm)

Bibliogr. Nachweis: Lalande, S. 74

Besitznachweis: UB I 209 316

Signatur: Hw 186b

Abbildung: Titelseite

1552

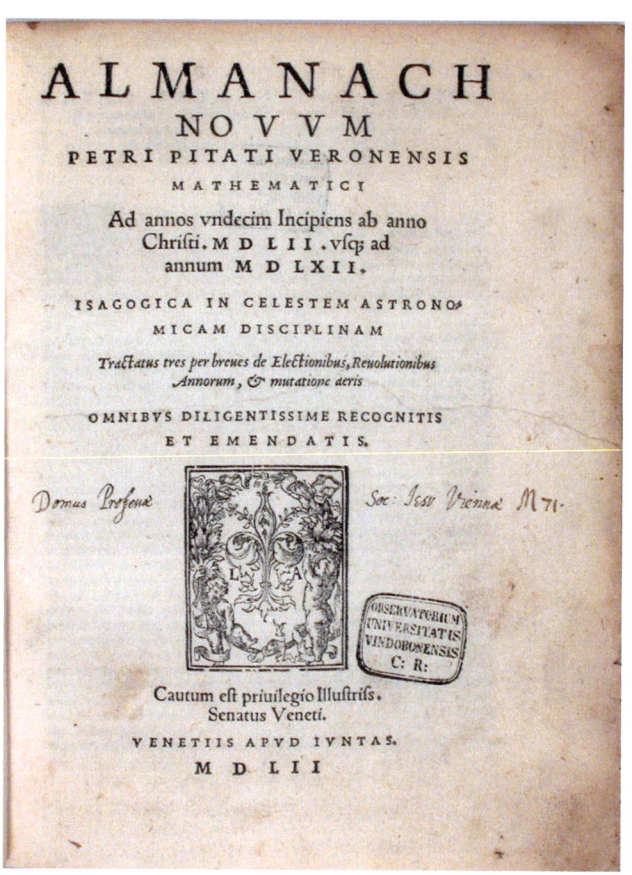

Schreckenfuchs, Erasmus Oswald 1556
(1511-1579)

Titel: <Erasmi Oswaldi Schreckenfuchsii> Commentaria in Novas theoricas planetarum Georgii Purbachii

Zusatz: Quas etiam brevibus tabulis pro eliciendis tum mediis, tum veris motibus omnium planetarum, item tabulis coniunctionum et oppositionum ac eclipsium luminarium ad summum illustravit, lucemq[ue] maximam iis adiecit

Erscheinungsort: Basel

Verlag: Petri, Heinrich

Sprache: Lateinisch

Umfang: 424 S.

Format: Folio (31x22cm)

Bibliogr. Nachweis: Adams, Nr. S730
Zinner, Renaissance, Nr. 2162
Lalande, S. 78

Besitznachweis: UB II 208 199
NB 72 C 33

Signatur: Hw 21

Abbildungen: Titelseite
Planetensphären

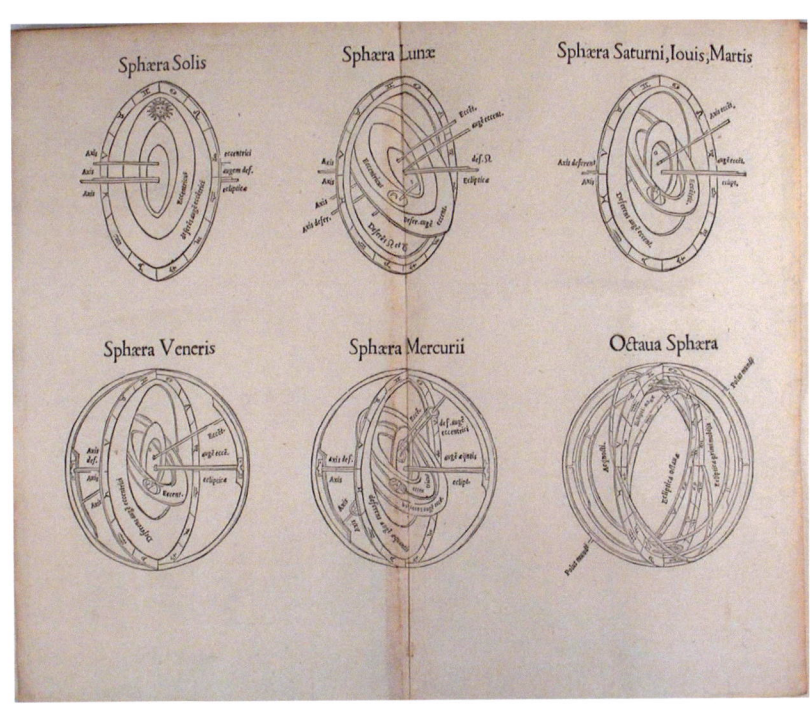

Eisenmenger, Samuel
(1534-1585)

1562

Titel: Libellus geographicus

Zusatz: Locorum numerandi intervalla rationem in lineis et sphæricis complectens in Acacademia [academia] inclyta Tubingensi collectus et dictatus.Additæ sunt locorum præcipuorum totius orbis terrarum longitudines et latitudines, secundum ordinem Alphabeti dispositæ, una cum tabula Sinuum

Verfasserangabe: M. Samuele Siderocrate Brettano, Mathematum ibidem Professore publico

Erscheinungsort: Tübingen

Verlag: Morhard, Ulrich

Sprache: Lateinisch

Umfang: 74 Bl.

Format: Quart (22x17cm)

Bibliogr. Nachweis: VD 16 E 865

Besitznachweis: NB 72 T 105

Signatur: Hw 101

Abbildung: Titelseite

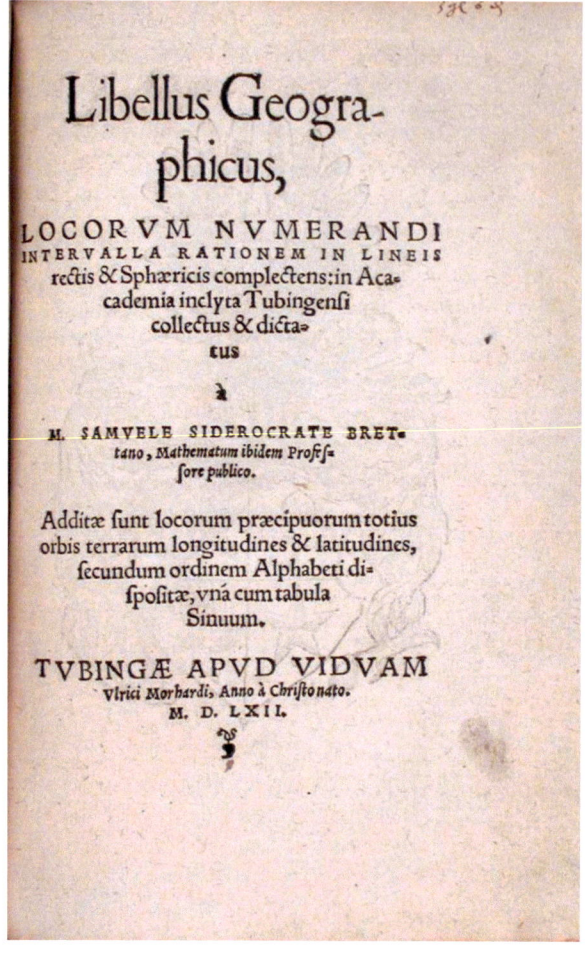

Moleti, Giuseppe
(1531-1588)

1563

Titel: L'efemeridi di M. Gioseppe Moleto Matematico per anni XVIII

Zusatz: Le quali cominciano dall'anno corrente di Christo Salvatore, 1563 e si terminano alla fine dell'anno 1580. Con ogni diligenza, al Meridiano della Magnifica e Felice Città di Vinegia [Venezia] calculate

Verfasserangabe: Giuseppe Moleto Matematico

Erscheinungsort: Venedig

Verlag: Valgrisio, Vincenzo

Sprache: Italienisch

Umfang: 4 Bl., [4] Bl., 240 S., [252] Bl.

Format: Quart (22x18cm)

Bibliogr. Nachweis: Hamel, Nr. 2189
Lalande, S. 88

Signatur: Hw 191

Abbildungen: Titelseite

Apian, Petrus
(ca. 1495-1552)

1564

Titel: Cosmographia

Zusatz: Additis eiusdem argumenti libellis ipsius Gemmæ Frisii

2. Autor: Gemma Frisius, Rainer

Verfasserangabe: Petri Apiani, per Gemmam Frisium [...] aucta

Erscheinungsort: Antwerpen

Verlag: Birckmann, Arnold

Sprache: Lateinisch

Umfang: [2] Bl., 64 S., [2] Bl.

Format: Quart (21x16cm)

Bibliogr. Nachweis: VD 16 A3081
Adams, Nr. A1282
Lalande, S. 88

Besitznachweis: NB 395039

Signatur: Hw 105

Abbildungen: Titelseite
Bucheinband

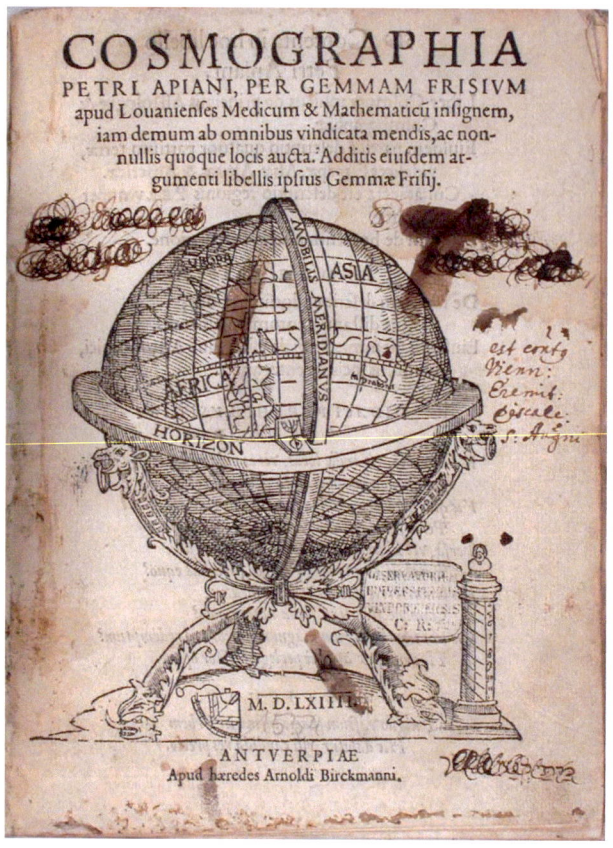

Kopernikus, Nikolaus
(1473-1543)

1566

Titel: <Nicolai Copernici Torinensis> De revolutionibus orbium cœlestium Libri VI

Zusatz: In quibus stellarum et fixarum et erraticarum motus, ex veteribus atque præsentibus, restituit hic autor. Præterea tabulas expeditas luculentasque addidit, ex quibus eosdem ad quodvis tempus Mathematum studiosus facillime calculare poterit

Beigefügt: De libris revolutionum Nicolai Copernici narratio prima per M. Georgium Ioachimum Rheticum ad Ioan[nem] Schonerum scripta

Erscheinungsort: Basel

Verlag: Henricpetri

Sprache: Lateinisch

Umfang: [6] Bl., 213 Bl.

Format: Folio (29x19cm)

Bibliogr. Nachweis: VD 16 K2100
Adams, Nr. C2603
Zinner, Renaissance, Nr. 2390

Besitznachweis: NB: BE 4 K 35

Signatur: Hw 48

Abbildungen: Titelseite
Erste Seite der Narratio prima

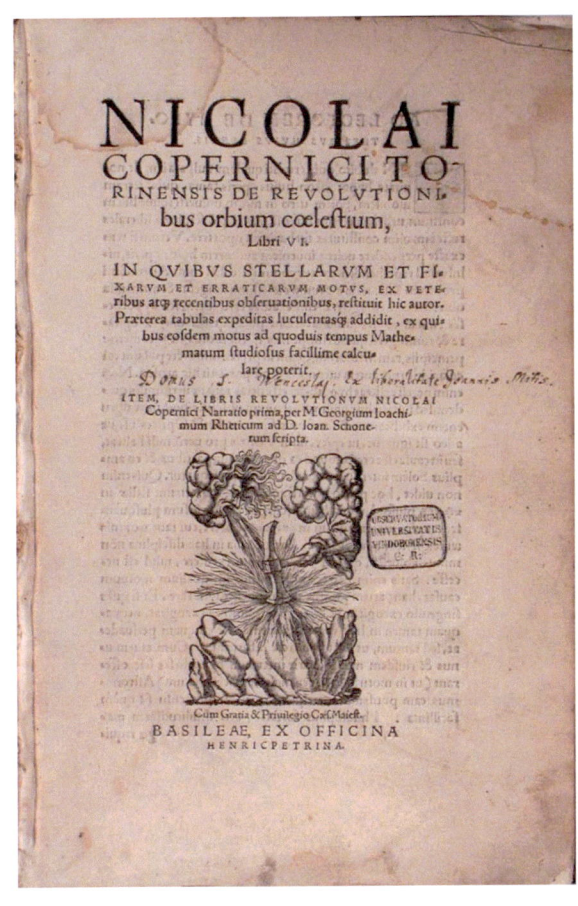

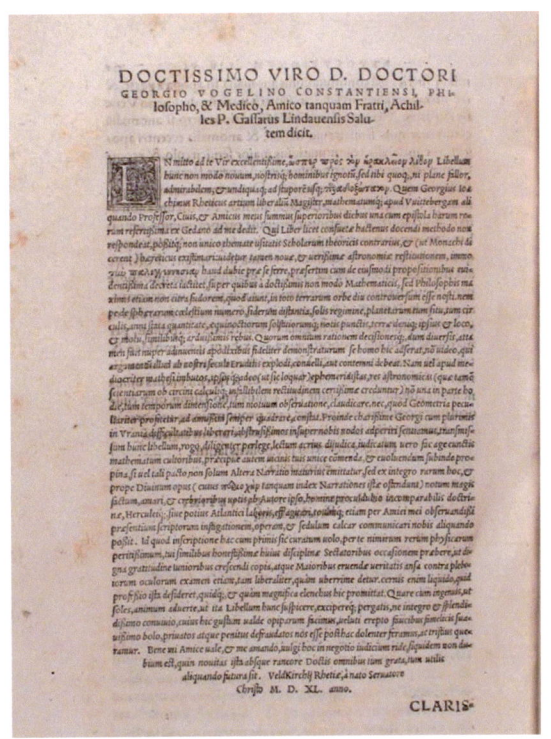

Schreckenfuchs, Erasmus Oswald 1567
(1511-1579)

Titel: Primum Mobile

Zusatz: Hoc est, absoluta et perfecta in tabulas directionum Ioannis de Monteregio, et Georgii Purbachii, Lucaeque Gaurici additiones, Commentaria

Erscheinungsort: Basel

Verlag: Henricpetri

Sprache: Lateinisch

Umfang: [10] Bl., 206 S., [1] Bl. .

Format: Folio (31x21cm)

Bibliogr. Nachweis: VD 16 G 553
Lalande, S. 91
Zinner, Renaissance, Nr. 2438

Besitznachweis: UB II 251 452, II 259 608
NB 72 C 65

Signatur: Hw 74

Abbildung: Titelseite

Stadius, Johannes
(1527-1579)

1570

Titel: Ephemerides novæ, auctæ et repurgatæ

Zusatz: Secundum Antwerpiæ Longitudinem. Ab anno 1554 ad Annum 1600

Verfasserangabe: Ioannis Stadii Leonnovthensis mathematici

Erscheinungsort: Köln

Verlag: Birckmann, Arnold

Sprache: Lateinisch

Umfang: [6] Bl., 60 Bl., [658] Bl.

Format: Quart (21x17cm)

Bibliogr. Nachweis: Zinner, Renaissance, Nr. 2532
Lalande, S. 94

Signatur: Hw 188

Abbildung: Titelseite

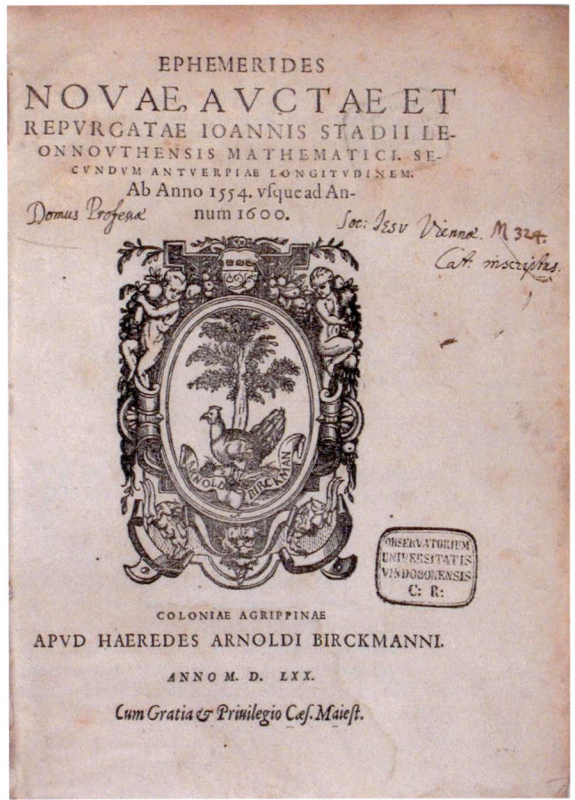

Eber, Paul
(1511-1569)

1571

Titel: Calendarium Historicum

Zusatz: Et recens ante obitum ab eodem recognitum plurimisque locis auctum

Verfasserangabe: conscriptum a Paulo Ebero Kitthingensi

Erscheinungsort: Wittenberg

Verlag: Crato, Johannes

Sprache: Lateinisch

Umfang: [10] Bl., 414 S., [24] Bl.

Format: Quart (21x16cm)

Bibliogr. Nachweis: VD 16 E19
Hamel, Nr. 956
Zinner, Renaissance, Nr. 2543

Besitznachweis: UB I 187 191
NB 48 J 29

Signatur: Hw 185

Abbildung: Titelseite

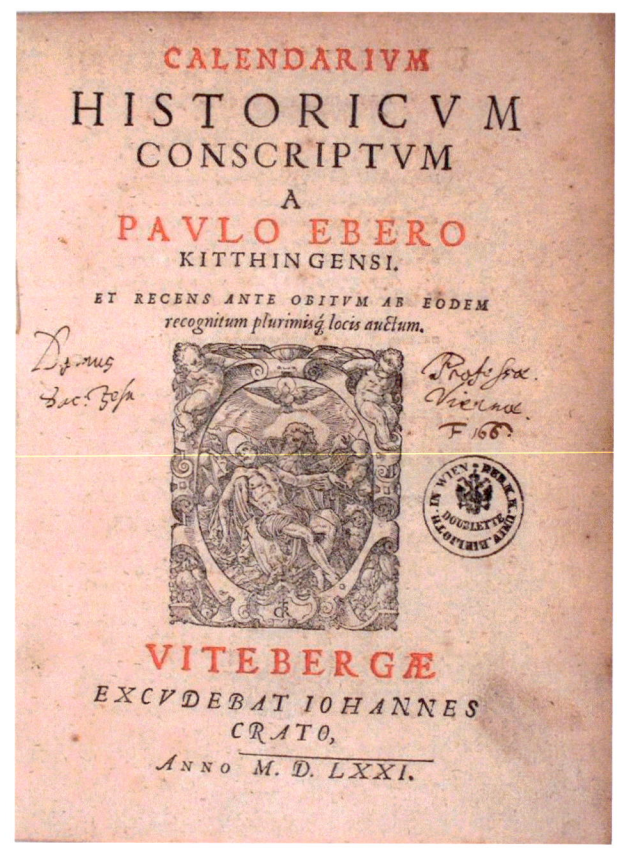

Reinhold, Erasmus [11]
(1511-1553)

Titel: Prutenicæ Tabulæ cœlestium motuum

Erscheinungsort: Tübingen

Verlag: Gruppenbach, Oswald & Georg

Sprache: Lateinisch

Umfang: 144 Bl.

Format: Quart (22x17cm)

Bibliogr. Nachweis: Adams, Nr. R331
Lalande, S. 95
Zinner, Renaissance,
Nr. 2553, vgl. Nr. 2027

Besitznachweis: NB 72 V 23

Signatur: Hw 101

Abbildung: Titelseite

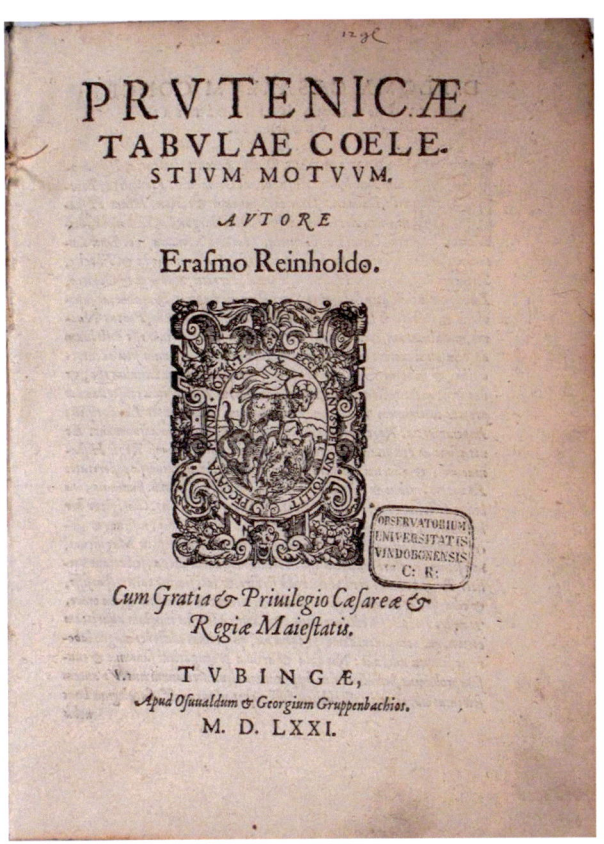

1571

Aristarch von Samos   1572
(310-230 v. Chr. Geb.)

Titel: De magnitudinibus et distantiis solis et lunæ liber

2. Autor : Commandinus, Frederico

Verfasserangabe: cum Pappi Alexandrini explicationibus quibusdam. A Federico Comandino Urbinate in Latinum conversus et commentariis illustratus

Erscheinungsort: Pesaro

Verlag: Franceschino, Camillo

Sprache: Lateinisch

Umfang: [6] Bl., 38 Bl.

Format: Quart (20x15cm)

Bibliogr. Nachweis: Adams, Nr. A1696
                         Lalande, S. 95

Besitznachweis: NB 72 F 74 2

Signatur: Hw 462

Abbildungen: Titelseite
                Skizze zum Größenverhältnis von Sonne und Mond

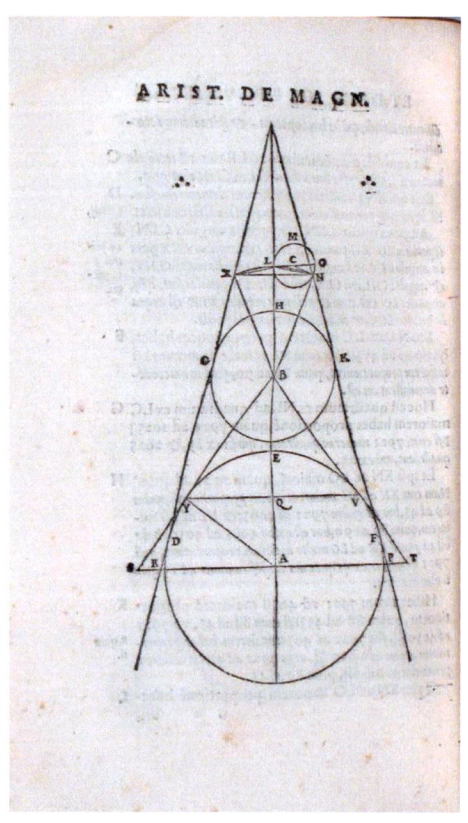

Peuerbach, Georg von
(1423-1461)

1573

Titel: Theoricæ Novæ Planetarum

Zusatz: Quibus accesserunt: Joannis de Monte Regio Disputationes contra Cremonensia in planetarum theoricas deliramenta; Quæstiones novæ in Theoricas Novas Planetarum [...] Authore Christiano Vvrstisio [...]

2. Autor: Regiomontanus, Johannes

3. Autor: Wurstisen, Christian

4. Autor: Essler, Johannes

Verfasserangabe: ab Erasm. Reinholdo illustratæ

Erscheinungsort: Basel

Verlag: Henricpetri

Sprache: Lateinisch

Umfang: 262 S., [1] Bl., [8] Bl., 430 S., [1] Bl.

Format: Oktav (16x10cm)

Bibliogr. Nachweis: VD 16 P2066
Zinner, Renaissance, Nr. 2642
Zinner, Regiomontanus, Nr. 106

Besitznachweis: NB 48 Z 6

Signatur: Hw 147

Abbildungen: Beginn des Textteils
Finsternisse
Zur Bewegung der 8. Sphäre

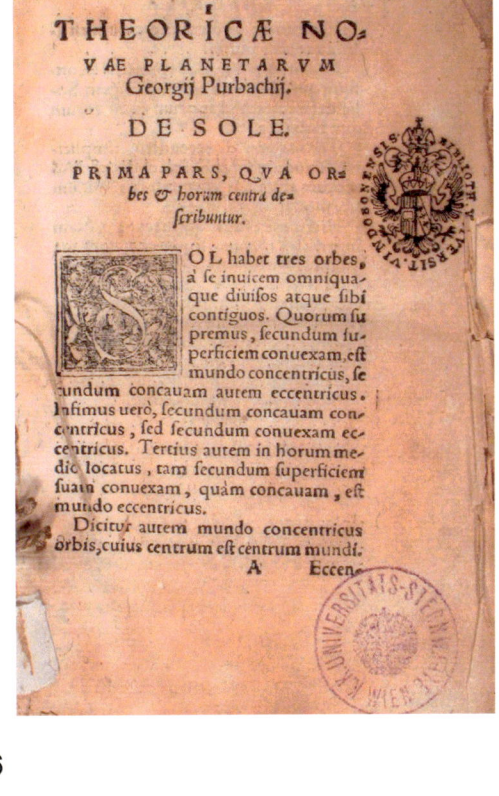

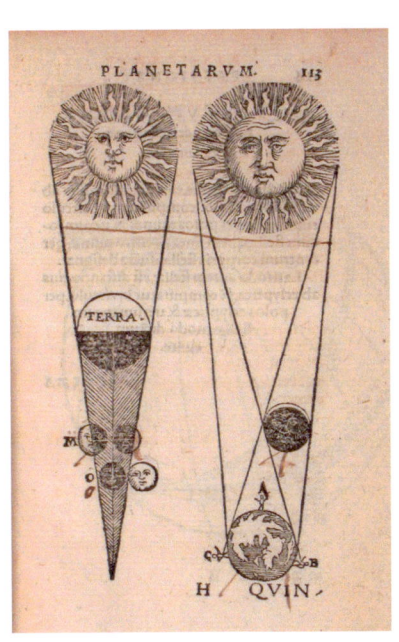

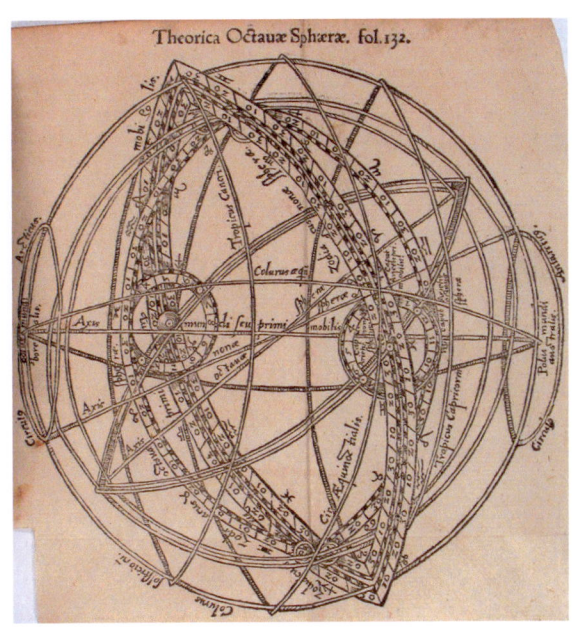

Mercator, Gerhard
(1512-1594)

1577

Titel: Chronologia Hoc Est Supputatio Temporum

Zusatz: ab initio mundi ex Eclipsibus et observationibus Astronomicis et sacræ scripturæ firmißimis testimoniis demonstrata

2. Autor: Béroalde, Mathieu

Verfasserangabe: Gerardo Mecatore & Mattheo Beroaldo authoribus

Beigefügt: Accessit et Isidori Hispalensis Epi[scopi] Chronologia ex quinto et sexto Originum libris sumpta

Erscheinungsort: Basel

Verlag: Guarinus, Thomas

Sprache: Lateinisch

Umfang: [8] Bl., 292 S., 632 S., [11] Bl.

Format: Oktav (17x12cm)

Bibliogr. Nachweis: VD 16 K2336
Adams, Nr. M1296
Zinner, Renaissance, Nr. 2783

Besitznachweis: NB 8 R 99

Signatur: Hw 135

Abbildungen: Titelseite
Kartographische Darstellung des Gartens Eden

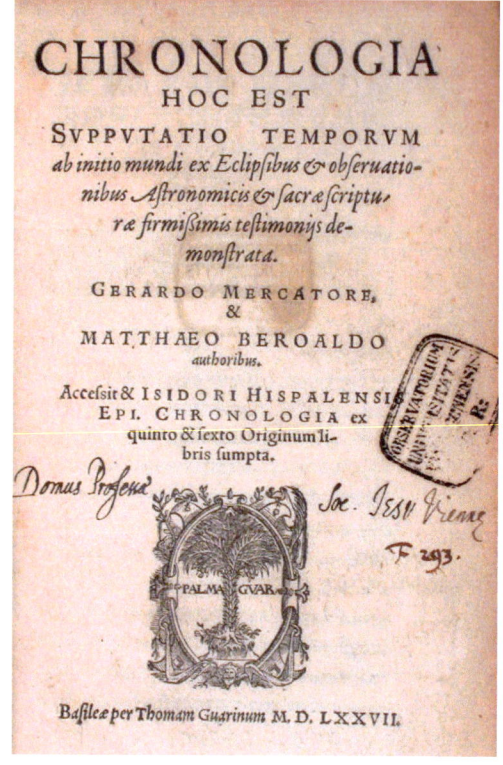

Vergeri, Mario 1578

Titel: Nuovo Giudicio sopra la maravigliosa cometa veduta in Mantova alli 13. di Novembre MDLXXVII

Zusatz: Nel quale oltre i suoi effetti futuri sopra gl'huomini, e sopra alcune Provincie, e Città, si vede anco un facil, e ottimo modo di discorrere sopra tutte l'altre Comete

Erscheinungsort: Mantova

Verlag: Osanna, Francesco

Sprache: Italienisch

Umfang: 8 Bl.

Format: Quart (22x17cm)

Bibliogr. Nachweis: Grassi, S. 60

Signatur: Hw 166

Abbildung: Titelseite

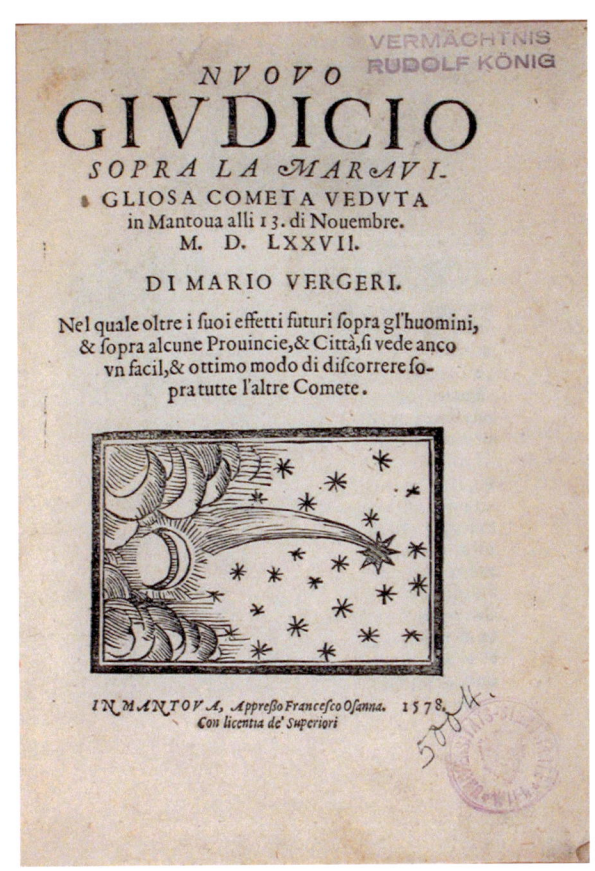

Dasypodius, Konrad
(1532-1600)

1580

Titel: <Cunradi Dasypodii> Heron mechanicus: Seu De Mechanicis artibus atque disciplinis

Zusatz: Eiusdem Horologii astronomici, Argentorati in summo Templo erecti, descriptio

Erscheinungsort: Straßburg

Verlag: Wyriot, Nikolaus

Sprache: Lateinisch

Umfang: [42] Bl.

Format: Quart (20x16cm)

Bibliogr. Nachweis: VD 16 D233
Adams, Nr. D131
Zinner, Renaissance, Nr. 2921

Besitznachweis: NB 72 J 128 2

Signatur: Hw 128

Abbildung: Titelseite

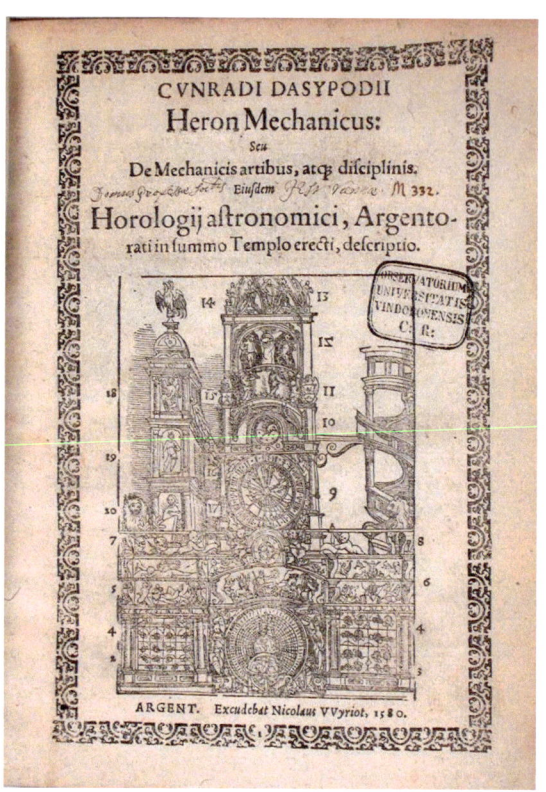

Peuerbach, Georg von
(1423-1461)

1581

Titel: Theoricæ novae planetarum

Beigefügt: Francisci Maurolyci computus ecclesiasticus sive de ratione anni; Henrici Glareani, Helvetii, De Geografia Vel, rudimentorum mathematicorum, liber unus

2. Autor: Maurolycus, Franciscus

3. Autor: Glareanus, Henricus

Erscheinungsort: Köln

Verlag: Birckmann, Arnold; Kempen, Gottfried

Sprache: Lateinisch

Umfang: [7] Bl., 256 S.

Format: Oktav (11x7cm)

Bibliogr. Nachweis: VD 16 P2068
Adams, Nr. P2280
Zinner, Renaissance, Nr. 3003

Signatur: Hw 144

Abbildungen: Titelseite
Sonnen- und Mondfinsternis
Geozentrisches Weltbild

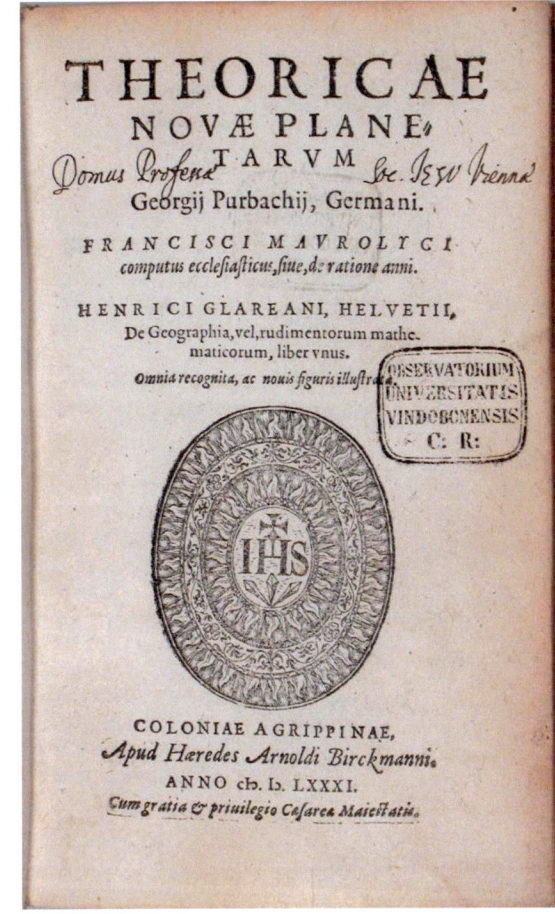

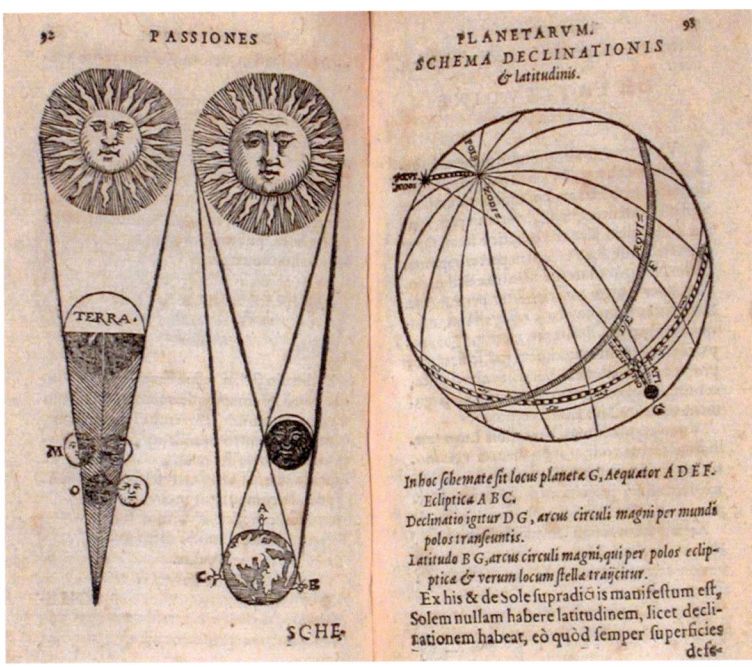

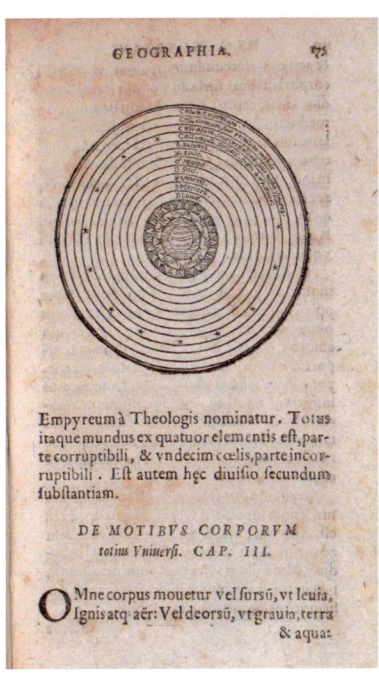

Magini, Giovanni Antonio
(1555-1617)

1582

Titel: Ephemerides Cœlestium Motuum Io[anni] Antonii Magini Patavini, ad Annos XI. Ab anno Domini 1581, usque ad annum 1620.

Zusatz: Secundum Copernici hypotheses, Prutenicosq[ue] canones, atq[ue] iuxta Gregorianam Anni correctionem accuratissime supputatæ. Ad Longitudinem Gr[adum] 32.30' sub qua inclyta Urbs Venetiarum sita est. Addita est ejusdem animadversio, qua errores ejus quàmplurimi perpenduntur. Itam tractatus quatuor absolutissimi, neimpe isagoge in Judicarium Astrologiam, De usu Ephemeridum, De Annuis revolutionibus, et De Stellis fixis

Erscheinungsort: Venedig

Verlag: Zenaro, Damiano

Sprache: Lateinisch

Umfang: [16] Bl., 208 S.

Format: Quart (23x18cm)

Bibliogr. Nachweis: Hamel, Nr. 2021
Lalande, S. 113f.

Besitznachweis: NB 72 V 64

Signatur: Hw 191

Abbildung: Titelseite

Magini, Giovanni Antonio [12] 1582
(1555-1617)

Titel: <Io. Antonii Magini> Novæ Ephemerides Cœlestium Motuum annorum 40. Incipientes anno domini 1581 usque ad annum 1620

Zusatz: Secundum clarissimi viri Nicolai Copernici hypotheses, Prutenicosq[ue], Reinoldi tabulas accuratissimè supputatæ, atq[ue] Gregorianæ correctioni Romani Kalendarii accomodatæ

Erscheinungsort: Venedig

Verlag: Zenaro, Damiano

Sprache: Lateinisch

Umfang: 605 S. (in zwei Bänden)

Format: Quart (23x18cm)

Bibliogr. Nachweis: Hamel, Nr. 2021
Lalande, S. 113f.

Signatur: Hw 191

Abbildungen: Titelseite
Mondfinsternis von 1592

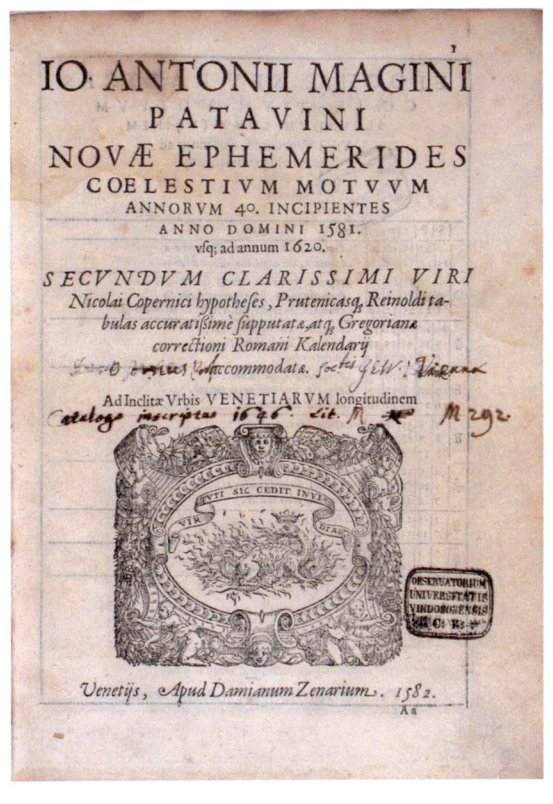

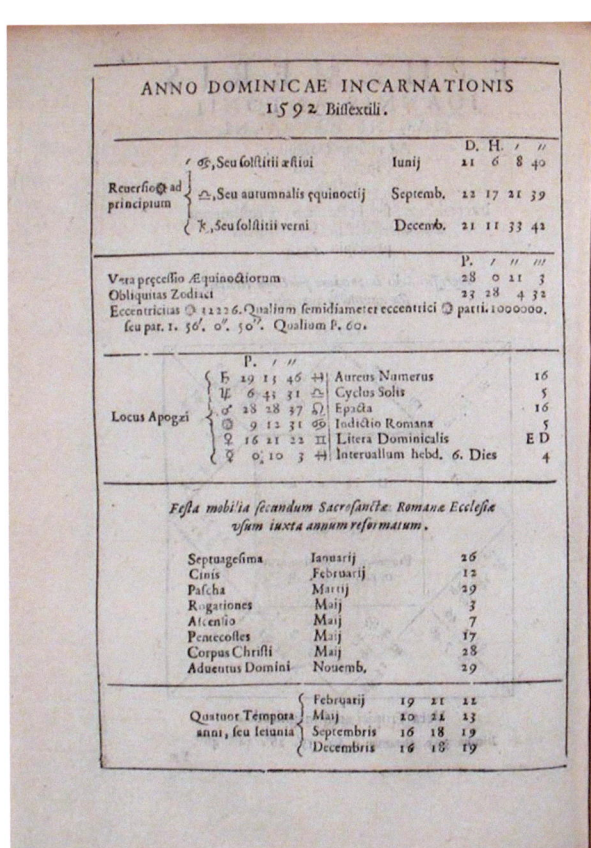
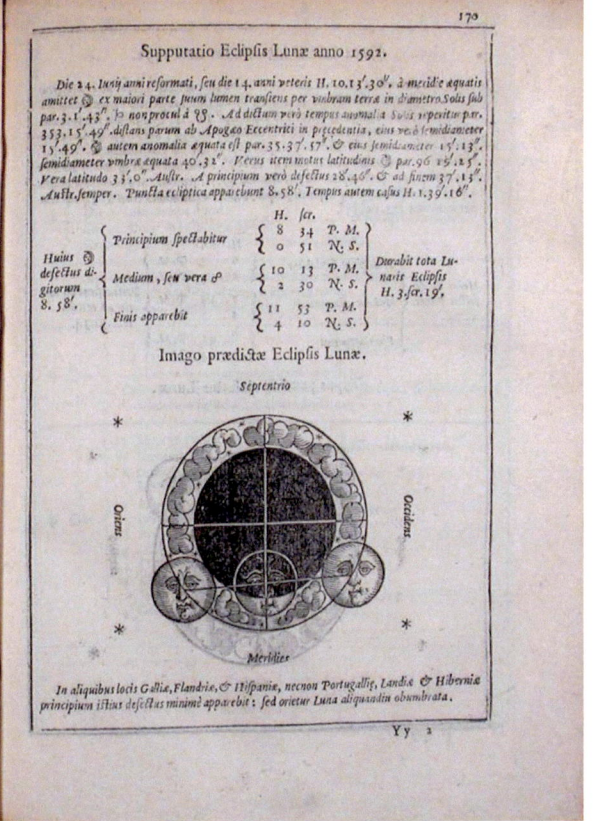

Ryff, Walther Hermann [13]
(gest. 1549)

1582

Titel: Bawkunst Oder Architektur aller fürnemsten, nothwendigsten, angehörigen Mathematischen und Mechanischen Künsten, eygentlicher Bericht, und verständtliche Underrichtung zu rechtem Verstand der Lehr Vitruvii

Zusatz: in Drey fürnemme Bücher abgetheilet

Verfasserangabe: durch Gualtherum H. Rivium

Erscheinungsort: Basel

Verlag: Henricpetri

Sprache: Deutsch

Umfang: [8] Bl., 551 S.

Format: Folio (31x22cm)

Bibliogr. Nachweis: VD 16 R 4003

Signatur: Hw 30

Abbildungen: Titelseite
Darstellung von Kanonen

Finck, Thomas
(1561-1656)

1583

Titel: <Thomae Finkii Flenspurgensis> Geometriae rotundi libri XIIII

Erscheinungsort: Basel

Verlag: Henricpetri, Sebastian

Sprache: Lateinisch

Umfang: [8] Bl., 406 S., [1] Bl.

Format: Quart (20x16cm)

Bibliogr. Nachweis: VD 16 F1076
Adams, Nr. F456

Besitznachweis: NB 72 H 72

Signatur: Hw 107

Abbildung: Titelseite

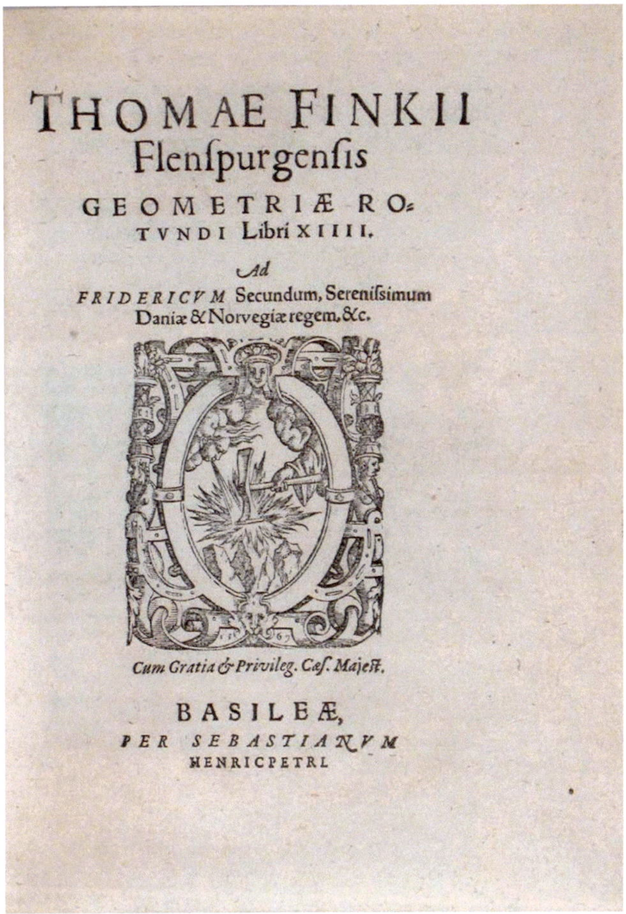

Rantzau, Henrik
(1526-ca.1598)

1585

Titel: <Henrici Ranzovii nobilis Holsati> Horoscopographia

Zusatz: Continens fabricam cardinum coelestium ad quodvis datum tempus: et viam deductionis Ptolemaicam

Erscheinungsort: Straßburg

Verlag: Bertram, Anton

Sprache: Lateinisch

Umfang: 26 Bl.

Format: Quart (20x17cm)

Bibliogr. Nachweis: Adams, Nr. R153
Lalande, S. 117
Zinner, Renaissance, Nr. 3199

Besitznachweis: NB 72 T 40 3

Signatur: Hw 127

Abbildung: Titelseite

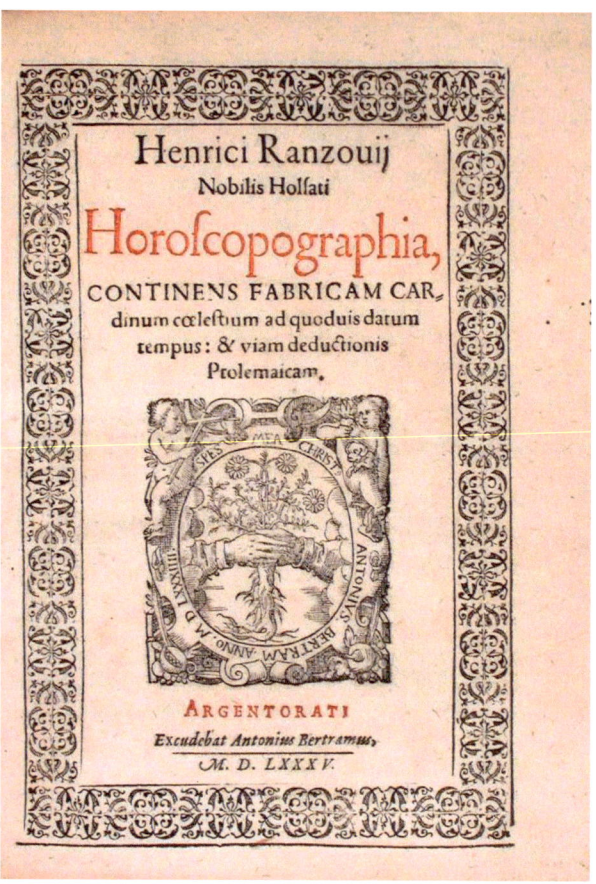

Mästlin, Michael [14]
(1550-1631)

Titel: Epitome Astronomiæ

Zusatz: Qua brevi explicatione omnia, tam ad sphæricam quam theoricam eius partem pertinentia, ex ipsius scientiæ fontibus deducta, perspicue per quæstiones traduntur

Verfasserangabe: Conscripta per M[agistrum] Michaelem Mæstlinum Goeppingensem, Matheseos in Academia Tubingensi Professorem

Erscheinungsort: Tübingen

Verlag: Gruppenbach, Georg

Sprache: Lateinisch

Umfang: [16] Bl., 509 S.

Format: Oktav (16x10cm)

Bibliogr. Nachweis: VD 16 M97
Adams, Nr. M85
Zinner, Renaissance, Nr. 3299

Besitznachweis: NB 72 N 26

Signatur: Hw 149

Abbildung: Titelseite

1588

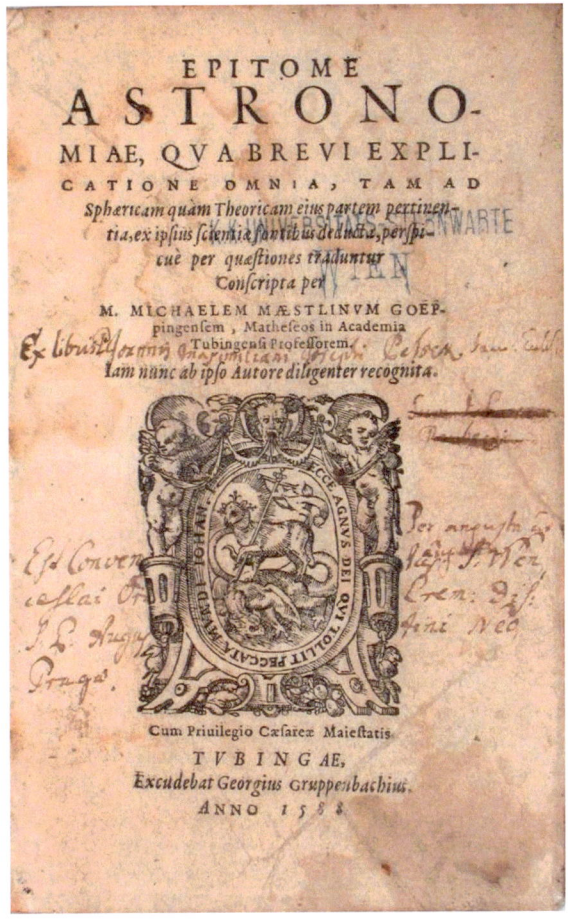

Cunelius, Georg
(gest. 1595)

1590

Titel: Opusculum astrologicum

Zusatz: In quo traditur facilis et expeditus modus constituendarum figurarum cœlestium, seu, ut vulgo vocant, thematum natalitiorum; ad imitationem præstantissimorum astronomorum Iohannis Stofleri et Cypriani Leovitii in gratiam et utilitatem eorum, quibus Astrologicæ studium curæ est

Verfasserangabe: Autore Georgio Cunelio Medicinæ Doctoræ et oratoriæ facultatis in Academia Lipsensi Professore publico

Erscheinungsort: Leipzig

Verlag: Steinmann

Sprache: Lateinisch

Umfang: [11] Bl.

Format: Quart (20x16cm)

Bibliogr. Nachweis: VD 16 C 6318
Hamel, Nr. 853
Zinner, Renaissance, Nr. 3375

Signatur: Hw 127

Abbildung: Titelseite

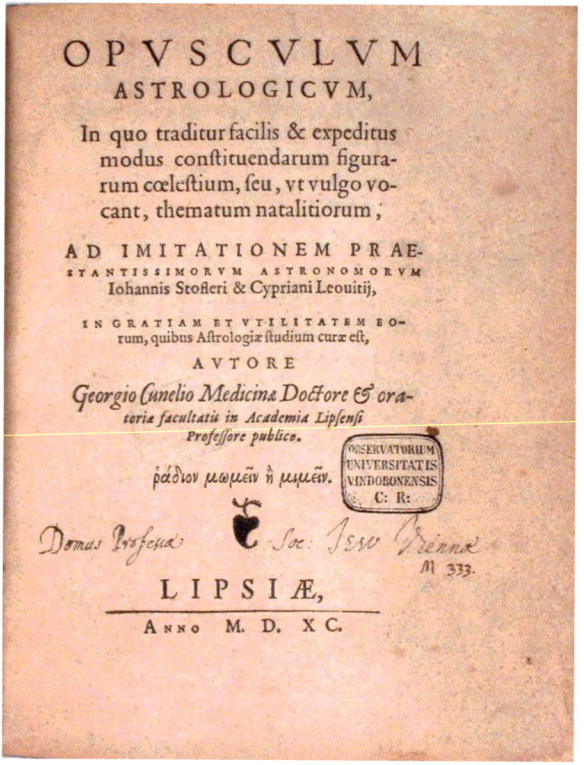

Lansbergen, Philips van
(1561-1632)

1591

Titel: <Philippi Lansbergi> Triangulorum geometriæ Libri quatuor

Zusatz: In quibus nova et perspicuâ Methodo, et apodeixei, tota ipsorum triangulorum doctrina explicatur

Erscheinungsort: Leiden

Verlag: Raphelengius, Franciscus

Sprache: Lateinisch

Umfang: 207 S.

Format: Quart (20x15cm)

Bibliogr. Nachweis: Adams, Nr. L160

Besitznachweis: UB I 227 109
NB 72 H 74

Signatur: Hw 107

Abbildung: Titelseite

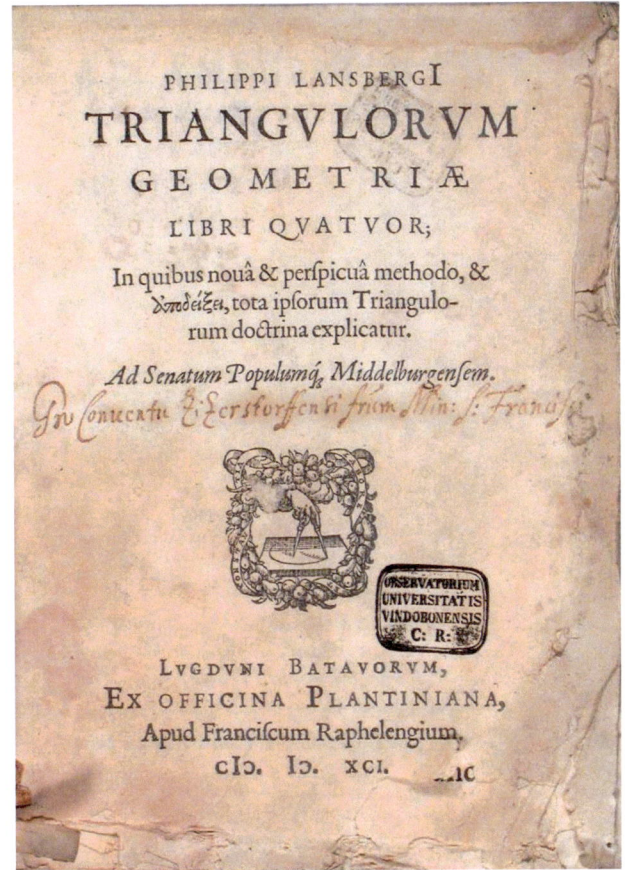

Scaliger, Joseph Juste
(1540-1609)

1594

Titel: \<Iosephi Scaligeri Iul. Cæs. F.\> Cyclometrica elementa duo

Erscheinungsort: Leiden

Verlag: Plantin

Sprache: Lateinisch

Umfang: 4 Bl., [2] Bl., 122 S., 34 S., [1] Bl., 20 S.

Format: Folio (28x20cm)

Bibliogr. Nachweis: Adams, Nr. S558

Besitznachweis: UB I 227 164
NB 32 B 33

Signatur: Hw 70

Abbildungen: Titelseite
Geometrische Aufgabe

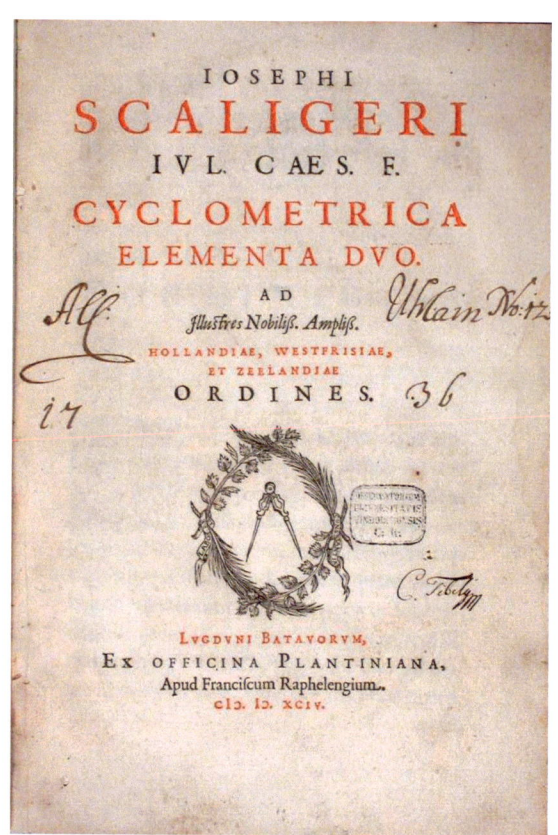

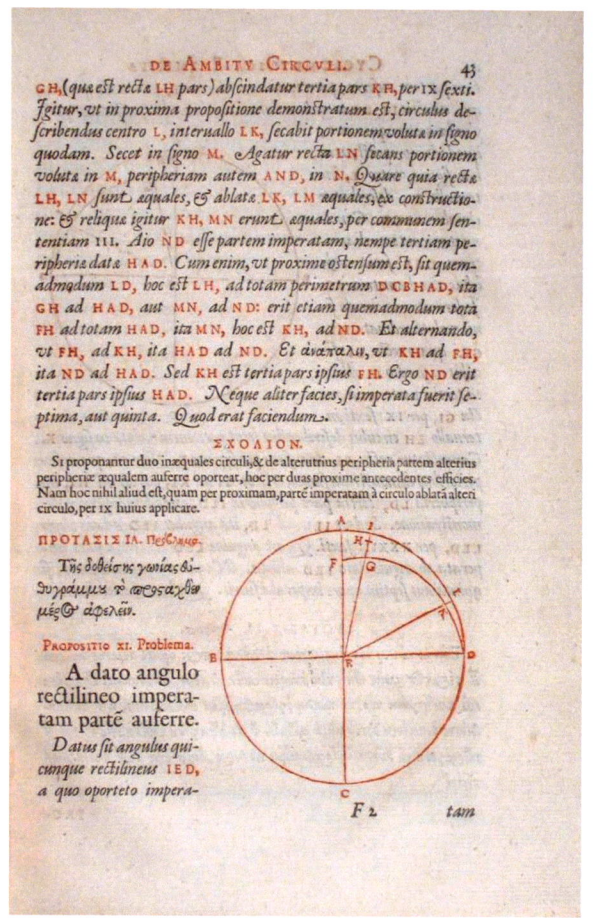

Everaert, Marten
(ca. 1540-1601)

1597

Titel: Ephemerides novæ et exactæ

Zusatz: Ab anno Icarnationis Domini 1590, ad annum 1610. Ex novis tabulis Belgicis Authoris Supputatæ. Ad Longitudinem 24.0, Ad Latitudinem 51.30 Graduum

Verfasserangabe: Martini Everarti Brugensis

Erscheinungsort: Leiden

Verlag: Plantin

Sprache: Lateinisch

Umfang: 3 Bl., [508] Bl.

Format: Quart (25x17cm)

Bibliogr. Nachweis: Lalande, S. 131

Besitznachweis: NB 72 V 49

Signatur: Hw 187

Abbildung: Titelseite

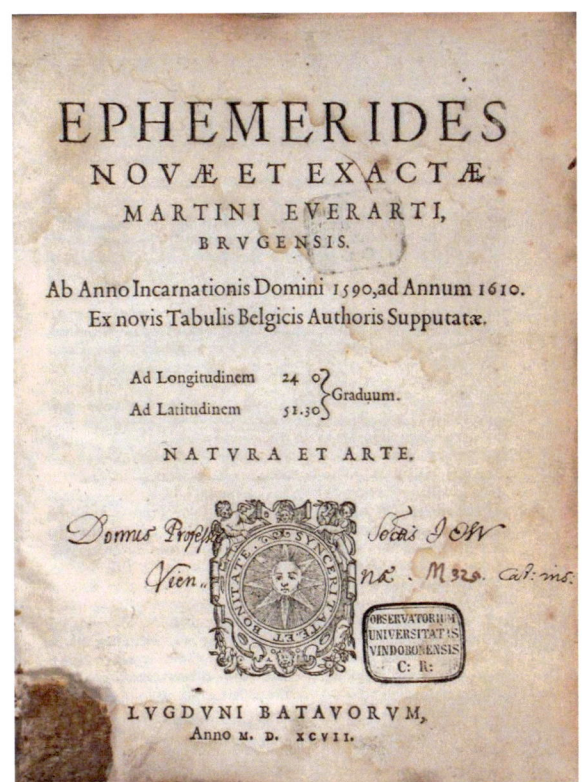

Origanus, David
(1558-1628)

1599

Titel: Ephemerides Novæ Annorum XXXVI, Incipientes Ab Anno [...] 1595, Quo Joannis Stadii maxime aberrare incipiunt, et desinentes in annum 1630

Zusatz: Quibus praemissa est Introductio Seu Compendiaria Ephemeridum Enarratio [...]

Verfasserangabe: Autore M. Davide Origano Glacense, Mathematico Professore [...]

Erscheinungsort: Frankfurt an der Oder

Verlag: Eichhorn, Andreas

Sprache: Lateinisch

Umfang: 424 S.

Format: Quart (22x18cm)

Bibliogr. Nachweis: Adams, Nr. O278
Lalande, S. 134
Zinner, Renaissance, Nr. 3826

Besitznachweis: UB I 230 398
NB 72 V 62

Signatur: Hw 421

Abbildungen: Titelseite
Beginn der Einleitung

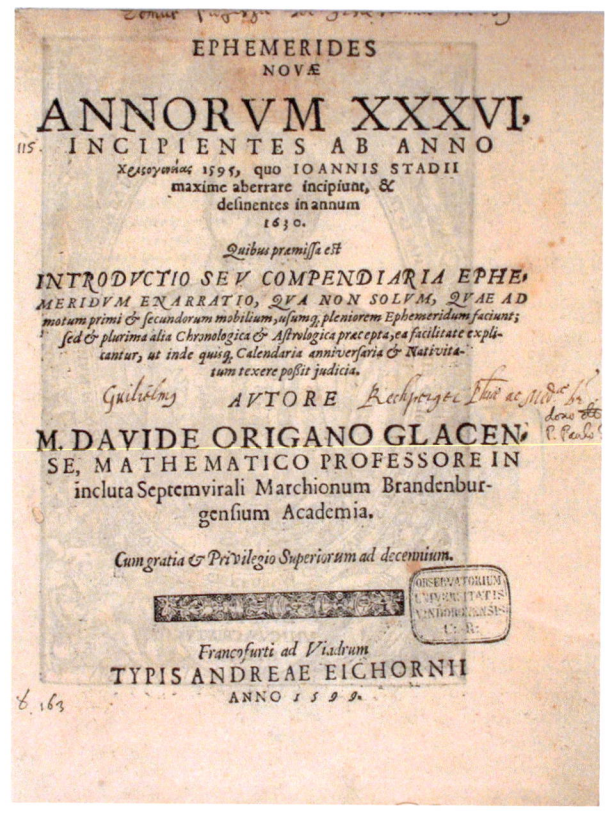

17. Jahrhundert

Peuerbach, Georg von
(1423-1461)

1601

Titel: Theoricæ novæ planetarum

Verfasserangabe: Georgii Purbachii Germani ab Erasmo Reinholdo Salveldensi, pluribus figuris auctæ [...]

Erscheinungsort: Wittenberg

Druck: Lehman, Zacharias

Verlag: Selfisch, Samuel

Sprache: Lateinisch

Umfang: [8] Bl., 252 Bl., [3] gef. Bl.

Format: Oktav (17x10cm)

Bibliogr. Nachweis: VD17 3:605085G
Zinner, Renaissance, Nr. 3908

Signatur: Hw 136

Abbildungen: Titelseite
Finsternisse

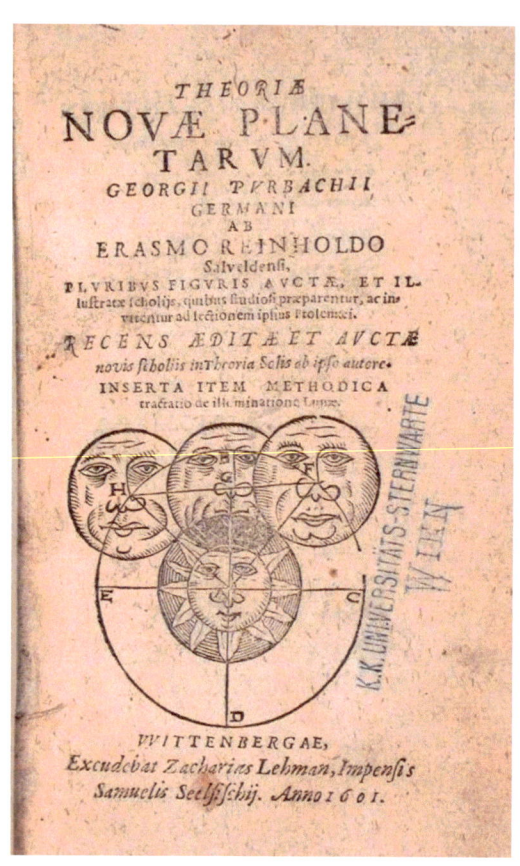

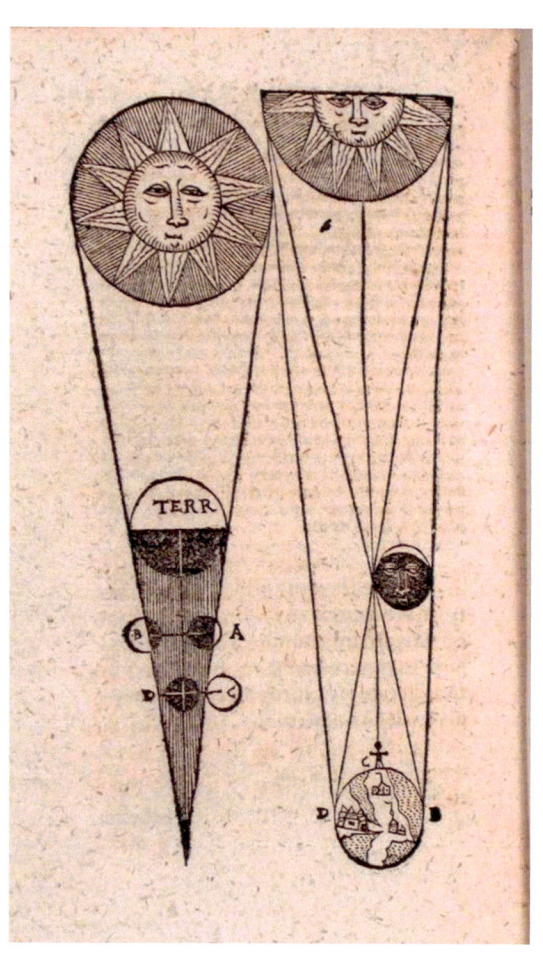

Brahe, Tycho
(1546-1601)

1602

Titel: <Tychonis Brahe> Astronomiæ Instauratæ Mechanica

2. Autor: Caukerchius, Rudolphus

3. Autor: Rosenkranzius, Oligerus

Erscheinungsort: Nürnberg

Verlag: Hulsius, Levinus

Sprache: Lateinisch

Umfang: [54] Bl.

Format: Folio (31x20cm)

Bibliogr. Nachweis: VD17 23:270097W
Lalande, S. 138
Zinner, Renaissance, Nr. 3929

Besitznachweis: UB II 174 715
NB 72 C 76

Signatur: Hw 148

Abbildungen: Titelseite
Sternwarte Uranienburg

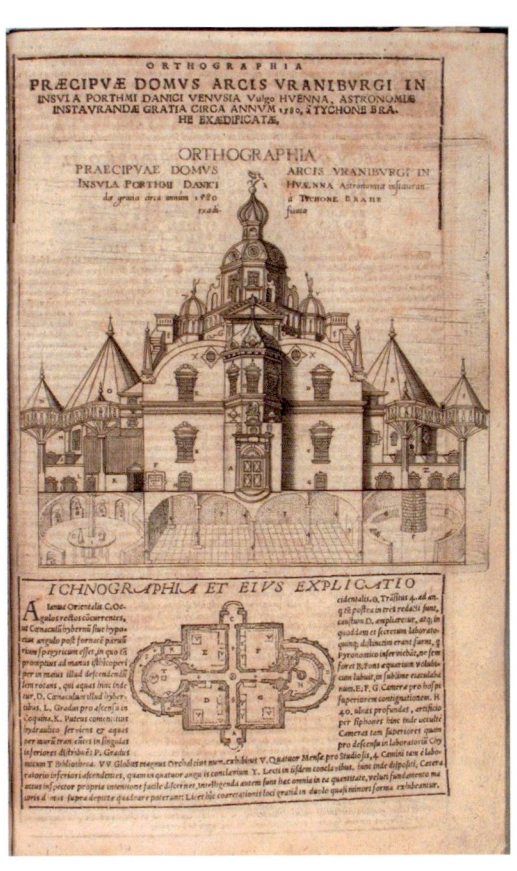

Stempel, Gerhard
(geb. 1546)

1602

Titel: Utriusque astrolabii tam particularis quam universalis fabrica et usus

Zusatz: Sine ullius Retis, aut Dorsi adminiculo

2. Autor: Zelst, Adrian

Verfasserangabe: studio vero, et industria D. Gerardi Stempelii Goudani, et M. Adriani Zelstii, in lucem iam primum emissa

Erscheinungsort: Liège

Verlag: Ouwerx, Christian

Sprache: Lateinisch

Umfang: [8] Bl., 40S., 99 S., [8] Bl.

Format: Quart (20x16cm)

Besitznachweis: UB I 188 782
NB 72 W 75

Signatur: Hw 107

Abbildung: Titelseite

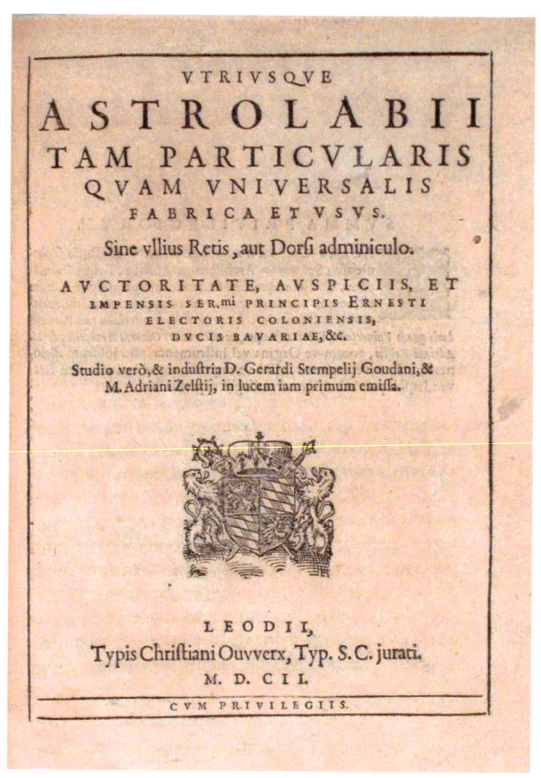

Bayer, Johann [15]
(1572-1625)

1603

Titel: <Joannis Bayeri Rhainani I. C.> Uranometria

Zusatz: Omnium Asterismorum Continens Schemata, Nova Methodo Delineata, Aereis Laminis Expressa

2. Autor: Mair, Alexander

Verfasserangabe: Tabulas in aes incidit Alexander Mair

Erscheinungsort: Augsburg

Verlag: Mang, Christoph

Sprache: Lateinisch

Umfang: [4] Bl., [51] gef. Bl.

Format: Folio (33x25cm)

Bibliogr. Nachweis: VD17 39:125032X
Lalande, S. 139f
Zinner, Renaissance, Nr. 3951

Besitznachweis: UB III 149 990
NB 72 E 30

Signatur: Hw 36

Abbildungen: Titelseite
Sternbild Skorpion

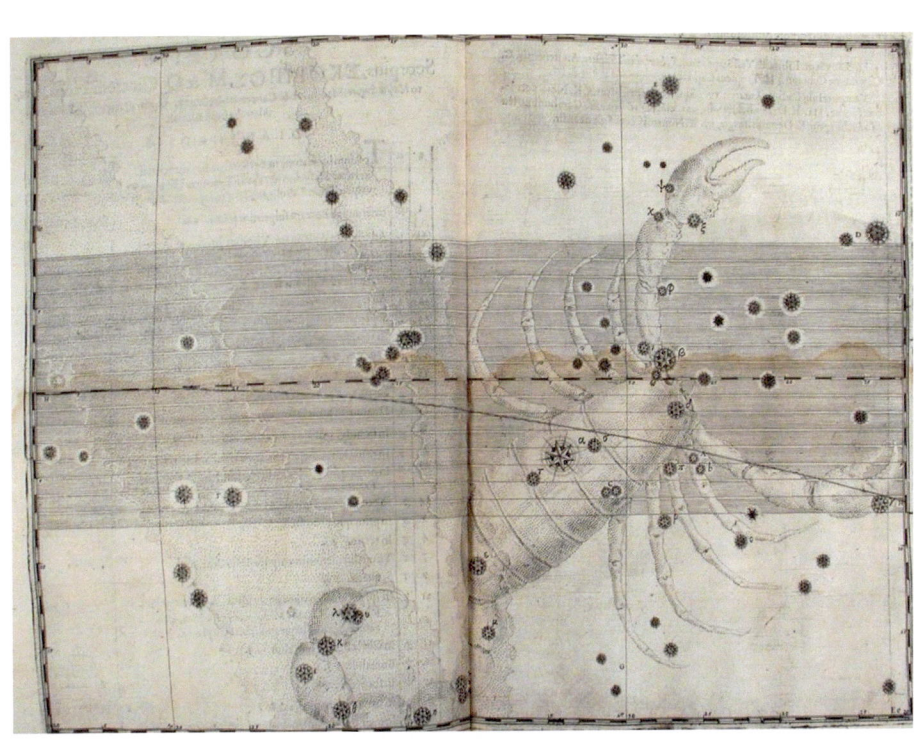

Blebel, Thomas
(1539-1596)

1603

Titel: De sphæra et primis astronomiæ rudimentis libellus

Zusatz: ad usum scholarum maxime accommodatus: accurata methodo et brevitate conscriptus

Verfasserangabe: a Thoma Blebelio Budissino

Erscheinungsort: Wittenberg

Verlag: Officina Cratoniana

Sprache: Lateinisch

Umfang: 178, [20] S.

Format: Oktav (14x9cm)

Signatur: Hw 156

Abbildungen: Titelseite
Erklärung der Mondphasen

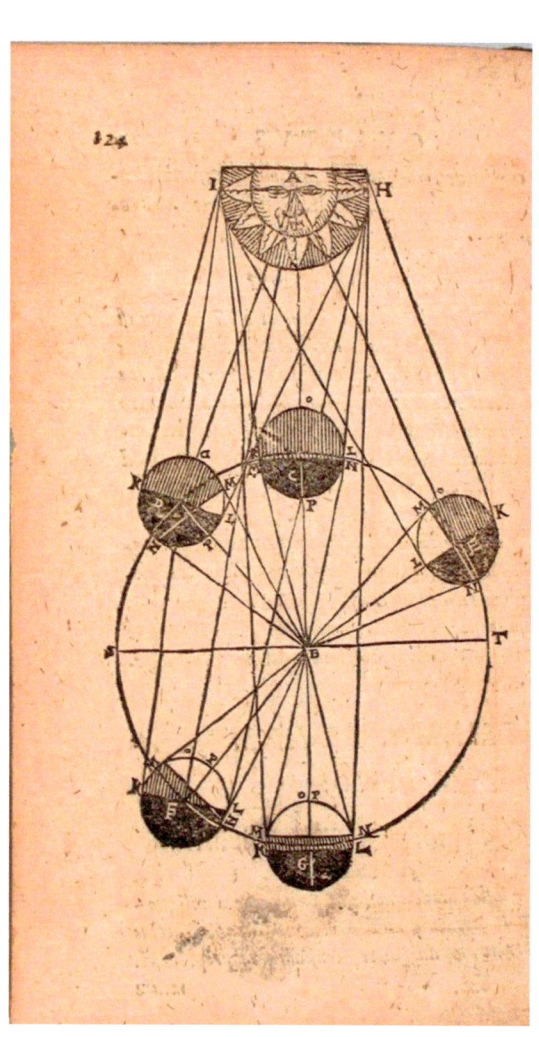

Letzner, Johannes
(1531-1613)

1604

Titel: Wunderspiegel

Erscheinungsort: Erfurt

Verlag: Wittel, Martin

Sprache: Deutsch

Umfang: 68 Bl.

Format: Quart (19x15cm)

Bibliogr. Nachweis: VD17 23:287244L
VD17 23:287246A
Deutsche Drucke des Barock 1600-1720, A 1100

Signatur: Hw 110

Abbildungen: Titelseite 1. Buch
Titelseite 2. Buch

Kepler, Johannes [16]
(1571-1630)

1606

Titel: <Joannis Keppleri Sac. Caes. Maiest. Mathematici> De Stella nova in pede serpentarii, et qui sub ejus exortum de novo iniit, Trigono igneo

Zusatz: Libellus Astronomicis, Physicis, Metaphysicis, Meteorologicis et Astrologicis Disputationibus endoxois et paradoxois plenus Accesserunt I. De Stella Incognita Cygni: Narratio Astronomica. II. De Jesu Christi Servatoris Vero Anno Natalitio, consideratio novissimae sententiae Laurentii Suslygæ Poloni, quatuor annos in usitata Epocha desiderantis

Erscheinungsort: Prag

Verlag: Sessius, Paul

Sprache: Lateinisch

Umfang: [6] Bl., 212 S., 35 S., [2] Bl.

Format: Quart (19x15cm)

Bibliogr. Nachweis: VD17 23:324889B
Caspar, Nr. 27
Zinner, Renaissance, Nr. 4097
Lalande, S. 145

Besitznachweis: UB I 189 144
NB 48 H 1

Signatur: Hw 119

Abbildungen: Titelseite
Sternbild
Schlangenträger

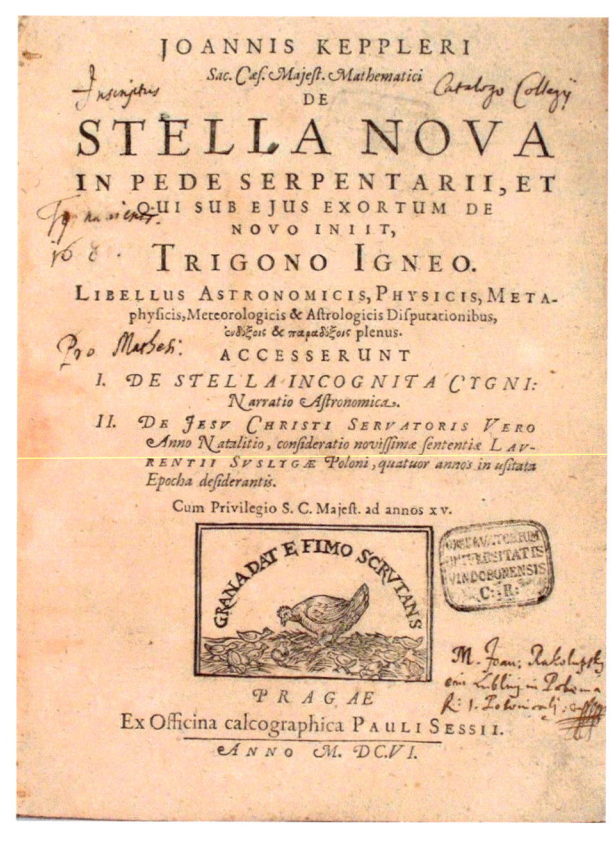

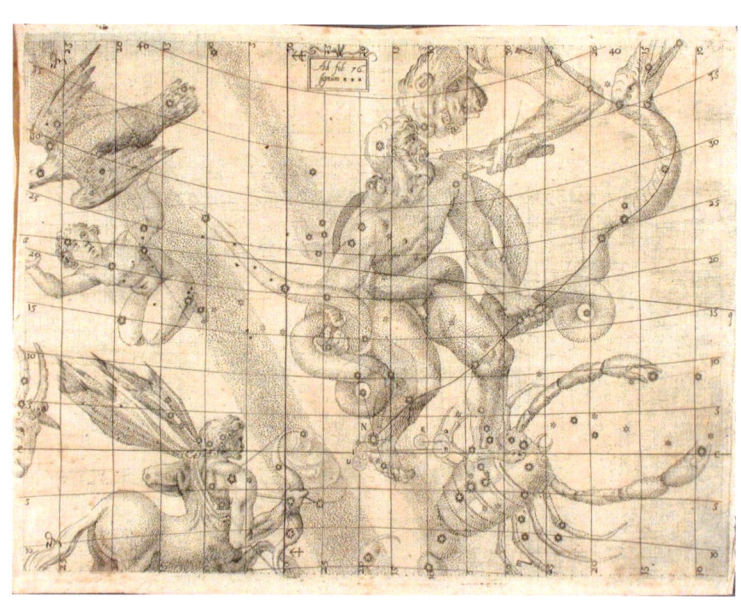

Roomen, Adrian van
(1561-1619)

1606

Titel: Speculum astronomicum sive Organum forma mappæ expressum

Zusatz: In quo licet immobili omnes qui in Primo cælo, primoque mobili spectari solent motus, per Canones ea de re conscriptos, planissime sine ullius regulae aut volvelli beneficio repraesentantur

Erscheinungsort: Leuven

Verlag: Masius, Johannes

Sprache: Lateinisch

Umfang: 151 S.

Format: Quart (21x17cm)

Bibliogr. Nachweis: VD17 39:122628F
Lalande, S. 144

Besitznachweis: UB I 144 609, I 209 332

Signatur: Hw 104

Abbildungen: Titelseite
Titelseite des 2. Buches

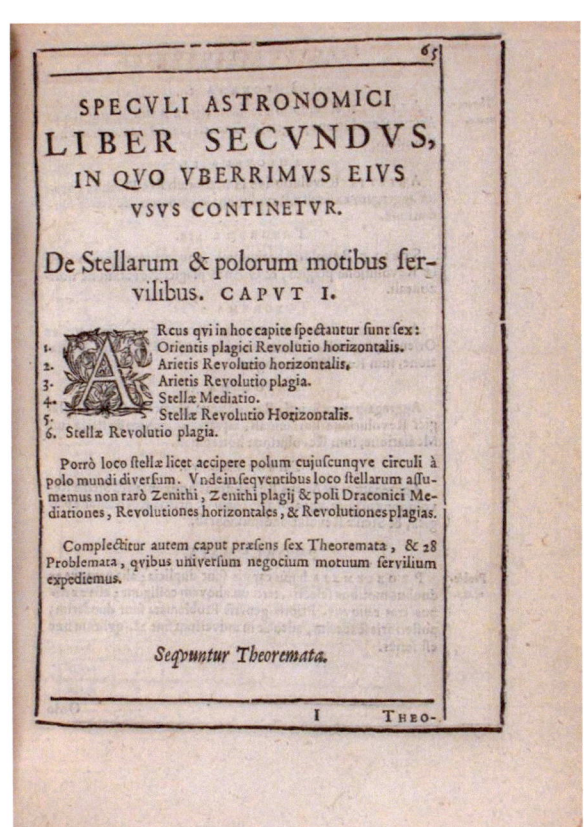

Kepler, Johannes [17]
(1571-1630)

1609

Titel: Astronomia nova aitiológētos

Zusatz: seu physica coelestis, tradita commentariis de motibus stellæ martis

2. Autor: Brahe, Tycho

Verfasserangabe: ex observationibus G. V. Tychonis Brahe. Jussu et sumptibus Rudolphi II. Romanorum Imperatoris etc. Plurium annorum pertinaci studio elaborata Pragæ, A [...] Mathematico Joanne Keplero

Erscheinungsort: [Heidelberg]

Verlag: [Vögelin]

Sprache: Lateinisch

Umfang: [19] Bl., [1] gef. Bl., 337 S., [1] Bl.

Format: Folio (36x23cm)

Bibliogr. Nachweis: VD17 23:000587W
Caspar, Nr. 31
Zinner, Renaissance, Nr. 4237; Lalande, S. 149

Besitznachweis: UB III 189 145
NB 72 C 48

Signatur: Hw 19

Abbildung: Titelseite

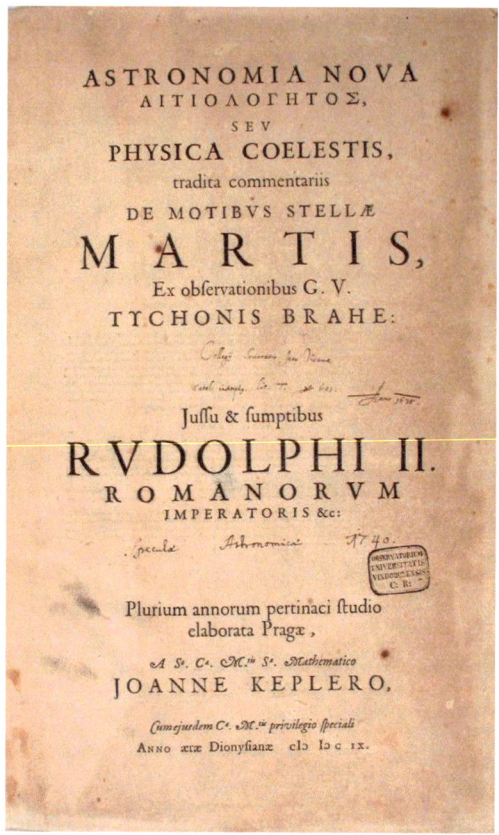

Origanus, David [18]
(1558-1628)

1609

Titel: Annorum posteriorum 30 incipientium ab anno Christi 1625 et desinentium in annum 1654, ephemerides Brandenburgicae coelestium motuum et temporum

Zusatz: summa diligentia in luminaribus calculo duplici Tychonico et Prutenico, in reliquis planetis Prutenico seu Copernicaeo elaboratæ [...]

Verfasserangabe: a Davide Origano Glacense Germano

Erscheinungsort: Frankfurt an der Oder

Druck: Eichhorn, Johann

Verlag: Reichard, David

Sprache: Lateinisch

Umfang: [524] Bl.

Format: Quart (24x19cm)

Bibliogr. Nachweis: VD17 39:124575U
Lalande, S. 150

Besitznachweis: UB I 209 590

Signatur: Hw 421

Abbildungen: Titelseite
Mondfinsternis vom September 1625

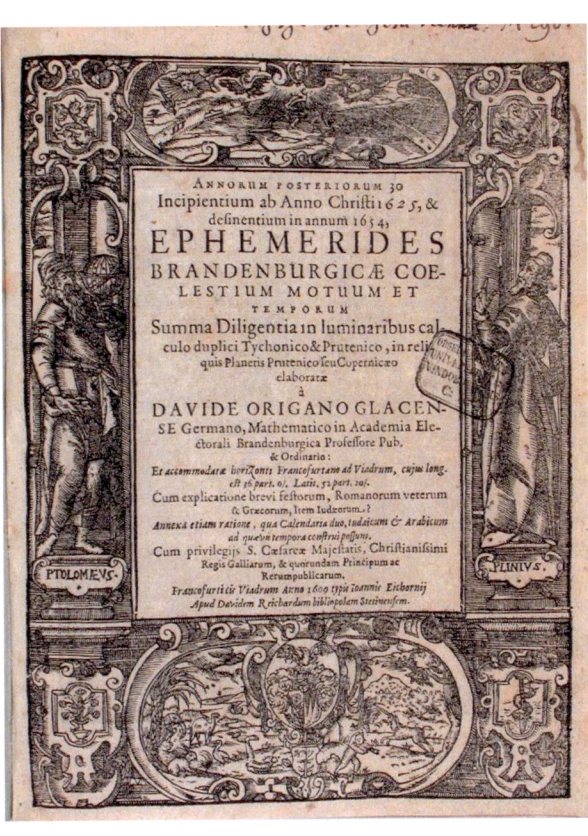

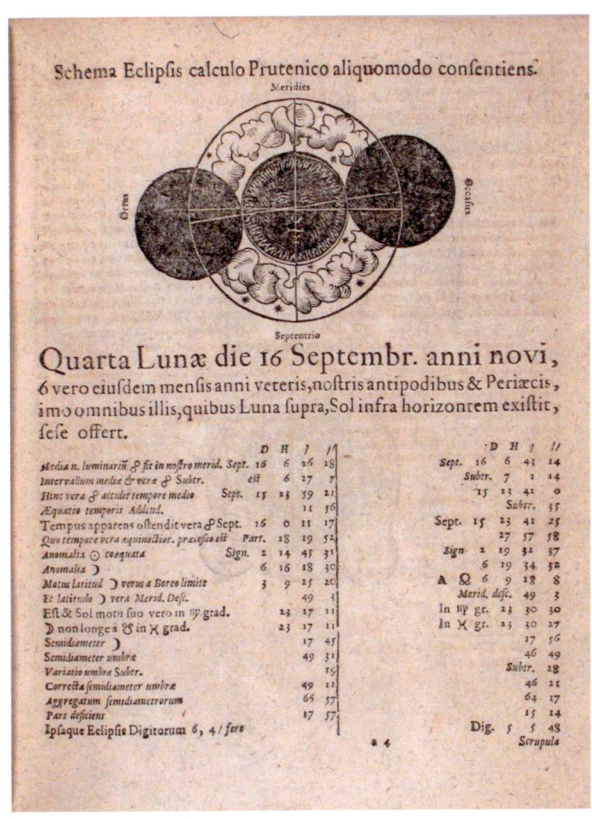

Origanus, David
(1558-1628)

1609

Titel: Novæ Motuum Cœlestium Ephemerides Brandenburgicæ, Annorum LX, Incipientes Ab Anno 1595 et desinentes in annum 1655

Zusatz: calculo duplici luminarium, Tychonico et Copernicæo, reliquorum Planetarum posteriore elaboratæ, et variis diversarum nationum Calendariis accommodatæ, Cum Introductione Hac Pleniore, in qua Chronologica, Astronomica et Astrologica ex fundamentis ipsis tractantur

Verfasserangabe: Autore Davide Origano Glacense Silesio, Germano, Mathematico Electoralis Academiæ Brandenburgicæ Francofurti ad Viadrum, ordinario Professore

Erscheinungsort: Frankfurt an der Oder

Druck: Eichhorn, Johann

Verlag: Reichard, David

Sprache: Lateinisch

Umfang: [53] Bl., 790 S.

Format: Quart (21x25cm)

Bibliogr. Nachweis: VD17 1:636155G
Lalande, S. 150

Signatur: Hw 421

Abbildung: Titelseite

Brahe, Tycho [19]
(1546-1601)

1610

Titel: <Tychonis Brahe Dani> Astronomiæ Instauratæ Progymnasmata

Zusatz: Quorum hæc Prima Pars De Restitutione Motuum Solis et Lunæ, Stellarumque inerrantium tractat. Et Præterea De Admiranda nova Stella Anno 1572. exorta luculenter agit. De Mundi Ætherei Recentioribus Phænomenis

2. Autor/in: Kepler, Johannes

Erscheinungsort: Frankfurt am Main

Verlag: Tambach, Gottfried

Sprache: Lateinisch

Umfang: [4] Bl., 822 S., [6] Bl.

Format: Quart (23x17cm)

Bibliogr. Nachweis: Zinner, Renaissance, Nr. 4262 (Vgl. Nr. 3930)
Caspar, Nr. 15
Lalande, S. 266

Besitznachweis: UB I 189 103

Signatur: Hw 89

Abbildungen: Titelseite Teil 1
Nova von 1572

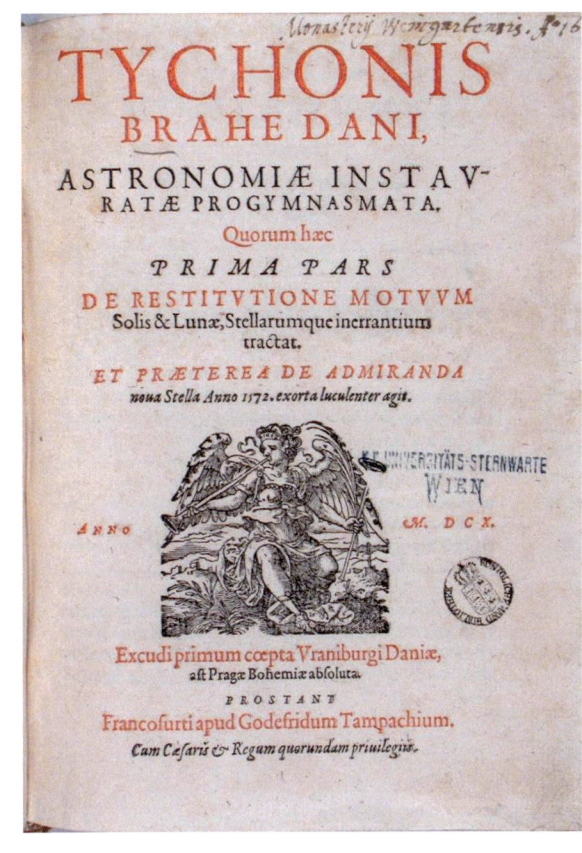

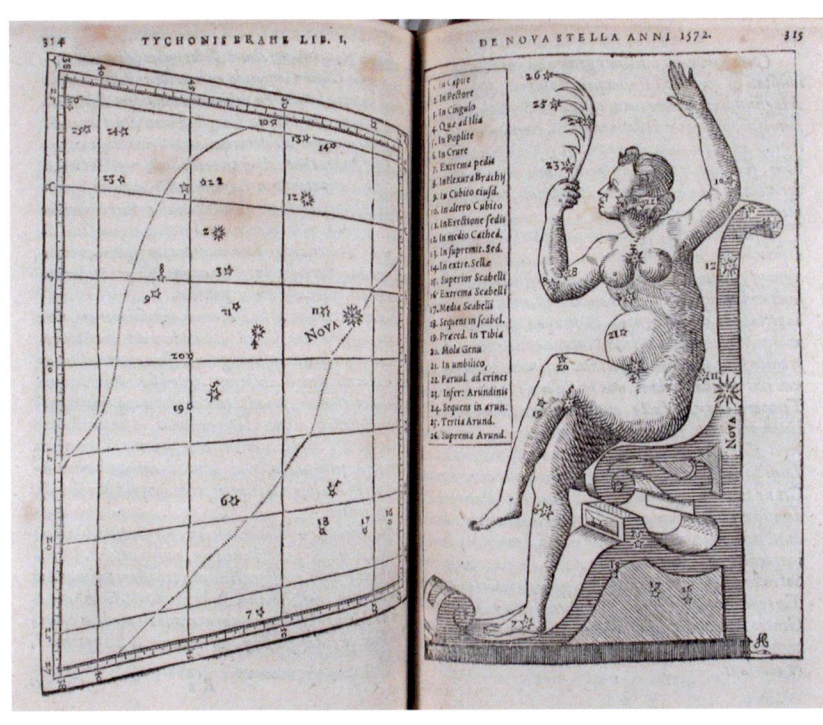

Brahe, Tycho [20]
(1546-1601)

1610

Titel: <Tychonis Brahe Dani> Epistolarum astronomicarum libri

Zusatz: Quorum Primus Hic Illustriss. Et Lautatiss. Principis Gulielmi Hassiæ Landtgravii ac ipsius Mathematici Literas, unaque Responsa ad singulas complectitur

2. Autor: Rothmann, Christoph

Erscheinungsort: Frankfurt am Main

Druck: Brahe, Tycho

Verlag: Tambach, Gottfried

Sprache: Lateinisch

Umfang: [21] Bl., 309 S., [1] Bl.

Format: Quart (23x17cm)

Bibliogr. Nachweis: VD17 23:286554D
Zinner, Renaissance, Nr. 4263

Signatur: Hw 89

Abbildung: Titelseite

Kepler, Johannes [21]
(1571-1630)

1610

Titel: \<Ioannis Kepleri Mathematici Cæsarei\> Dissertatio cum nuncio sidereo nuper ad mortales misso a Galilæo Galilæo Mathematico Patavino

Beigefügt: Huic accessit Phænomenon singulare de Mercurio ab eodem Keplero deprehenso

Erscheinungsort: Florenz

Verlag: Caneo, Giovanni Antonio

Sprache: Lateinisch

Umfang: [4] Bl., 13 Bl., [3] Bl.

Format: Quart (22x16cm)

Bibliogr. Nachweis: Caspar, Nr. 35 (vgl. Nr. 30 u. Nr. 34) Zinner, Renaissance, Nr. 4277 (Prager Erstdruck)

Besitznachweis: NB 48 H 37 4

Signatur: Hw 85

Abbildung: Titelseite

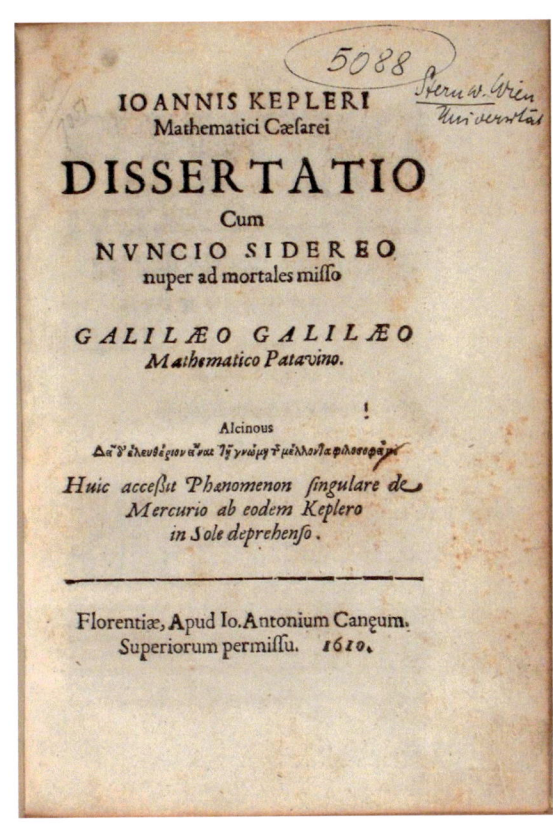

Kepler, Johannes [22]
(1571-1630)

1611

Titel: <Ioannis Kepleri S. Cæs. Maiest. Mathematici> Narratio de Observatis a se quatuor Iovis satellitibus erronibus

Zusatz: Quos Galilæus Galilæus, mathematicus Florentinus, iure inventionis Medicæa sidera nuncupavit, cum adiuncta Dissertatione de Nuncio sidereo nuper ad mortales misso

Erscheinungsort: Florenz

Verlag: Iuncta, Cosmas

Sprache: Lateinisch

Umfang: [4] Bl.

Format: Quart (22x16cm)

Bibliogr. Nachweis: Caspar, Nr. 38
Lalande, S. 155

Signatur: Hw 85

Abbildung: Titelseite

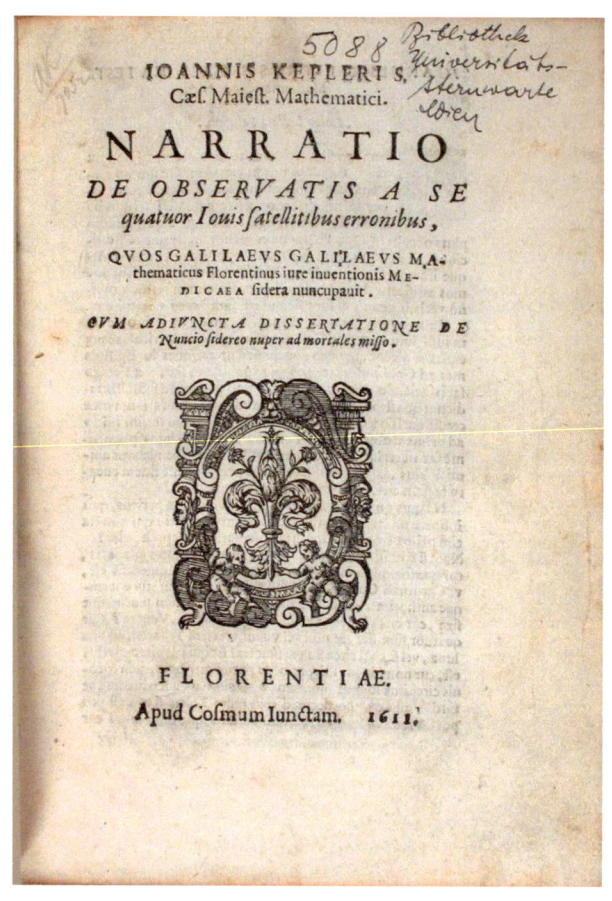

Mulerius, Nicolaus
(1564-1630)

1611

Titel: Tabulæ Frisicæ Lunae-Solares quadruplices

Zusatz: e fontibus Cl. Ptolemaei, regis Alfonsi, Nic. Copernici et Tychonis Brahe recens constructæ [...] Quibus accessere solis tabulæ totidem, hypotheses Tychonis illustratæ, Kalendarium Rom[anum] vetus, cum methodo paschali emendata

Erscheinungsort: Alkmaar

Verlag: Meester, Jacob

Sprache: Lateinisch

Umfang: 464 S., [13] Bl., 77 S., [1] Bl.

Format: Quart (23x17cm)

Bibliogr. Nachweis: Lalande, S. 155

Besitznachweis: UB I 209 198
NB 72 V 71

Signatur: Hw 92

Abbildungen: Titelseite
Mondfinsternis

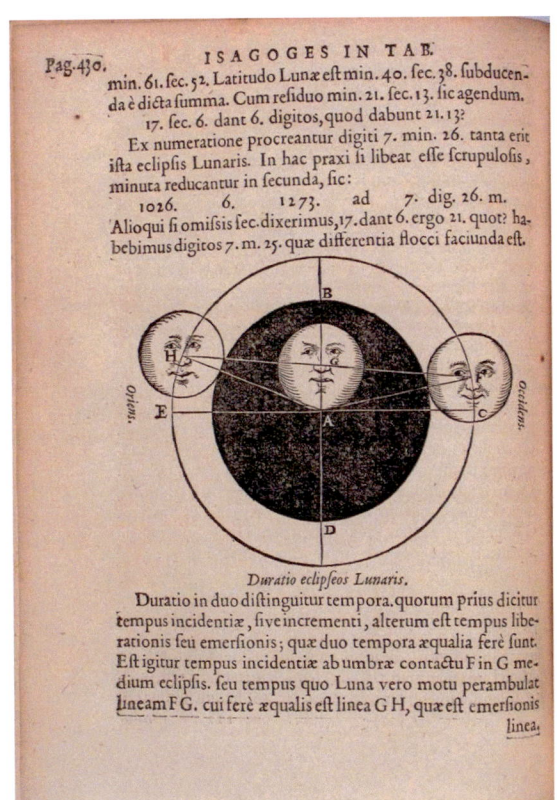

Galilei, Galileo
(1564-1642)

1613

Titel: Istoria e dimostrazioni intorno alle macchie solari e loro accidenti

Zusatz: Comprese in tre lettere scritte all'illustrissimo Signor Marco Velseri Linceo Duumviro d'Augusta consigliero di Sua Maesta Cesarea dal Signor Galileo Galilei Linceo nobil Fiorentino, Filosofo, e Matematico Primario del Sereniss[imo] D. Cosimo II Gran Duca di Toscana

2. Autor: Welser, Marcus

Erscheinungsort: Rom

Verlag: Mascardi, Giacomo

Sprache: Italienisch

Umfang: [4] Bl., 164 S.

Format: Quart (22x16cm)

Bibliogr. Nachweis: Lalande, S. 161

Besitznachweis: NB 72 J 107

Signatur: Hw 100

Abbildungen: Titelseite
Sonnenfleckenzeichnung

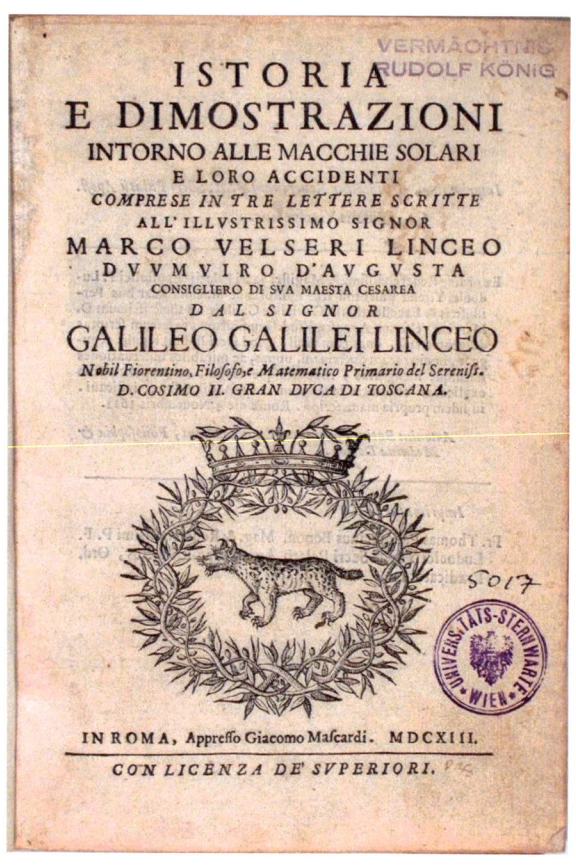

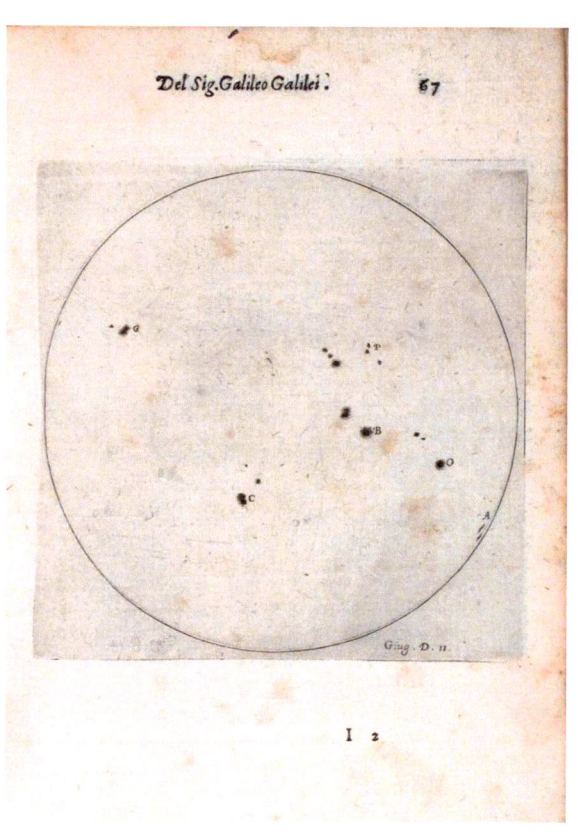

Volkmer, Tobias (der Jüngere)
(1586-1659)

1617

Titel: Tabulæ proportionum angulorum geometriæ. Das ist: Etliche Tafeln / darauß man leicht allerley Messereyen / es beschehe in die höhe / tieffe / weite und breite abmessen kan

Verfasserangabe: Auffs kürtzest mit etlichen Exempeln und Figuren vor augen gestelt / Auch Trewlichen Calculiert und beschriben / Durch Tobiam Volckmer den Jüngern von Saltzburg / [...] und Goldschmid

Erscheinungsort: Augsburg

Druck: Franck, David

Verlag: Michelspacher, Stephan

Sprache: Deutsch

Umfang: [4] Bl., 93 S.

Format: Quart (21x16cm)

Bibliogr. Nachweis: VD17 12:195277V

Besitznachweis: NB 72 T 84 2

Signatur: Hw 116

Abbildung: Beginn des 1. Kapitels (alle Seiten davor fehlen!)

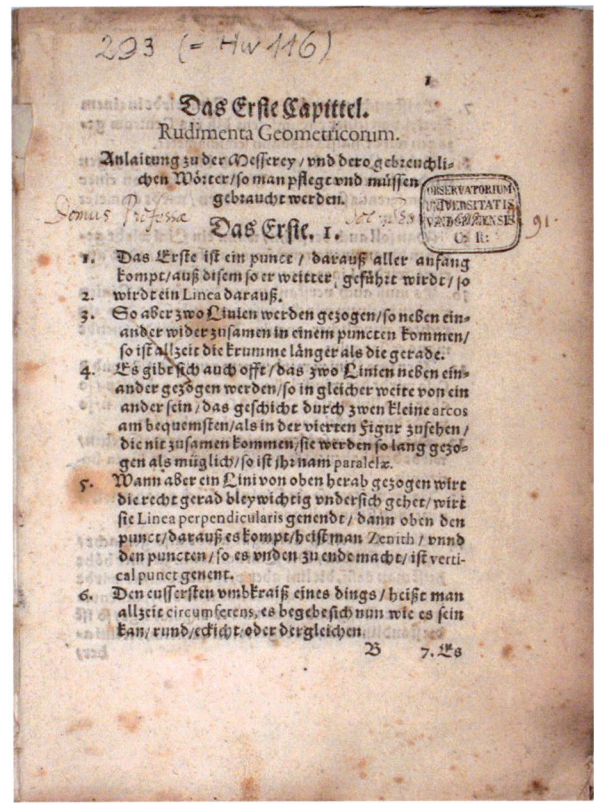

Kepler, Johannes [23]
(1571-1630)

1618-1622

Titel: Epitome astronomiæ Copernicanæ

Zusatz: usitatâ formâ quæstionum et responsionum conscripta, inque VII. libros digesta

Verfasserangabe: authore Joanne Kepplero

Erscheinungsort: Linz (Bde. 5-7: Frankfurt am Main)

Verlag: Planck, Johann (Bde. 5-7: Tambach, Gottfried)

Sprache: Lateinisch

Bde. 1-3:
  Titel: Quorum Tres hi priores sunt de Doctrina Sphæricâ
  Erscheinungsjahr: 1618
  Umfang: [14] Bl., 417 S.
Bd. 4:
  Titel: Doctrinæ Theoricæ Primus
  Erscheinungsjahr: 1622
  Umfang: [1] Bl., S. 419 - 622, [1] Bl.
Bde. 5-7:
  Titel: Quibus proprie Doctrina Theorica (post principia libro IV. praemissa) comprehenditur
  Erscheinungsjahr: 1621
  Umfang: [3] Bl., S. 641 - 930, [11] Bl.

Format: Oktav (15x9cm)

Bibliogr. Nachweis: VD17 39:120913U (Bde. 1/3)
VD17 39:120904V (Bd. 4)
VD17 23:278373D (Bde. 5/7)
Zinner, Renaissance, Nr. 4662, Nr. 4870, Nr. 4910

Besitznachweis: UB I 184 159, II 184 158

Signatur: Hw 145

Abbildungen: Titelseiten der Bde. 1-3, 4 und 5-7

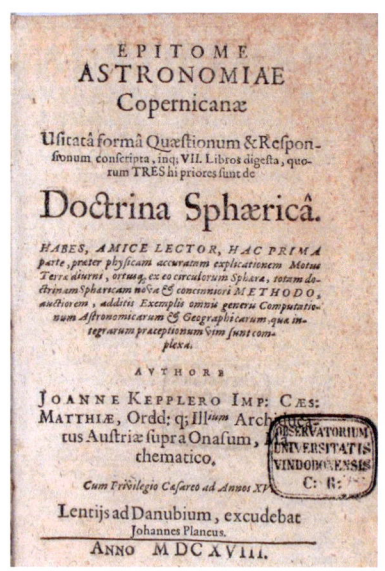
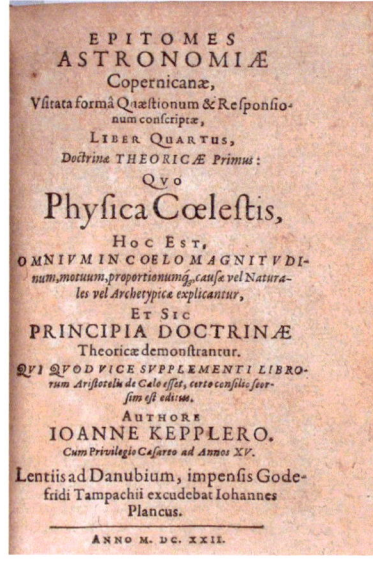
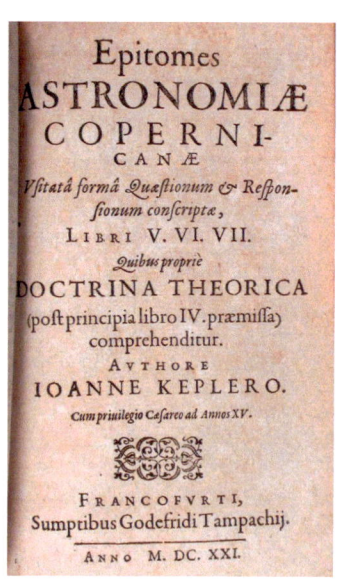

Herlitz, David
(1557-1636)

1619

Titel: Kurtzer Discurs vom Cometen und dreyen Sonnen, so am Ende des 1618. Jahrs erschienen sind

Zusatz: wie auch von der künfftigen Conjunction oder Zusammenkunfft aller Planeten im Krebß, Anno 1622, und sonderlich hernach im Lewen, Anno 1623. Darauff böse trawrige und schreckliche Enderungen und Verwirrungen erfolgen werden

Erscheinungsort: Stettin

Druck: Landtrachtinger, Johann Christoph

Sprache: Deutsch

Umfang: [32] Bl.

Format: Quart (19x15cm)

Bibliogr. Nachweis: VD17 3:002671B
Zinner, Renaissance, Nr. 4725

Signatur: Hw 108

Abbildung: Titelseite

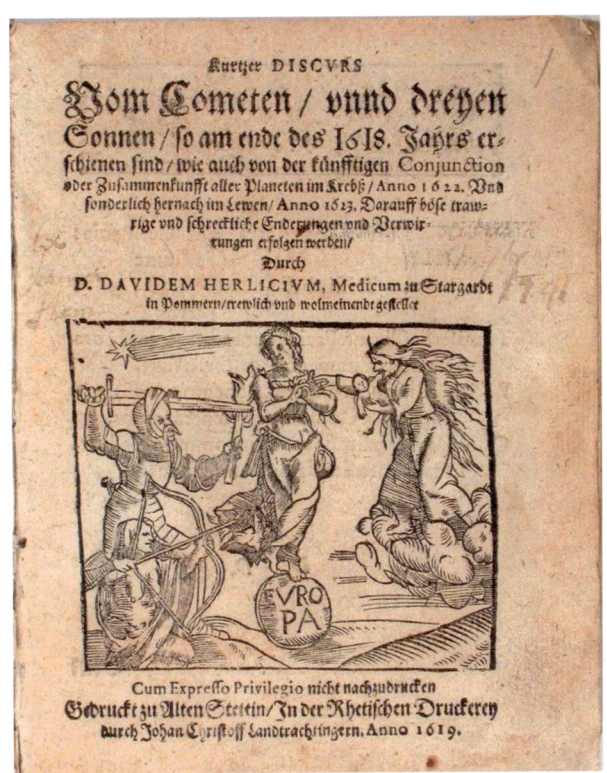

May, Theodor 1619
(fl. 17. Jh.)

Titel: ZornRuthe. So der ewige Gott unseres Herrn und Heylandes Jesu Christi unter dem Himmel in der Lufft in Gestalt eines Roth fewrigen Sterns mit einen erschrecklichen langen Schwantz oder Besem lodernd und brennend er zeiget

Verfasserangabe: zu trewer Warnung beschrieben durch M. Theodorum Majum, Pfarrherrn zu Ampffurt

Erscheinungsort: Magdeburg

Verlag: Francke, Johann

Sprache: Deutsch

Umfang: [14] Bl.

Format: Quart (19x15cm)

Bibliogr. Nachweis: VD17 23:264817B
Lalande, S. 177
Zinner, Renaissance, Nr. 4752

Signatur: Hw 108

Abbildung: Titelseite

Molina Cano, Juan Alfonso de
(fl. 17. Jh.)

1620

Titel: Nova reperta geometrica

Zusatz: In quibus subtiliores Geomatricæ quæstiones, de Duplicatione Cubi, Quadratura circuli, Rectitudine angulorum, Æqualitate linearum curvarum cum recta discutiuntur: Demonstrantionibus firmissimis fulciantur: indeque aurea corollaria Geometricarum subtilitatum deducuntur: Euclidæa Elementa nonnulla corriguntur, nonnulla et falsa rejiciuntur

2. Autor: Jansonius, Nicolaus

Verfasserangabe: Hispanicè edita, jam verò latinitate donata a Nicolao Jansonio

Erscheinungsort: Arnheim

Verlag: Jansonius, Johannes

Sprache: Lateinisch

Umfang: 111 S.

Format: Quart (20x15cm)

Signatur: Hw 120

Abbildungen: Titelseite
Berechnung d. Kreisfläche

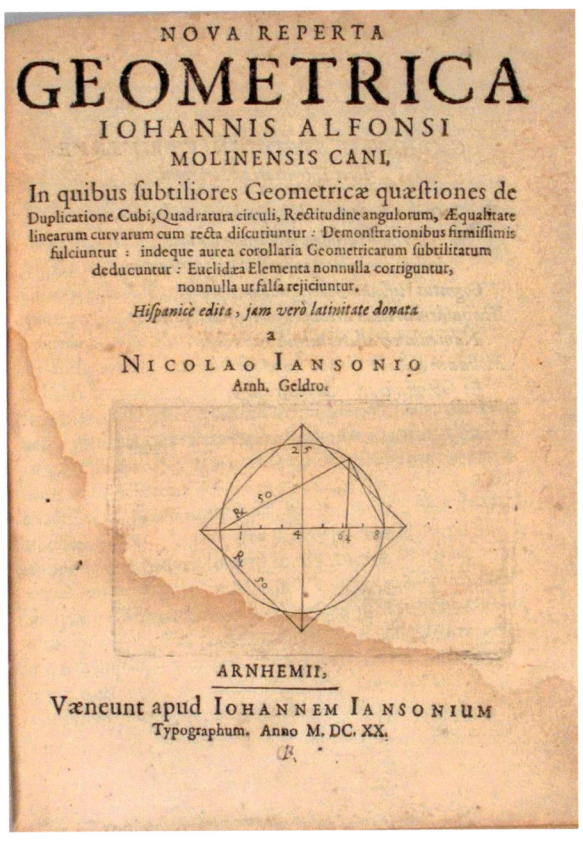

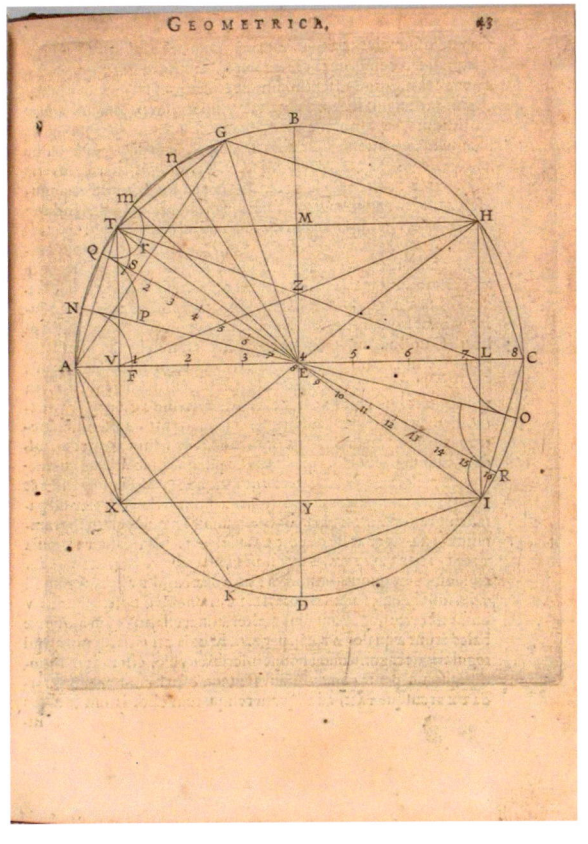

Campanella, Tommaso [24]
(1568-1639)

1622

Titel: <F. Thomæ Campanellæ Calabri, Ordinis Prædicatorum> Apologia pro Galileo, Mathematico Florentino

Zusatz: Ubi disquiritur, utrum ratio philosophandi, quam Galileus celebrat, faveat sacris scripturis, an adversetur

Verfasserangabe: F. Thomæ Campanellæ Calabri, Ordinis Praedicatorum

Erscheinungsort: Frankfurt am Main

Druck: Kempfer, Erasmus

Verlag: Tambach, Gottfried

Sprache: Lateinisch

Umfang: 58 S.

Format: Quart (21x17cm)

Bibliogr. Nachweis: VD17 23:000424D
Lalande, S. 183
Zinner, Renaissance, Nr. 4890

Besitznachweis: NB 594711

Signatur: Hw 102

Abbildung: Titelseite

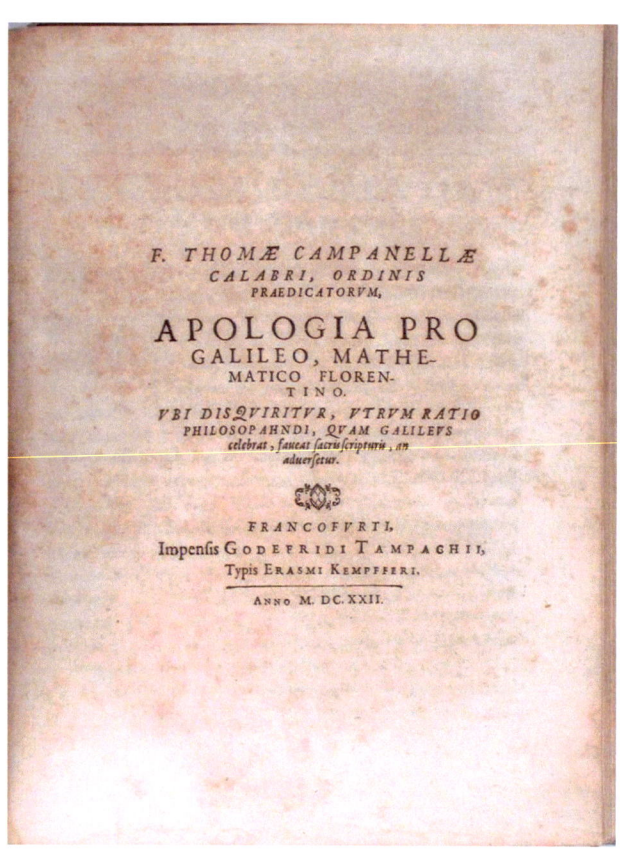

Longomontanus, Christian Sørensen [25]   1622
(1562-1647)

Titel: Astronomia Danica

Zusatz: in duas partes tributa; Quarum prior Doctrinam de diurna apparente siderum revolutione super sphæra armillari veterum instaurata, duos libiris explicat: posterior Theoria de motibus Planetarum ad observationes D.Tychonis Brahæ, et proprias, in triplici forma redintegratas, itidem duobus libris complectitur

Verfasserangabe: Vigiliis et opera Christiani S. Longomontani, Professoris Mathematum, in Regia Acad. Hauniensi, elaborata

Erscheinungsort: Amsterdam

Druck: Caesius, Wilhelm

Sprache: Lateinisch

Umfang: [7] Bl., 342 S., [4] Bl., 44 S.

Format: Quart (25x20cm)

Bibliogr. Nachweis: Lalande, S. 183

Besitznachweis: UB I 189 155

Signatur: Hw 57

Abbildung: Titelseite

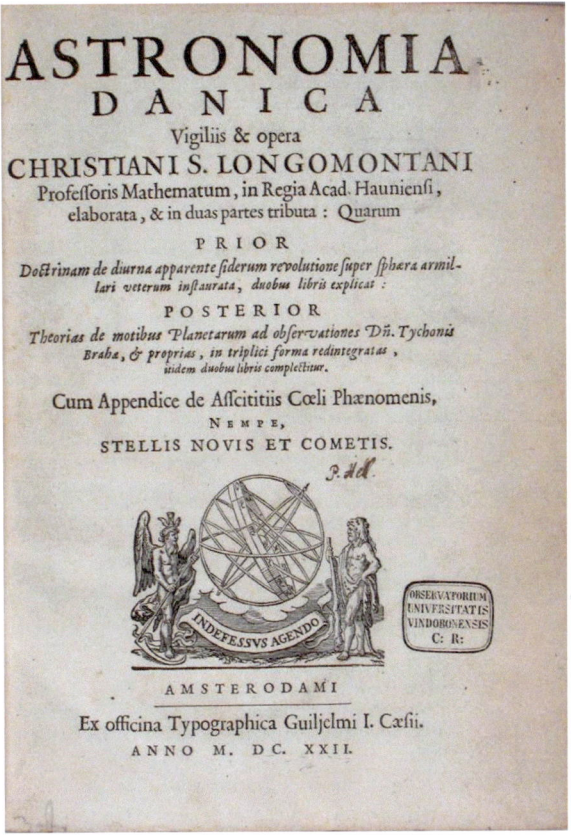

Welper, Eberhard
(fl. 17. Jh.)

1624

Titel: Gnomonica, Das ist Gründtlicher Underricht und Beschreibung wie man allerhand SonnenUhren auff ebenen Orten künstlich auffreissen und leichtlich verfertigen soll

Zusatz: Zu nutz und gefallen aller diser schönen und hochnutzlichen kunst Liebhabern, so der Lateinischen Sprach nit erfahren

Verfasserangabe: auß Astronomischen und Geometrischen Fundamenten beschrieben mit Kupfferstücken gezieret und in teutscher Sprach an tag gegeben durch Eberhardum Welperum, Philomathematicum

Erscheinungsort: Straßburg

Druck: Bertram, Anton

Verlag: Selbstverlag des Autors

Sprache: Deutsch

Umfang: [4] Bl., 55 S.

Format: Quart (21x16cm)

Bibliogr. Nachweis: VD17 12:163887R (andere Auflage)
Zinner, Renaissance, Nr. 5023

Signatur: Hw 105

Abbildung: Titelseite

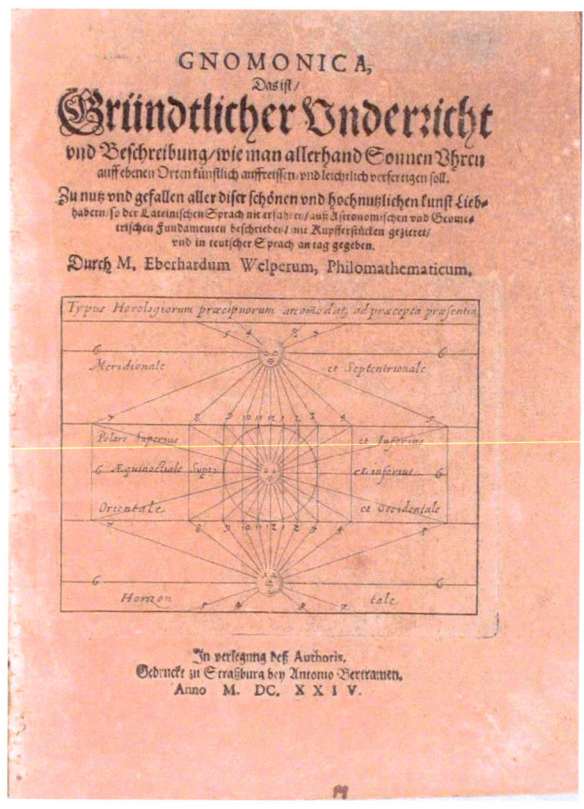

Kepler, Johannes
(1571-1630)

1625

Titel: Tychonis Brahei Dani Hyperaspistes

Zusatz: Adversus Scipionis Cleramontii Cæsematis Itali, Doctoris et Equitis Anti-Tychonem [...]. Quo libro doctrina præstantissima de Parallaxibus deque Novorum siderum in sublimi æthere discursionibus, repetitur, confirmatur, illustratur

Verfasserangabe: In aciem productus Joanne Keplero, Imp. Cæs. Ferdinandi II. Mathematico

Erscheinungsort: Frankfurt

Verlag: Tambach, Gottfried

Sprache: Lateinisch

Umfang: [4] Bl., 202 S., [6] Bl.

Format: Quart (20x15cm)

Bibliogr. Nachweis: VD17 23:234372R
Caspar, Nr. 76
Zinner, Renaissance, Nr. 5008
Lalande, S. 187

Besitznachweis: UB I 207 899

Signatur: Hw 120

Abbildung: Titelseite

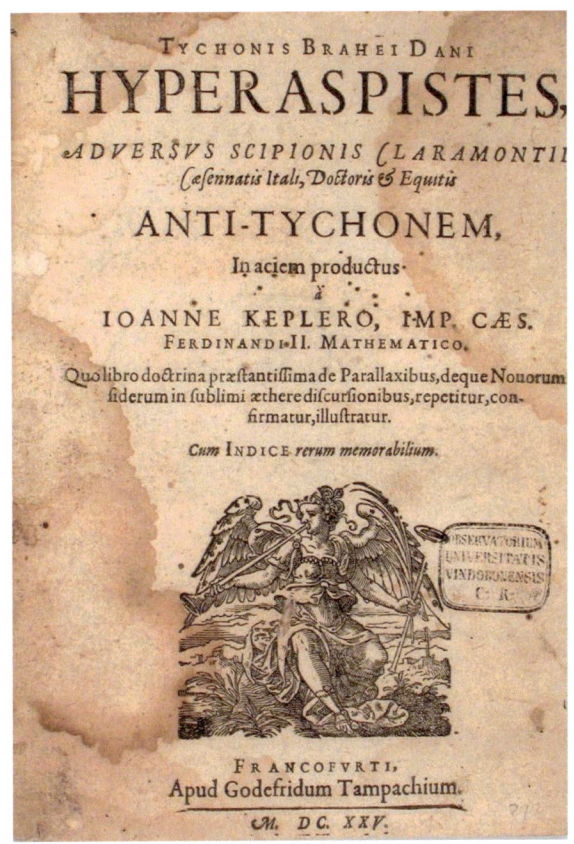

Kepler, Johannes
(1571-1630)

1627

Titel: Tabulæ Rudolphinæ, Quibus Astronomicæ Scientiæ, Temporum longinquitate collapsæ Restauratio continetur

2. Autor: Brahe, Tycho

Verfasserangabe: A Phoenice illo Astronomorum Tychone, Ex Illustri et Generosa Braheorum in Regno Daniæ familia oriundo Equite, Primum Animo Concepta Et Destinata Anno Christi MDLXIV, [...] tracta per annos XXV, [...]; Tabulas Ipsas, Iam Et Nuncupatas, Et Affectas, Sed Morte Authoris Sui Anno MDCI. [...]; Ex Fundamentis observationum relictarum [...] continuis multorum annorum speculationibus, et computationibus, primum Pragæ Bohemorum continuavit Joannes Keplerus, Tychoni primum a Rudolpho II. Imp. adiunctus calculi minister; indeq[ue] trium ordine Imppp. Mathematicus

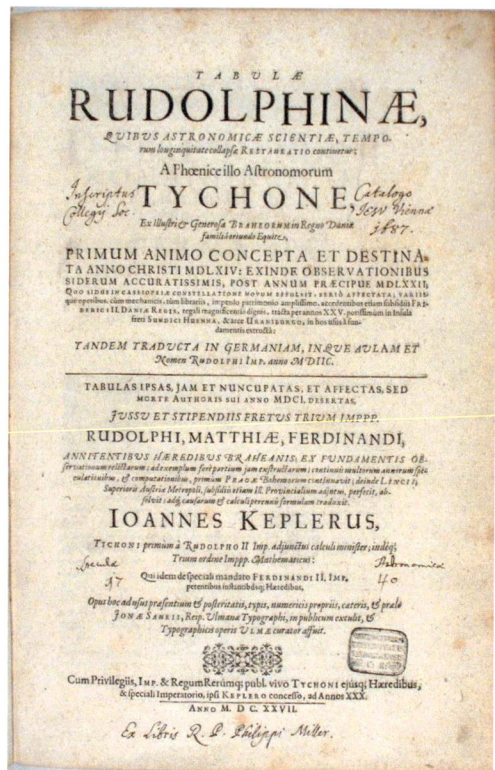

Erscheinungsort: Ulm

Verlag: Saur, Jonas

Sprache: Lateinisch

Umfang: [9] Bl., 125 S., [1] Bl., 119 S., [1] gef. Bl.

Format: Folio (35x24cm)

Bibliogr. Nachweis: Caspar, Nr. 79, VD17 23:297042N, VD17 39:124999K, Lalande, S. 190

Besitznachweis: UB III 189 162, II 189 161; NB 48 C 78

Signatur: Hw 18

Abbildungen: Titelseite; Weltkarte

Campanella, Tommaso [26]

(1568-1639)

1630

Titel: <F. Thomæ Campanellæ Calabri, Ordin[is] Prædic[atorum]> Astrologicorum Libri VII

Zusatz: In quibus astrologia, omni superstitione Arabum, et Judæorum eliminata, physiologice tractatur, secundum s. scripturas et doctrinam S. Thomæ, et Alberti, et summorum theologorum; ita ut absque suspicione mala in Ecclesia Dei multa cum utilitate legi possint

Erscheinungsort: Frankfurt am Main

Verlag: Tambach, Gottfried

Sprache: Lateinisch

Umfang: [4] Bl., 258 S.

Format: Quart (21x17cm)

Bibliogr. Nachweis: VD17 23:000376W
Zinner, Renaissance, Nr. 5170

Besitznachweis: NB 72 H 16

Signatur: Hw 102

Abbildungen: Titelseite
Planetenkonstellationen

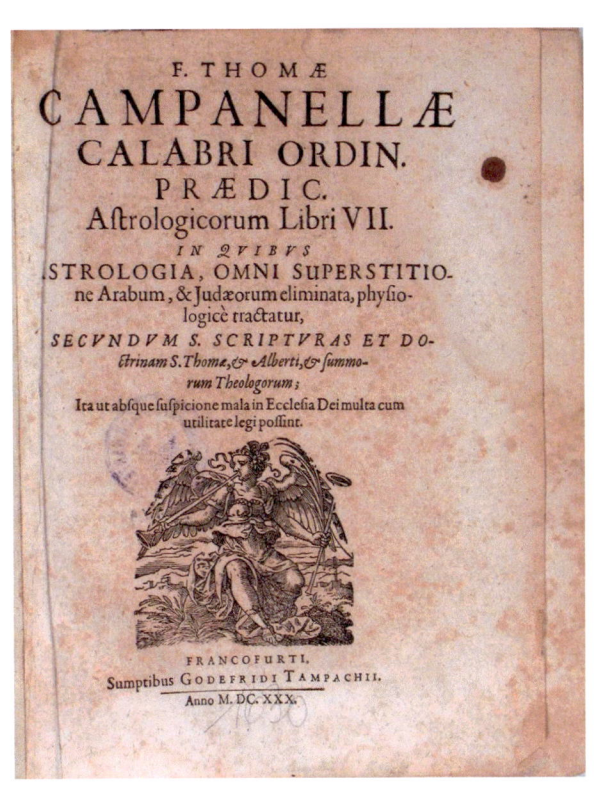

Scheiner, Christoph [27]
(1575-1650)

1630

Titel: Rosa Ursina sive Sol

Zusatz: Ex admirando facularum et Macularum suarum Phœnomeno varius, necnon circa centrum suum et axem fixum ab occasu in ortum annua, circaque alium axem mobilem ab ortu in occasum conversione quasi menstrua, super polos proprios, Libris quatuor mobilis ostensus

Verfasserangabe: A Christophoro Scheiner, Germano Suevo, e Societate Iesu.

Erscheinungsort: Bracciano

Verlag: Phaeus, Andreas

Sprache: Lateinisch

Umfang: [18] Bl., 784 S.

Format: Folio (41x27cm)

Bibliogr. Nachweis: Lalande, S. 194

Besitznachweis: UB III 209 307
NB 72 C 34

Signatur: Hw 3

Abbildungen: Titelseite
Sonnenprojektion
Zur Physiologie des Auges

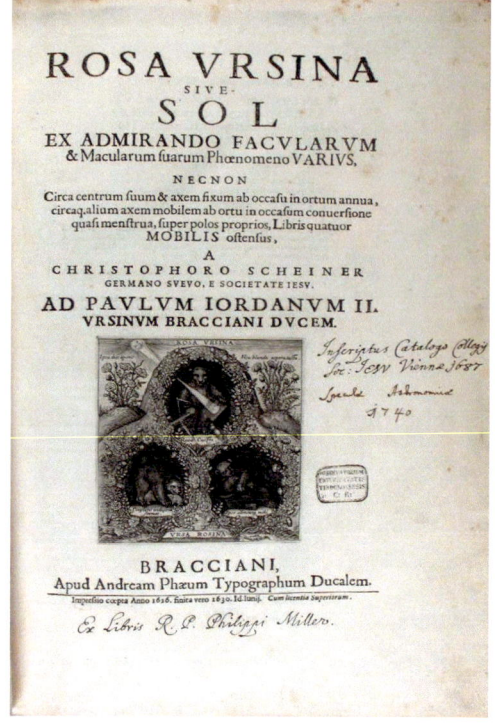

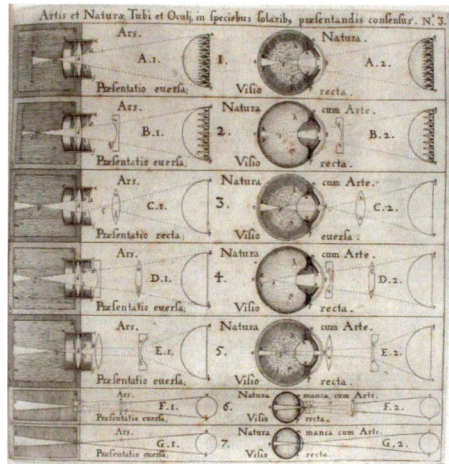

Lansbergen, Philips van
(1561-1632)

1632

Titel: <Philippi Lansbergi> Tabulæ motuum cœlestium perpetuæ

Zusatz: Ex omnium temporum Observationibus constructæ, temporumque omnium Observationibus consentientes [...]

Erscheinungsort: Middelburg

Verlag: Romanus, Zacharias

Sprache: Lateinisch

Umfang: 79 S., 186 S., [3] Bl., 180 S.

Format: Folio (29x18cm)

Bibliogr. Nachweis: Lalande, S. 199

Signatur: Hw 50, Hw 49

Abbildungen: Titelseite
Frontispiz, Ph. van Lansbergen
Titelseite des Tabellenteils

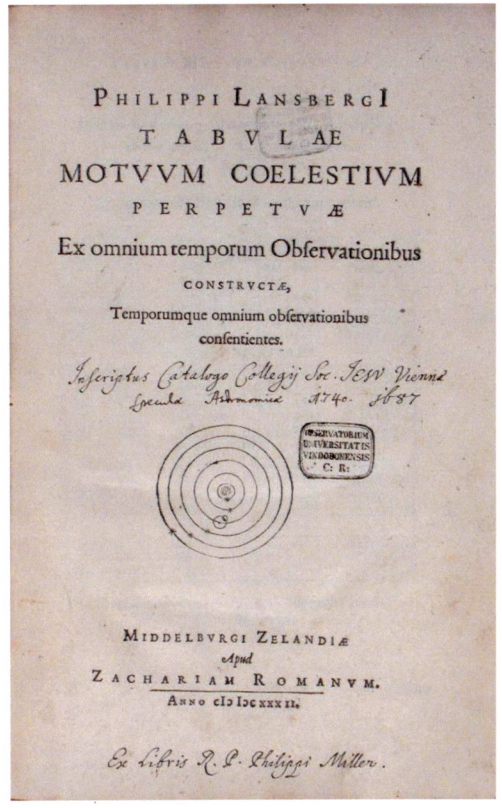

Blancanus, Josephus
(1561-1632)

1635

Titel: Constructio Instrumenti ad Horologia Solaria describenda per opportuni

Zusatz: Quo facilius, ac brevius, quam umquam antea, in qualibet superficie, et ad quamvis Poli altitudinem Horologia Italica, Astronomica, et Babylonica describuntur

Verfasserangabe: Auctore P. Iosepho Blancano Soc[ietate] Jesu Opus Posthumum

Erscheinungsort: Modena

Druck: Cassianus, Julianus

Sprache: Lateinisch

Umfang: 24 S., 1 gef. Bl., [5] Bl.

Format: Folio (29x20cm)

Signatur: Hw 51

Abbildungen: Titelseite
Konstruktion einer Sonnenuhr

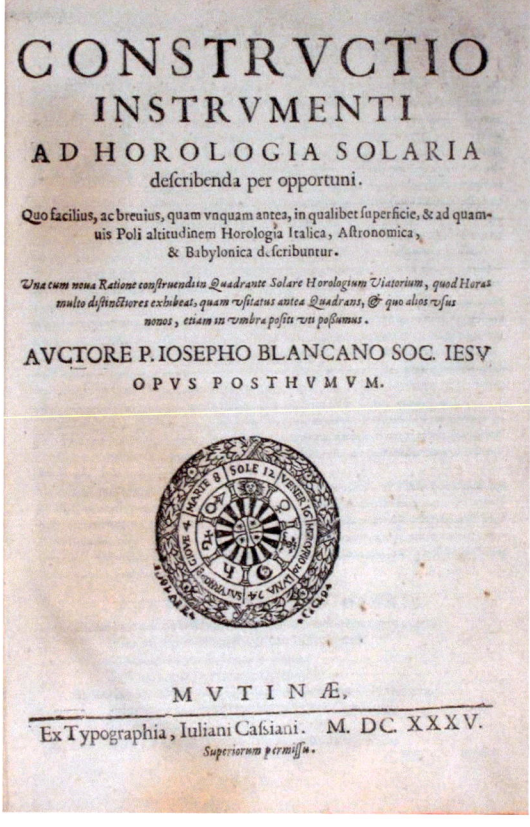

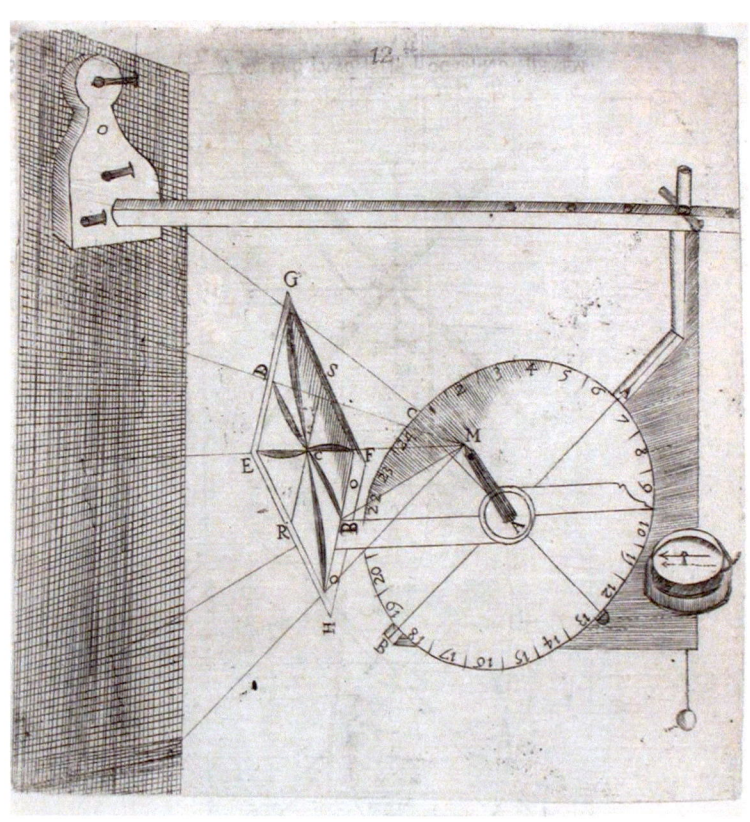

Blancanus, Josephus
(1561-1632)

1635

Titel: Sphæra mundi seu cosmographia demonstrativa ac facili Methodo tradita:

Zusatz: In qua totius Mundi fabrica, una cum novis, Tychonis, Kepleri, Galilæi [...] continetur

Verfasserangabe: Authore Iosepho Blancano Bonon. e Soc. Jesu, Mathematicarum in Gymnasio Parmensi professore

Erscheinungsort: Modena

Druck: Cassianus, Julianus

Sprache: Lateinisch

Umfang: [6] Bl., 232 S., [1] gef. Bl.

Format: Folio (29x20cm)

Bibliogr. Nachweis: Zinner, Renaissance, S. 36
Lalande, S. 206

Besitznachweis: NB 4 K 34

Signatur: Hw 51

Abbildungen: Titelseite
Mond mit Kratern

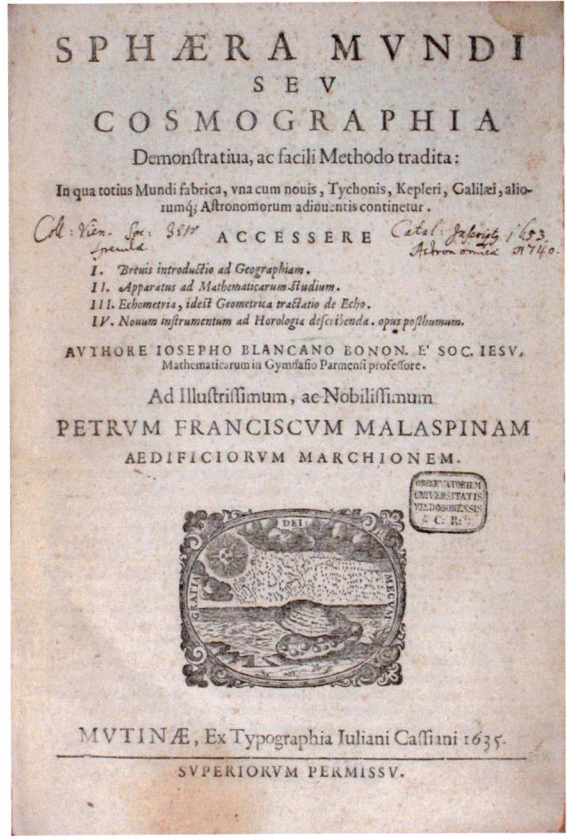

Guldin, Paul
(1577-1643)

1635-1641

Titel: <Pauli Guldini Sancto-Gallensis e societate Jesu> De centro gravitatis

Zusatz: Trium specierum Quantitatis continuæ

Verfasserangabe: Pauli Guldini Sancto-Gallensis e Societate Jesu

Erscheinungsort: Wien

Verlag: Gelbhaar, Gregor; Cosmerovius, Matthäus

Sprache: Lateinisch

Bd. 1 (1635):
  Titel: De centro gravitatis inventione
  Umfang: [12] Bl., 227 S., 99 S., [1] gef. Bl., [2] Bl.

Bd. 2 (1640):
  Titel: De usu centri gravitatis binarum specierum Quantitatis continuæ sive de compositione et resolutione potestatum rotundarum
  Umfang: [16] Bl., 202 S..

Bd. 3 (1641):
  Titel: De fructu ex usu centri gravitatis binarum specierum Quantitatis continuæ, collecto; qui est Geometria Rotundi
  Umfang: [1] Bl., S. 205 - 282.

Bd. 4 (1641):
  Titel: De gloria, ab usu centri gravitatis binarum specierum quantitatis continuæ parta. Sive Archimedes illustratus
  Umfang: [1] Bl., S. 285 - 401, [1] Bl.

Format: Folio (30x20cm)

Bibliogr. Nachweis: VD17 39:120913U (Bde. 1-3)
VD17 39:120904V (Bd. 4)
VD17 23:278373D (Bde. 5-7)
Zinner, Renaissance, Nr. 4662, Nr. 4870, Nr. 4910

Besitznachweis: UB II 248 608
NB 72 B 26, 73 Q 52

Signatur: Hw 72

Abbildungen: Titelseiten der Bände 1-4
Torusförmige Rotationskörper (zu den Guldinschen Regeln)

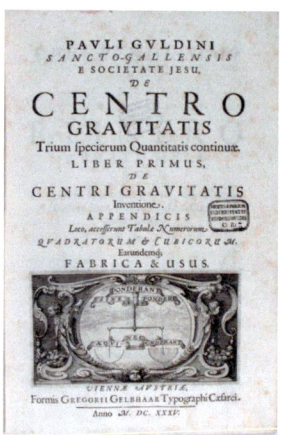
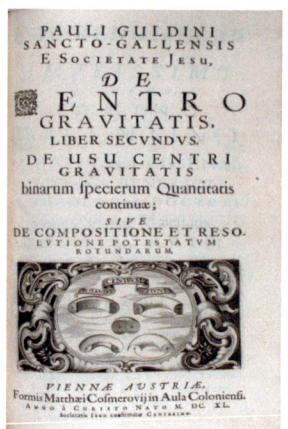
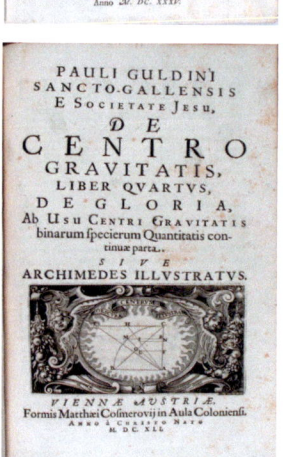
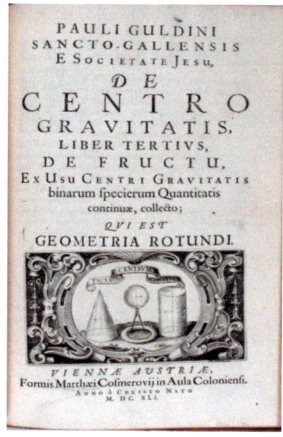
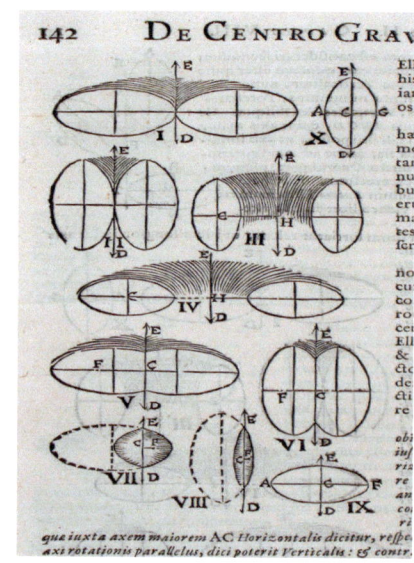

Argoli, Andrea [28]
(1570-1657)

Titel: <Andreæ Argoli> Ephemeridum juxta Tychonis hypotheses et cœlo deductas observationes

Erscheinungsort: Padua

Druck: Frambotti, Paolo

Sprache: Lateinisch

Umfang: [1] Bl., 256 S.

Format: Quart (23x17cm)

Bibliogr. Nachweis: Lalande, S. 208

Besitznachweis: UB I 209 591

Signatur: Hw 422

Abbildungen: Titelseite
  Finsternis, Horoskop

1638

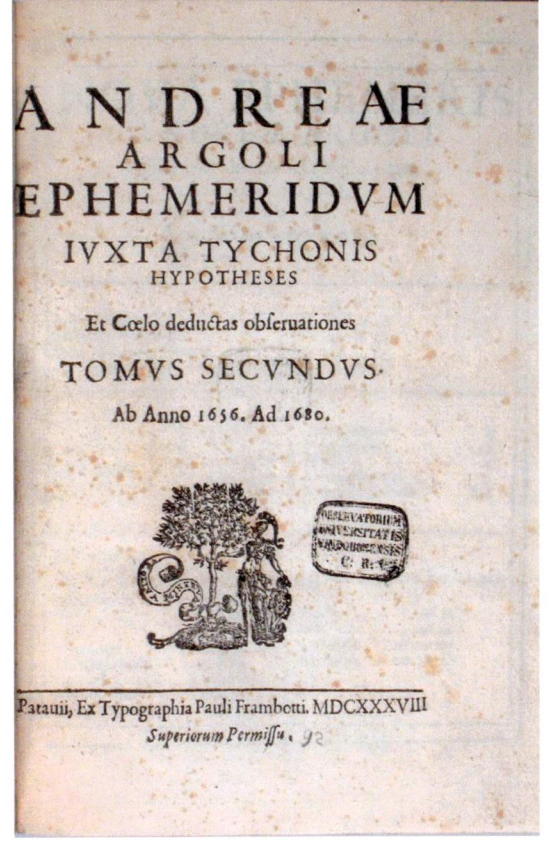

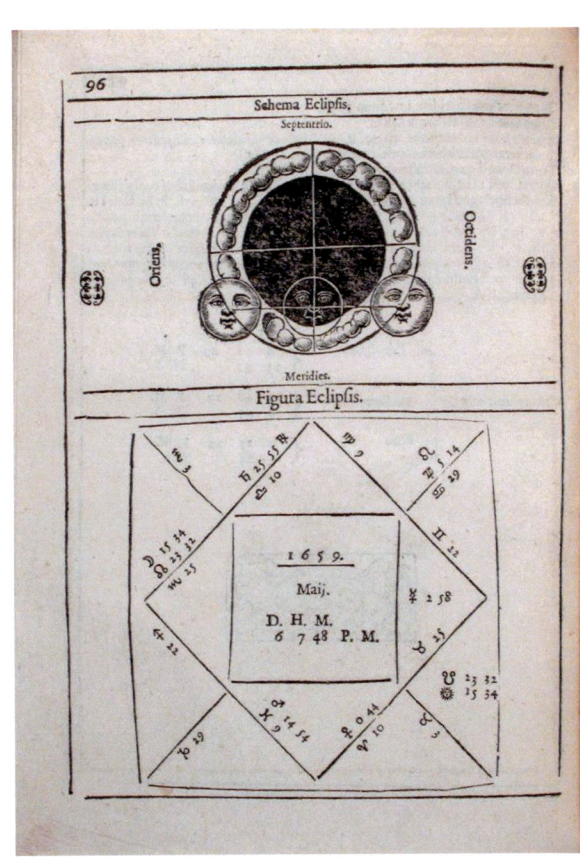

Longomontanus, Christian Sørensen [25]   1640
(1562-1647)

Titel: Astronomia Danica

Zusatz: in duas partes tributa; Quarum prior Doctrinam de diurna apparente siderum revolutione super sphera armillari veterum instaurata, duos libiris explicat: posterior Theoria de motibus Planetarum ad observationes D.Tychonis Brahæ, et proprias, in triplici forma redintegratas, itidem duobus libris complectitur

Verfasserangabe: Vigiliis et opera Christiani S. Longomontani, Professoris Mathematum, in Regia Acad. Hauniensi, elaborata

Erscheinungsort: Amsterdam

Verlag: Blaeu, Johann u. Cornelius

Sprache: Lateinisch

Umfang: [7] Bl., 342 S., [4] Bl., 44 S.

Format: Quart (25x20cm)

Bibliogr. Nachweis: Lalande, S. 210

Besitznachweis: NB 72 C 53

Signatur: Hw 195

Abbildung: Titelseite

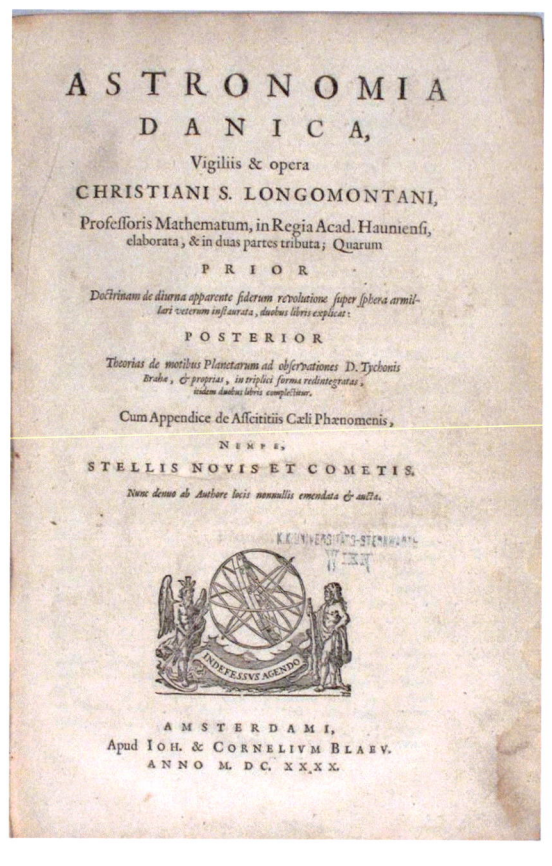

Ehinger, Elias
(1573-1653)

1641

Titel: Phœnomena et miracula solis

Verfasserangabe: Breviter descripta Ab Elia Ehingero, quondam Mathematico Augustano

Erscheinungsort: Regensburg

Druck: Fischer, Christoph

Sprache: Lateinisch

Umfang: [3] Bl.

Format: Quart (21x16cm)

Bibliogr. Nachweis: VD17 12:162138Y

Signatur: Hw 106

Abbildung: Titelseite

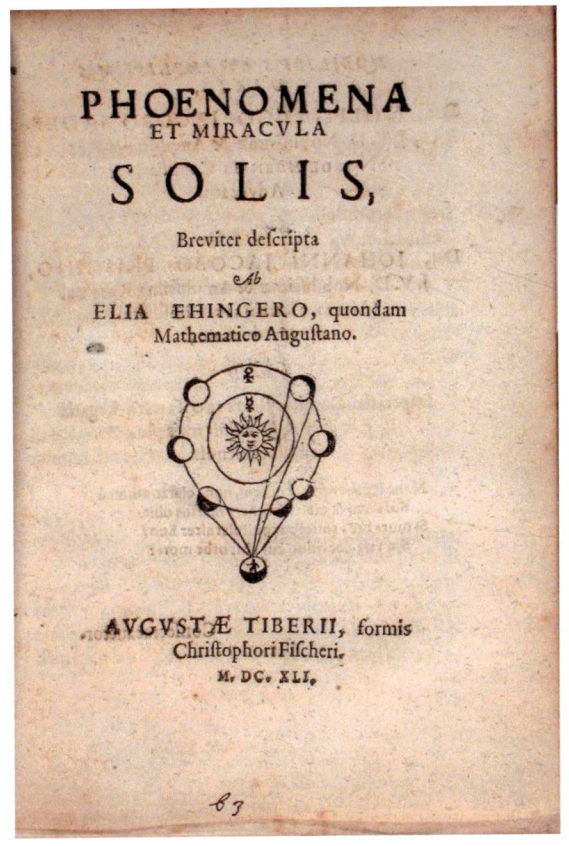

Hainlin, Johann Jakob
(1588-1660)

1641

Titel: Clavis sacrorum temporum seu propositionum chronologicarum heptades III

Zusatz: Quibus per Novam, et a multis seculis incognitam Mysticam Formam Annorum Sabbathicorum, Jubilæorum, et LXX Hebdomadum Prophetæ Danielis, additus ad temporum Biblicorum adyta tentatur

Verfasserangabe: Censuræ vero et Iudicio omnium piorum et rerum Chronologicarum peritorum subiectæ a Johanne Jacobo Hainlino P.D.

Erscheinungsort: Tübingen

Druck: Brunn, Philibert

Sprache: Lateinisch

Umfang: [4] Bl., 23 S.

Format: Quart (20x15cm)

Bibliogr. Nachweis: VD17 23:300221V

Signatur: Hw 120

Abbildung: Titelseite

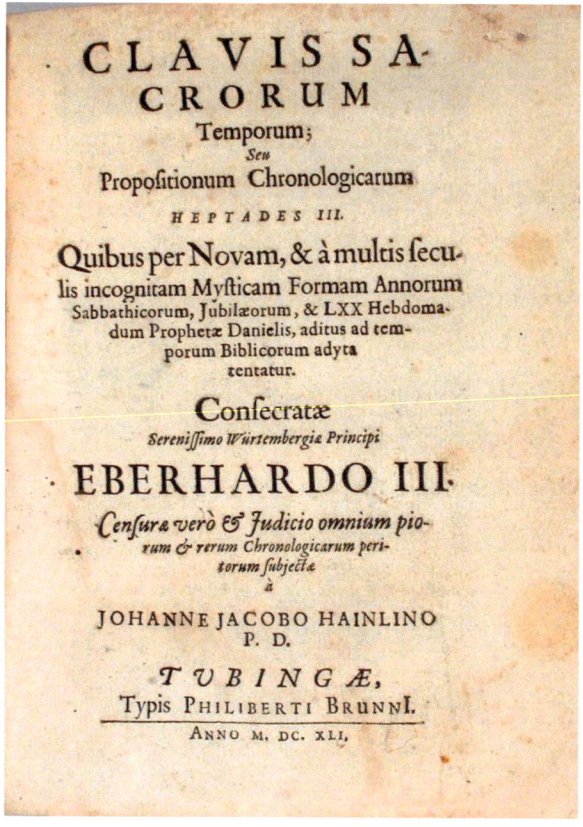

Hedraeus, Benedictus
(fl. 17. Jh.)

1643

Titel: Nova et accurata Astrolabii geometrici structura

Zusatz: Ubi gradus, horumque singula minuta prima, nec non, Quadrantis Astronomici azimuthalis, quo non solum prima, sed et singula minuta secunda distincte observari possunt. Una cum utriusque usu, claris et perspicuis exemplis illustrato

Verfasserangabe: Opera et studio Benedicti Hedræi, Reg. Mtis. Suecia stipend.

Erscheinungsort: Leiden

Verlag: Box, Wilhelm Christian

Sprache: Lateinisch

Umfang: [8] Bl., 104 S., [2] gef. Bl., [16] Bl.

Format: Oktav (15x10cm)

Bibliogr. Nachweis: Lalande, S. 216

Besitznachweis: UB I 202 497
NB 72 N 29

Signatur: Hw 157

Abbildungen: Titelseite
Quadrant

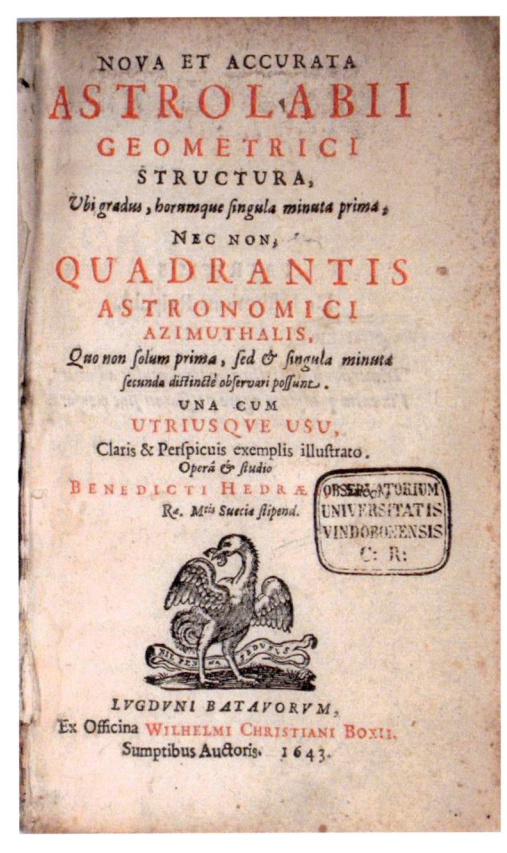

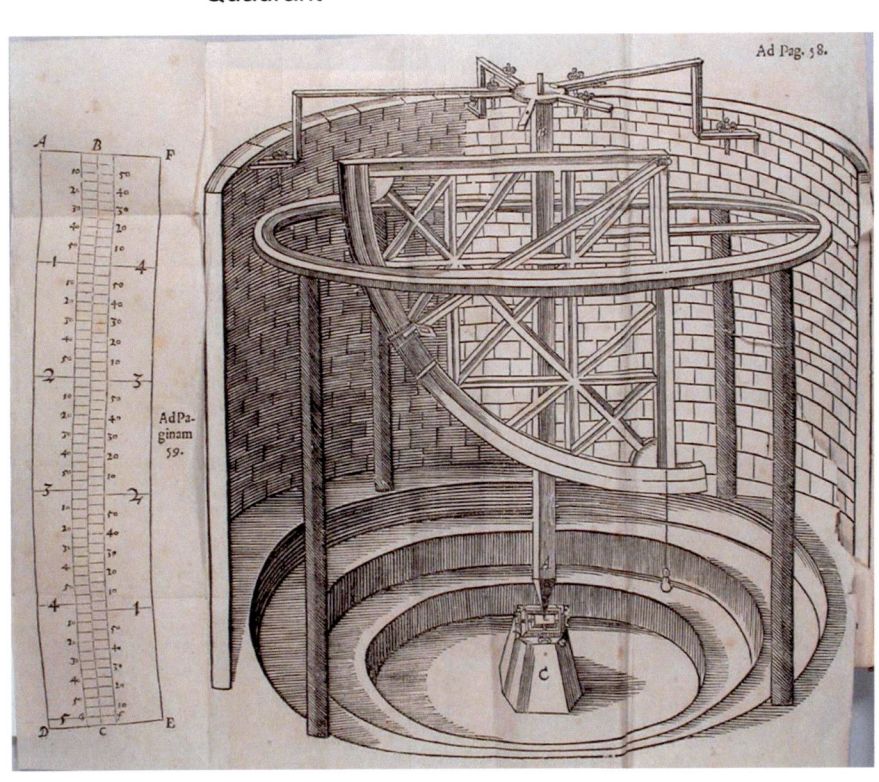

Della Porta, Giambattista   1645
(1535-1615)

Titel: Physiognomoniæ Cœlestis Libri Sex

Erscheinungsort: Leiden

Verlag: de Vogel, Hieronimus

Sprache: Lateinisch

Umfang: 265 S.

Format: Oktav (12x8cm)

Besitznachweis: NB 254315

Signatur: Hw 160

Abbildung: Titelseite

Fontana, Francesco
(fl. 17. Jh.)

1646

Titel: Novæ cœlestium terrestriumque rerum Observationes

Zusatz: Et fortasse hactenus non vulgatæ

Verfasserangabe: a Francisco Fontana, specillis a se inventis, et ad summam perfectionem perductis, editæ

Erscheinungsort: Neapel

Verlag: Gaffarus, Jacobus

Sprache: Lateinisch

Umfang: [6] Bl., 151 S., [1] gef. Bl.

Format: Quart (21x16cm)

Bibliogr. Nachweis: Lalande, S. 222

Signatur: Hw 106

Abbildungen: Titelseite
Details der Mondoberfläche
Galileische Jupitermonde

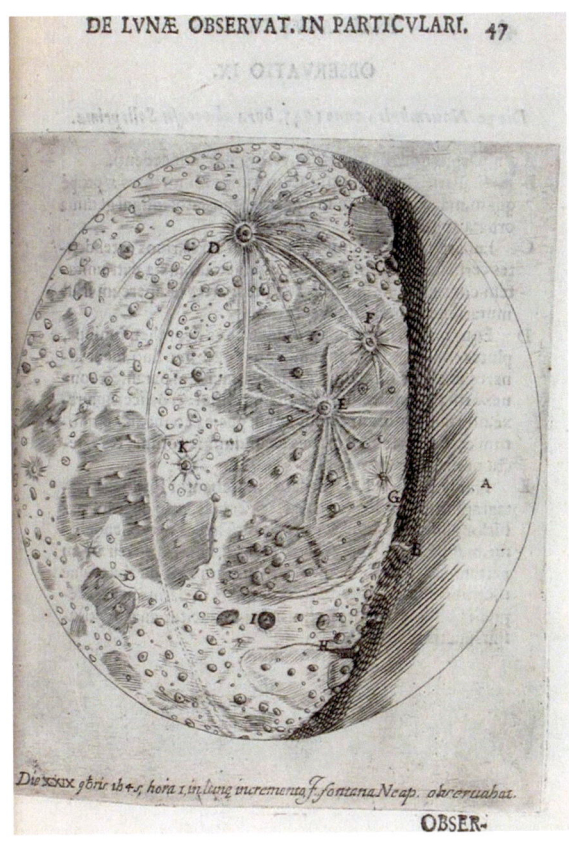

Gassendi, Pierre
(1592-1655)

1647

Titel: Institutio astronomica

Zusatz: Iuxta Hypotheseis tam veterum, quam Copernici et Tychonis

Verfasserangabe: Dictata à Petro Gassendo Regio Matheseos Professore

Erscheinungsort: Paris

Verlag: Hequeville, Ludovicus de

Sprache: Lateinisch

Umfang: [7] Bl., 222 S.

Format: Quart (21x16cm)

Bibliogr. Nachweis: Lalande, S. 224

Signatur: Hw 106

Abbildungen: Titelseite
Ptolemäisches Weltsystem
Kopernikanisches Weltsysten

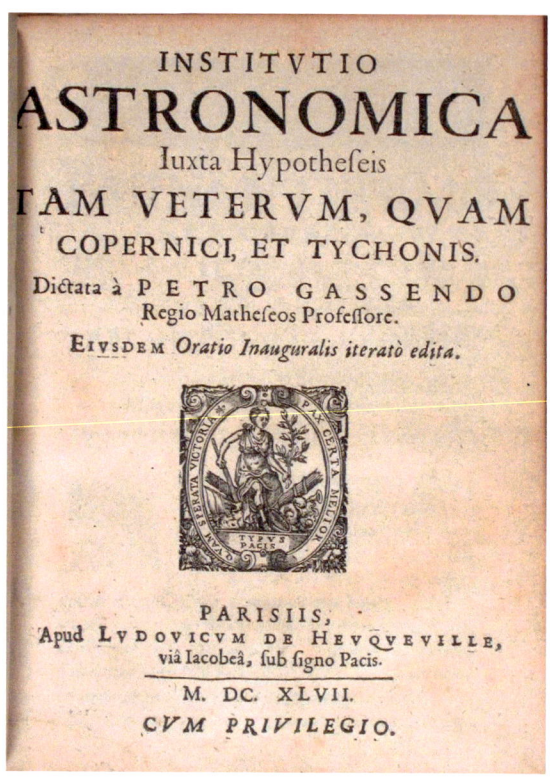

Hevelius, Johannes
(1611-1687)

1647

Titel: Selenographia: sive, lunæ descriptio; atque accurata, tam macularum ejus, quam motuum diversorum, aliarumque omnium vicissitudinum, phasiumque, telescopii ope deprehensarum, delineatio

Zusatz: In qua simul cæterorum omnium Planetarum nativa facies, variæque observationes, præsertim autem Macularum Solarium [...] sub aspectum ponuntur [...]

Erscheinungsort: Danzig

Druck: Hünefeld, Andreas

Verlag: Selbstverlag

Sprache: Lateinisch

Umfang: [15] Bl., 563 S., [88] Bl., [3] gef. Bl.

Format: Folio (35x23cm)

Bibliogr. Nachweis: VD17 39:125064G
Lalande, S. 223

Besitznachweis: UB III 165 945
NB 5 H 28

Signatur: Hw 5

Abbildungen: Titelseite
Mondansicht
Jupiterbedeckung durch den Mond

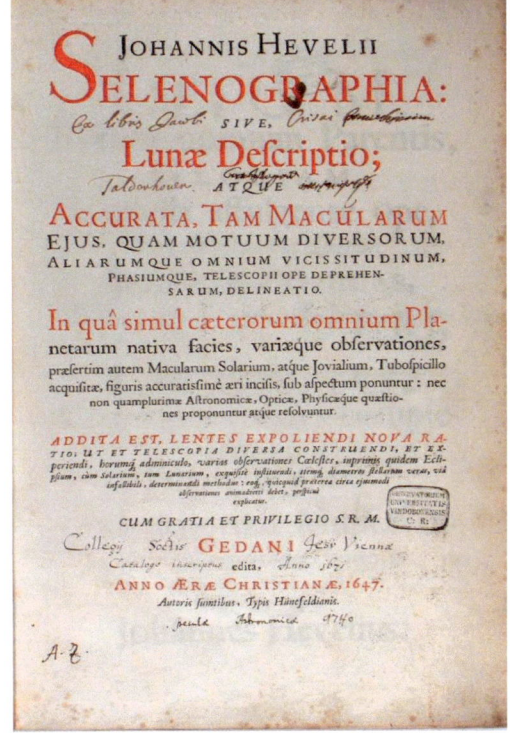

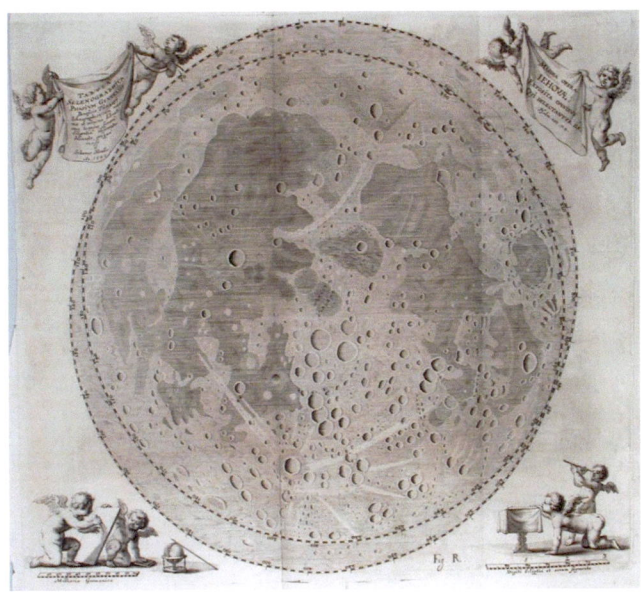

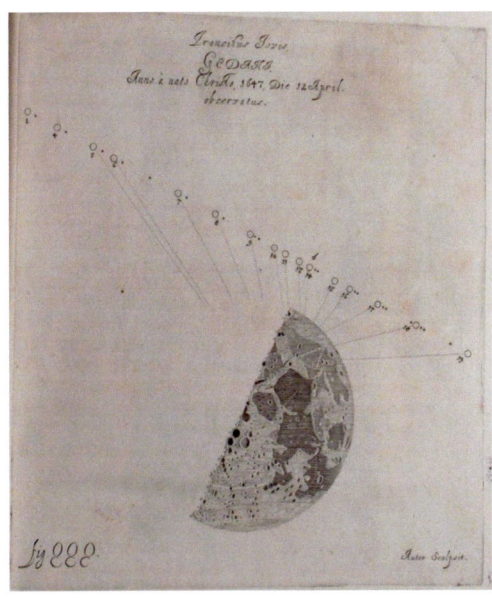

Gregorius a Sancto Vincentio   1647
(1584-1667)

Titel: Opus geometricum Quadratura circuli et sectionum coni decem libris comprehensum

Verfasserangabe: Auctore P. Gregorio a S. Vincentino Soc. Iesu

Erscheinungsort: Antwerpen

Verlag: Meurs, Johannes van; Meurs, Jacob van

Sprache: Lateinisch

Umfang: [27] Bl., 1225 S.

Format: Folio (36x24cm)

Besitznachweis: NB 72 B 40

Signatur: Hw 31

Abbildungen: Frontispiz
Kegelschnitt

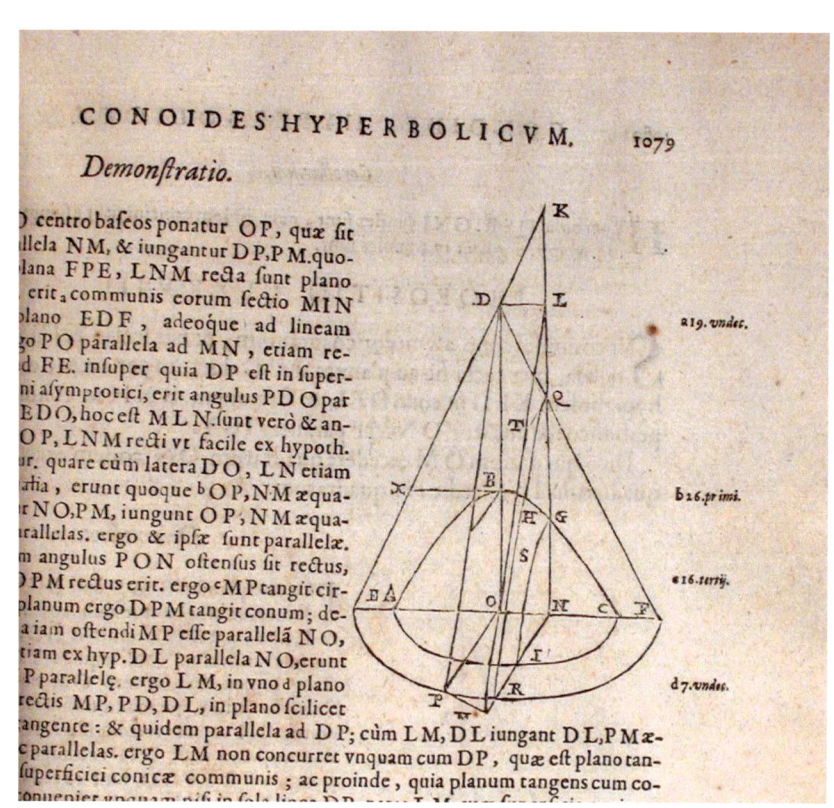

Bainbridge, John
(1582-1643)

1648

Titel: <Cl. V. Iohannis Bainbrigii, Astronomiæ, In celeberrimâ Academiâ Oxoniensi, Professoris Saviliani> Canicularia

Zusatz: Una cum demonstratione Ortus Sirii heliaci, Pro parallelo inferioris Ægypti [...] Quibus accesserunt, Insigniorum aliquot Stellarum Longitudines, et Latitudines, Ex Astronomicis Observationibus Ulug Beigi, Tamerlani Magni nepotis

Verfasserangabe: Auctore Iohanne Gravio

Erscheinungsort: Oxford

Druck: Hall, Henry

Verlag: Robinson, Thomas

Sprache: Lateinisch

Umfang: 126 S.

Format: Oktav (13x9cm)

Bibliogr. Nachweis: Lalande, S. 225

Signatur: Hw 158

Abbildungen: Titelseite
Sternpositionen nach Ulugh Begh

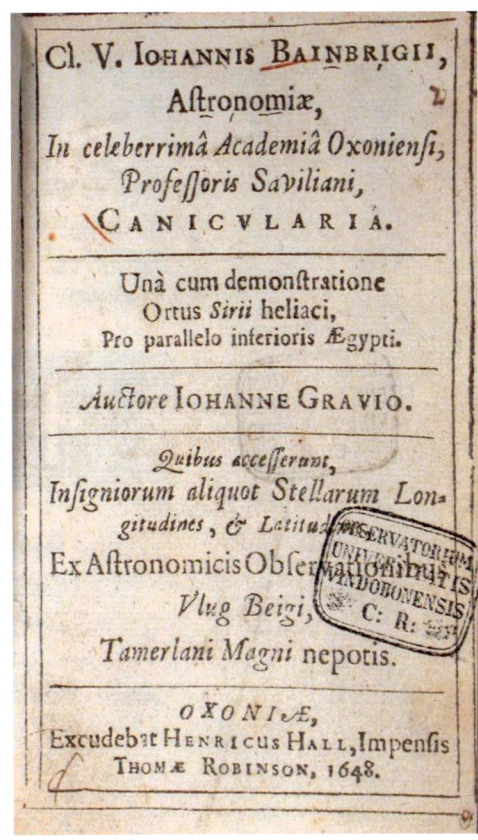

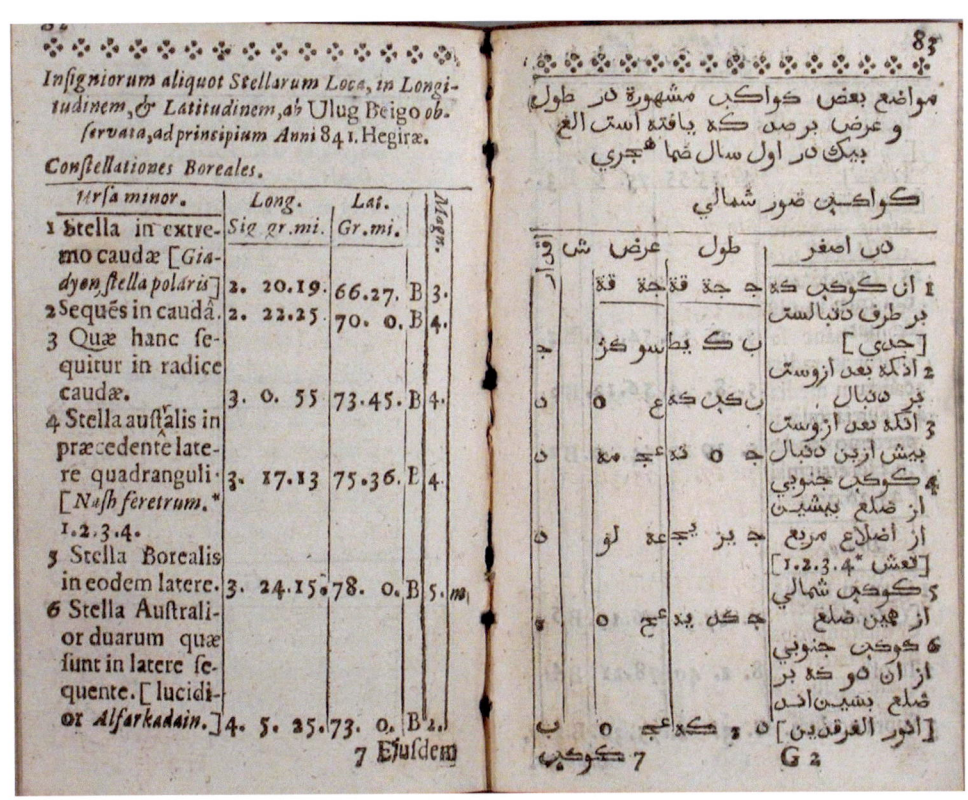

Cunitz, Maria [29]
(1607-1664)

1650

Titel: Urania propitia sive Tabulæ Astronomicæ mire faciles, vim hypothesium physicarum a Kepplero proditarum complexæ

Zusatz: facillimo calculandi compendio sina ulla Logarithmorum mentione, phænomenis satisfacientes, quarum usum pro tempore præsente, exacto et futuro [...] duplici idiomate, latino et vernaculo [...] communicat Maria Cunitia

Paralleltitel: Das ist: Newe und langgewünschete, leichte astronomische Tabelln durch derer Vermittelung auff eine sonders behende Arth aller Planeten Bewegung nach der Länge Breite und anderen Zufällen auff alle vergangene gegenwärtige und künfftige Zeits-Puncten fürgestellet wird. Den Kunstliebenden Deutscher Nation zu gutt herfürgegeben

Erscheinungsort: Oels

Druck: Seyffert, Johann

Verlag: Selbstverlag der Autorin

Sprache: Buch zum Teil in deutscher Sprache (Teil 2, S. 147-264), zum Teil in lateinischer Sprache (Teil 1, S. 1-145)

Umfang: [12] Bl., 264 S., [1] Bl., 286 S., [1] Bl., [2] gef. Bl.

Format: Folio (30x20cm)

Bibliogr. Nachweis: VD17 39:125019N
Lalande, S. 228

Besitznachweis: UB II 209 320
NB 72 D 45

Signatur: Hw 46

Abbildung: Titelseite

Havemann, Michael
(1597-1672)

1650

Titel: <Michaelis Havemanni> Geometria compendiose adornata

Zusatz: Olim in celeberrima Rosarvm [Rosarum] Academia scripta et proposita, nunc autem in gratiam Studiosorum edita

Erscheinungsort: Frankfurt am Main

Druck: Rötel Kaspar

Verlag: Götze, Thomas Matthäus

Sprache: Lateinisch

Umfang: [4] Bl., 47 S., [9] Bl.

Format: Quart (21x16cm)

Bibliogr. Nachweis: VD17 23:000405Y

Signatur: Hw 106

Abbildungen: Titelseite
Konstruktion von Polygonen

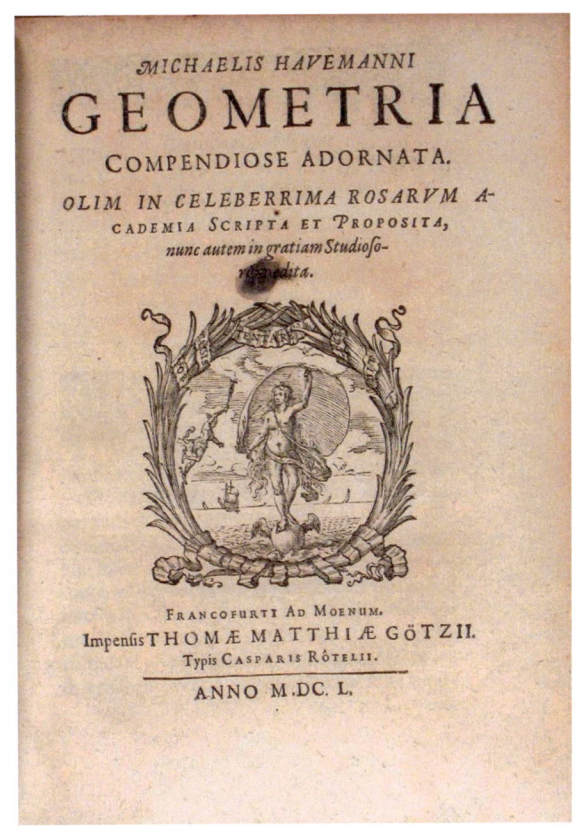

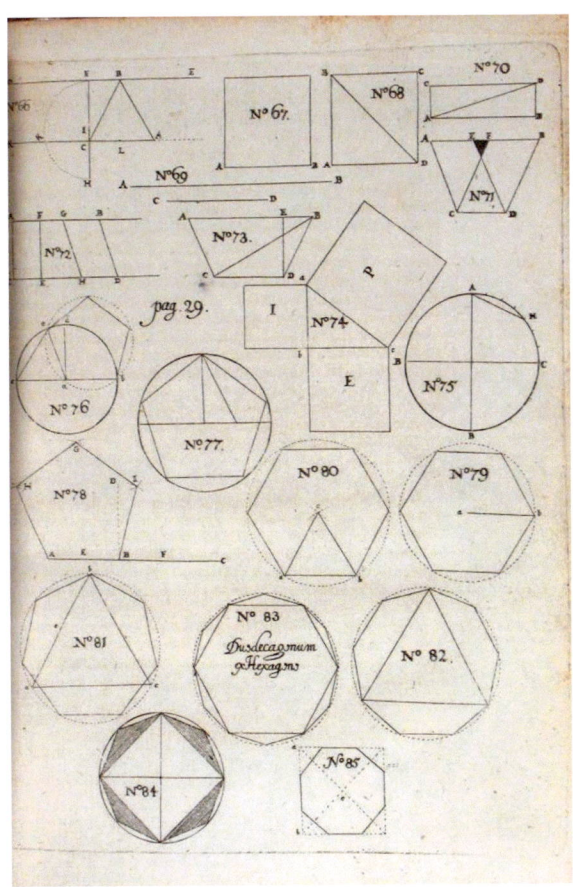

Scheiner, Christoph [30]
(1575-1650)

1650

Titel: Prodromus pro Sole mobili, et terra stabili, contra academicum florentinum Galilæum a Galilæis

Verfasserangabe: Authore Christophoro Scheinero, Societatis Iesu

Erscheinungsort: sine loco

Sprache: Lateinisch

Umfang: [6] Bl., 120 S., [11] Bl., [3] gef. Bl.

Format: Folio (35x25cm)

Bibliogr. Nachweis: VD17 23:000497X
Lalande, S. 231

Besitznachweis: NB 72 D 54

Signatur: Hw 4

Abbildungen: Titelseite
Sonnenflecken

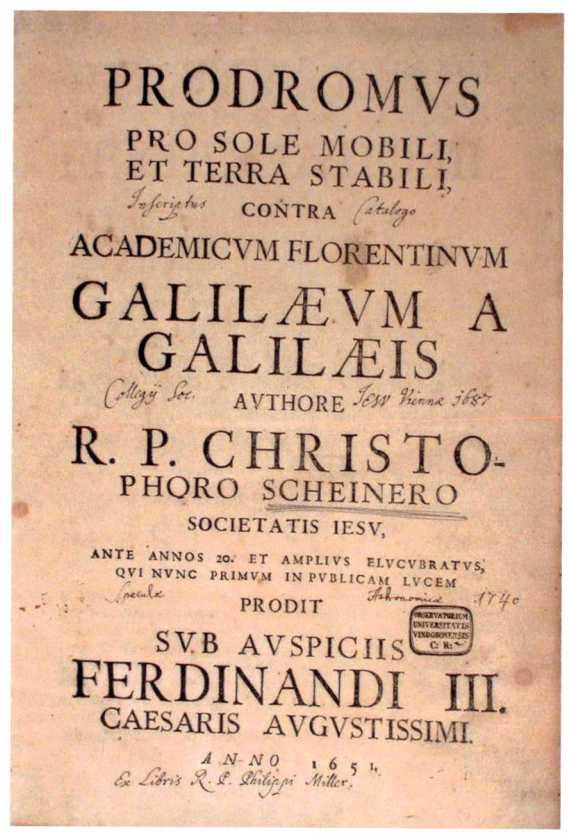

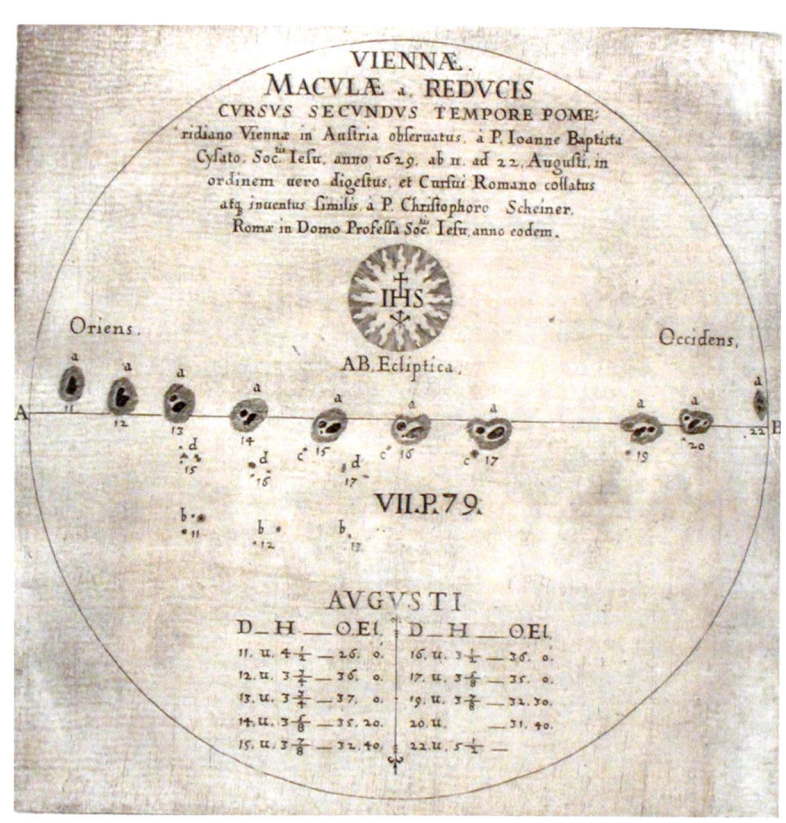

Riccioli, Giovanni Battista   1651
(1598-1671)

Titel: Almagestum Novum Astronomiam Veterem Novamque Complectens, Observationibus Aliorum, Et Propriis Novisque Theorematibus, Problematibus, ac Tabulis promotam

Zusatz: In tres tomos distributam quorum argumentum sequens pagina explicabit

Verfasserangabe: Auctore P. Joanne Baptista Ricciolo Societatis Iesu Ferrariensi Philosophiæ, Theologiæ, & Astronomiæ professore

Erscheinungsort: Bologna

Verlag: Benacci, Vittorio <Erben>

Sprache: Lateinisch

Umfang: [5] Bl., 47 S., 763 S., [2] Bl., 18 S., 675 S.

Format: Folio (35x23cm)

Bibliogr. Nachweis: Lalande, S. 230
                         vgl. VD17 23:270134Q
                         (Titelauflage, gedruckt in Frankfurt a. M.)

Besitznachweis: UB III 269 564
                     NB 72 C 46

Signatur: Hw 26, Hw 26D1, Hw 26D2

Abbildungen: Titelseite
                  Verschiedene Mondphasen
                  Allegorie: Geozentrisches Weltbild wahrer als heliozentrisches

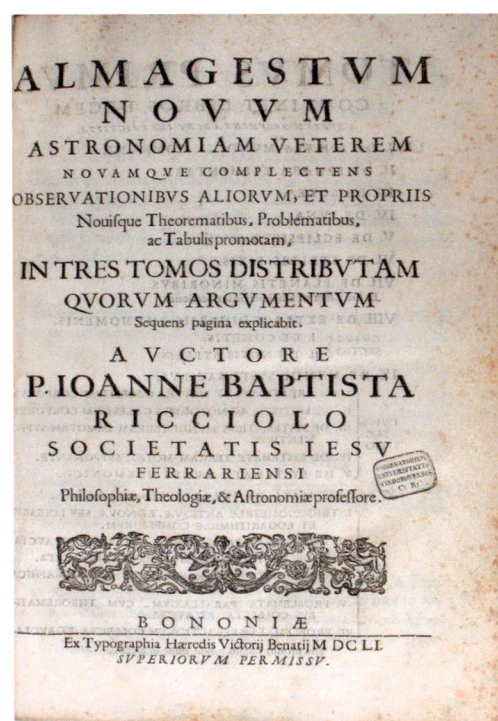

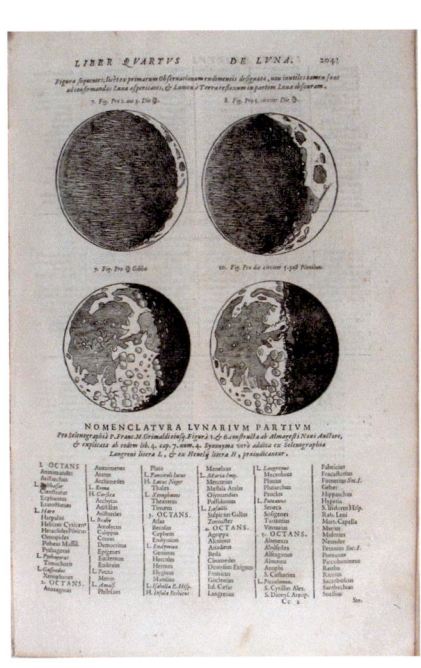

Schimpffer, Bartholomaeus
(fl. 17. Jh.)

1652

Titel: Kurtze Beschreibung Deß dunckelen Cometen So Anno 1652. den 8. Decembr. erschienen

Zusatz: Darauff gemeiniglich sonderliche Enderungen und Verwirrungen zu erfolgen pflegen

Verfasserangabe: Beschrieben durch Bartholomæum Schimpfferum, der Medicinischen und Mathematischen Künste Liebhabern

Erscheinungsort: Halle an der Saale

Verlag: Rappoldt, Johann

Sprache: Deutsch

Umfang: [14] Bl.

Format: Quart (19x15cm)

Bibliogr. Nachweis: VD17 14:072850Q
Lalande, S. 233

Besitznachweis: UB I 253 328

Signatur: Hw 132

Abbildung: Titelseite

Schorer, Christoph
(1618-1671)

1653

Titel: <Christoph Schorers> Bedencken von dem Cometen deß 1652. und Erdbewegung des 1653. Jahrs

Zusatz: Tacit[us] Hist[oria] 1.18.1. Quæ fato manent quamvis significata non vicantur

Beigefügt: Kurtzer Discurß Von den Erdbewegungen

Erscheinungsort: Basel

Verlag: König, Emanuel

Sprache: Deutsch

Umfang: [4] Bl., 43 S., [4] Bl.

Format: Quart (17x14cm)

Bibliogr. Nachweis: VD17 14:072864B

Signatur: Hw 133

Abbildung: Titelseite mit dem Kometen von 1652

Trew, Abdias   1653
(gest. 1669)

Titel: Denckwürdige und mehrentheils Neue Observationes Von Grossen Conjunctionibus und Oppositionibus

Zusatz: Item von der Apogæorum, Nodorum, Centrorum eccentrici solis, und dergleichen Bewegungen so wol auch von Neuen Sternen und Cometen [...]

Verfasserangabe: durch M. Abdiam Treu bey der Universität Altdorff Math. & Phys. Professorem publ. und der Zeit derselben Rectorem

Erscheinungsort: Nürnberg

Verlag: Endter, Michael

Sprache: Deutsch

Umfang: [3] Bl., 115 S., [1] Bl.

Format: Quart (19x15cm)

Bibliogr. Nachweis: VD17 23:288892Q
Lalande, S. 235

Besitznachweis: UB I 253 328

Signatur: Hw 130

Abbildungen: Titelseite
Konjunktion
Gotteshand

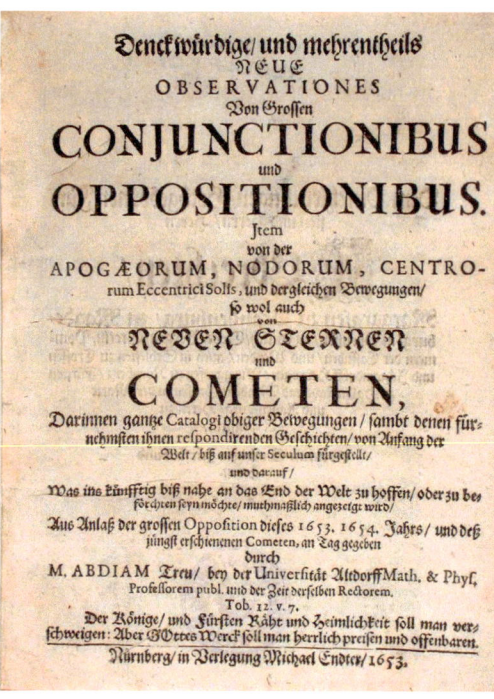

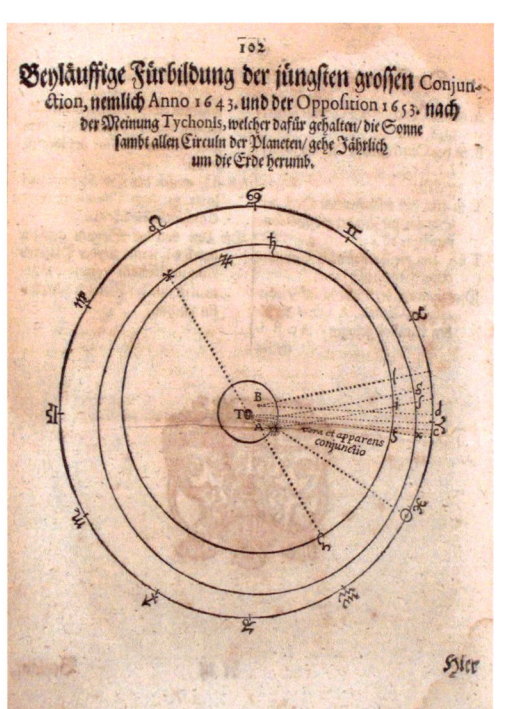

Trew, Abdias

1653

(gest. 1669)

Titel: Observationes des jüngst erschienenen Cometen

Zusatz: Sambt Muthmassung von dessen Würckung und Bedeutung

Erscheinungsort: Nürnberg

Verlag: Endter, Michael

Sprache: Deutsch

Umfang: [2] Bl., 11 S., [1] gef. Bl.

Format: Quart (19x15cm)

Bibliogr. Nachweis: VD17 14:075695F

Besitznachweis: UB I 253 328
NB 38 E 128

Signatur: Hw 131

Abbildungen: Titelseite
Kometenbahn

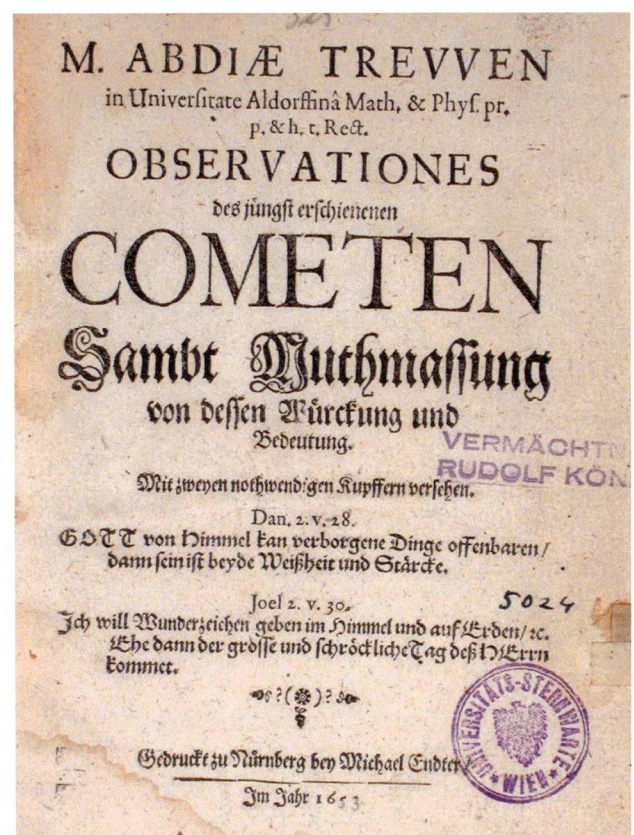

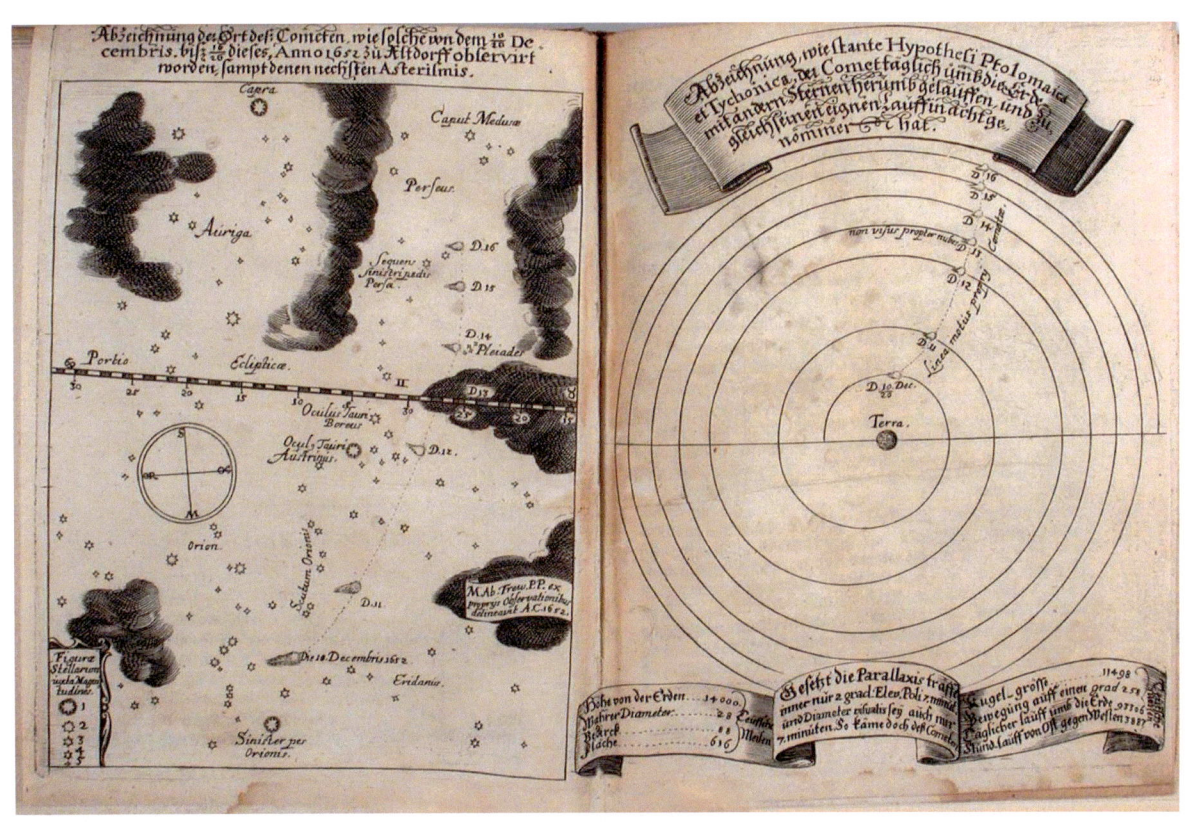

Gassendi, Pierre

1654

(1592-1655)

Titel: Tychonis Brahei, Equitis Dani, Astronomorum Coryphæi, Vita

Zusatz: Accessit Nicolai Copernici, Georgii Peurbachii, et Ioannis Regiomontani Astronomorum celebrium vita

Verfasserangabe: Authore Petro Gassendo Regio Matheseos Professore

Erscheinungsort: Paris

Verlag: Dupuis, Mathurin

Sprache: Lateinisch

Umfang: [26] Bl., 304 S., [12] Bl., 110 S., [7] Bl.

Format: Quart (23x17cm)

Bibliogr. Nachweis: Lalande, S. 237

Besitznachweis: NB 11 Q 19

Signatur: Hw 179

Abbildungen: Titelseiten: Tycho-Biographie
Kopernikus-Biographie
Peuerbach-Biographie

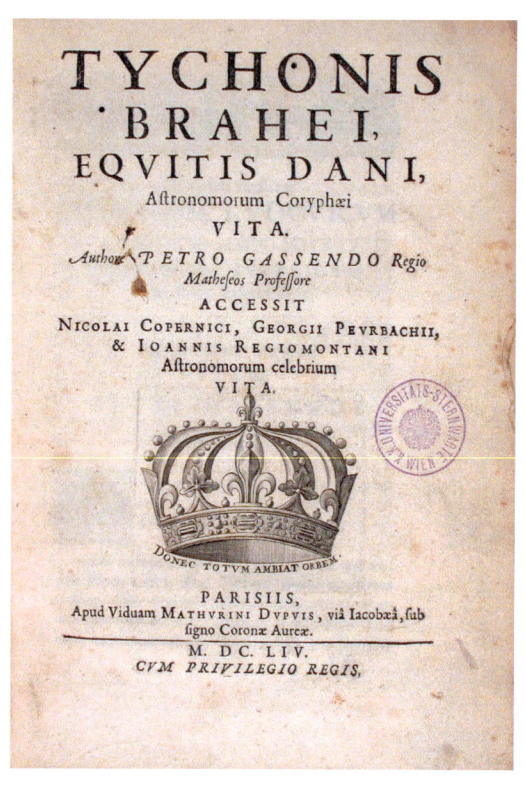

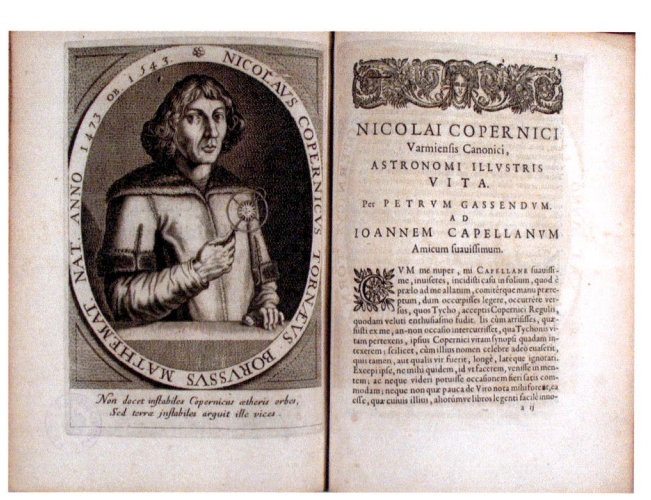

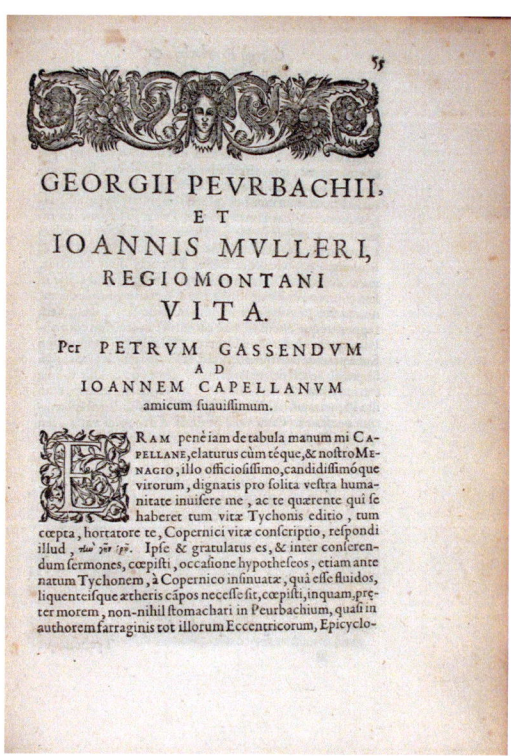

Hevelius, Johannes
(1611-1687)

1654

Titel: <Johannis Hevelii> Epistolæ II

Zusatz: Prior: De motu lunæ libratorio, in certas tabulas redacto. Ad perquam rev. præclarissimum atque doctissimum virum, P. Johannem Bapt. Ricciolum Soc. Jes. philosophiæ, theologiæ, ac astronomiæ professorem bononiensem celeberrimum. Posterior: De utriusque luminaris defectu anni 1654

Erscheinungsort: Danzig

Verlag: Müller, Andreas Julius

Sprache: Lateinisch

Umfang: [1] Bl., [1] gef. Bl., [5] Bl., 72 S.

Format: Folio (33x21cm)

Bibliogr. Nachweis: VD17 23:000496Q
  Lalande, S. 237

Besitznachweis: NB 72 D 82

Signatur: Hw 7

Abbildungen: Titelseite
  Elemente der Mondbahn
  partielle Mondfinsternis

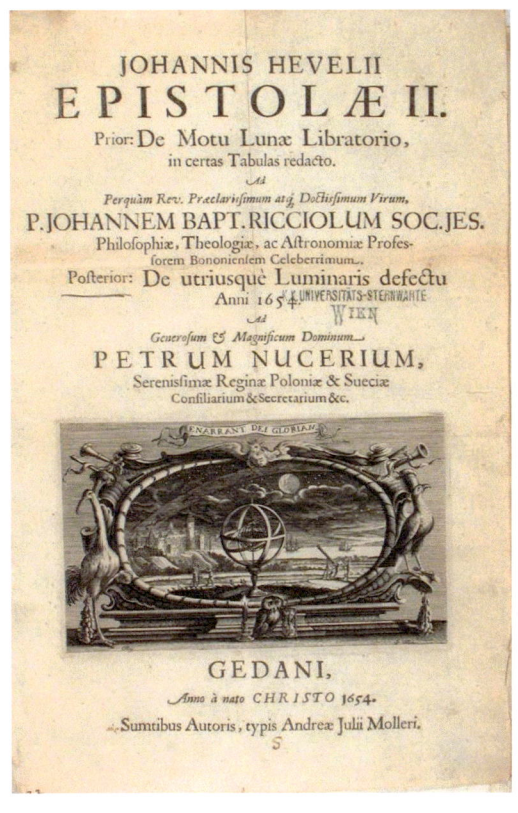

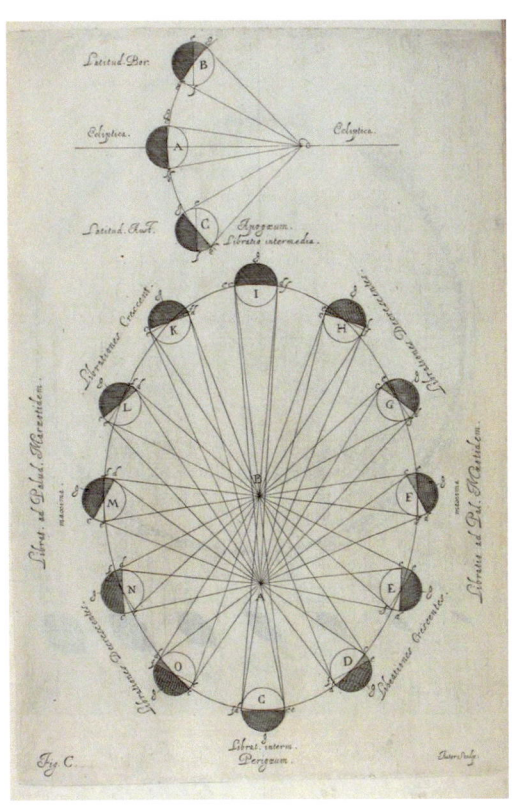

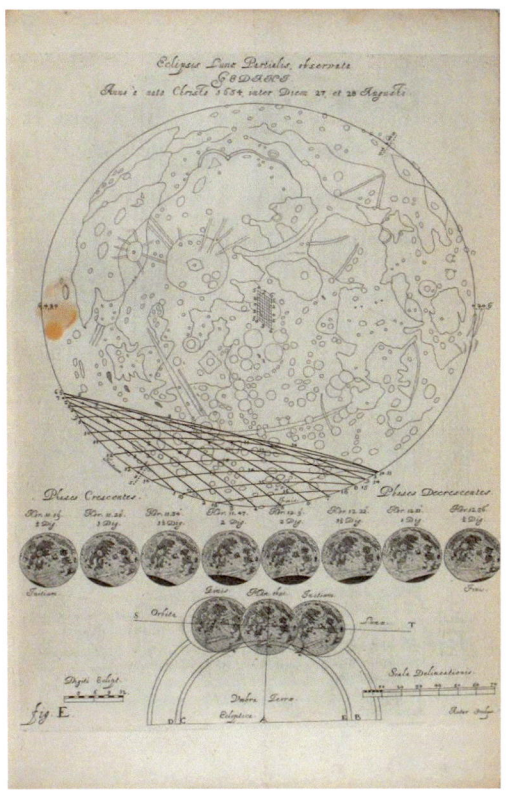

Blaeu, Willem Janszoon 1655
(1571-1638)

Titel: <Guilielmi Blaeu> Institutio Astronomica De usu Globorum et Sphærarum Cælestium ac Terrestrium

Zusatz: Duabus partibus adornata, una, secundum hypothesin Ptolemæi, per terram quiescentem. Altera, juxta mentem N. Copernici, per terram mobilem.

2. Autor: Hortensius, Martinus (Übersetzer)

Erscheinungsort: Amsterdam

Verlag: Blaeu, Joannes

Sprache: Lateinisch

Umfang: [1] Bl. 4 Bl. [3] Bl. 243 S.

Format: Oktav (19x11cm)

Bibliogr. Nachweis: Lalande, S. 240

Signatur: Hw 125

Abbildungen: Titelseite
Titelseite von Teil 2

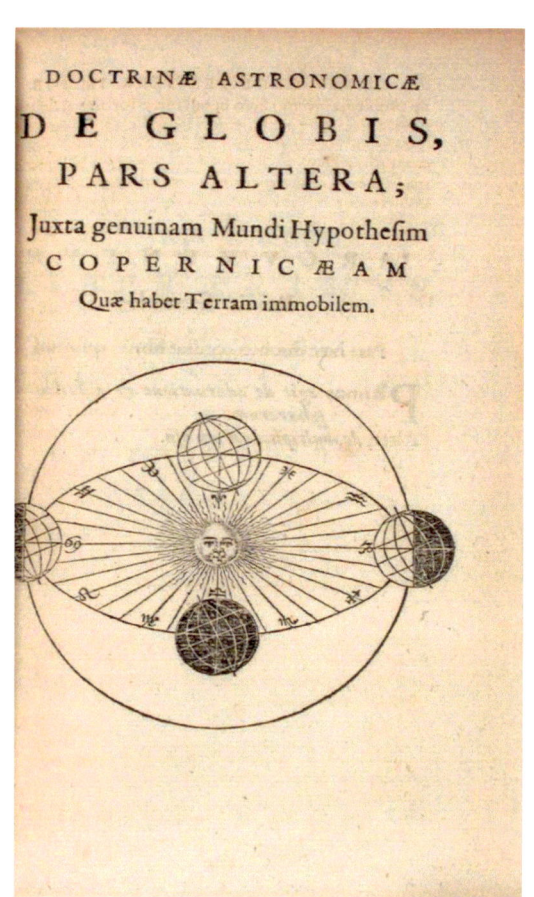

Hevelius, Johannes
(1611-1687)

1656

Titel: \<Johannis Hevlii\> Dissertatio, De Nativa Saturni Facie ejusq[ue] variis phasibus, certa periodo redeuntibus

Zusatz: Cui addita est, tam Eclipseos Solaris anni 1656 Observatio, quam Diametri Solis apparentis accurata dimensio

Erscheinungsort: Danzig

Verlag: Selbstverlag des Autors

Druck: Reiniger, Simon

Sprache: Lateinisch

Umfang: [3] Bl., 40 S., [4] gef. Bl.

Format: Folio (39x25cm)

Bibliogr. Nachweis: VD17 39:125093U
Lalande, S. 241

Besitznachweis: NB 72 A 101

Signatur: Hw 8

Abbildungen: Titelseite
Phasen des Saturn
Partielle Sonnenfinsternis

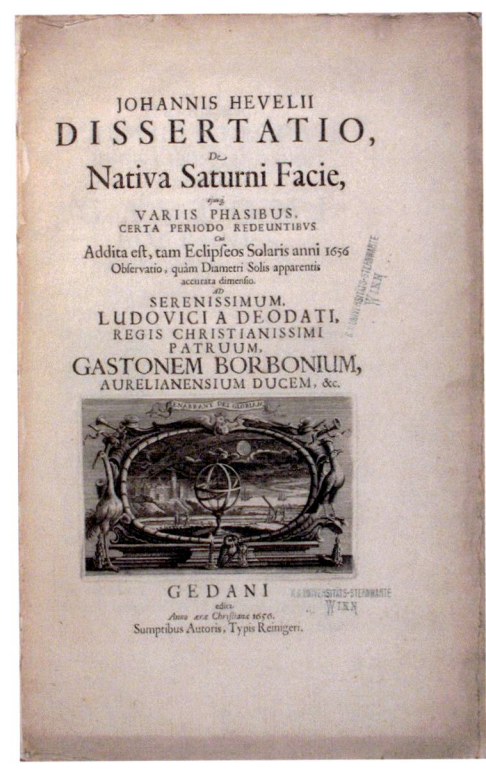

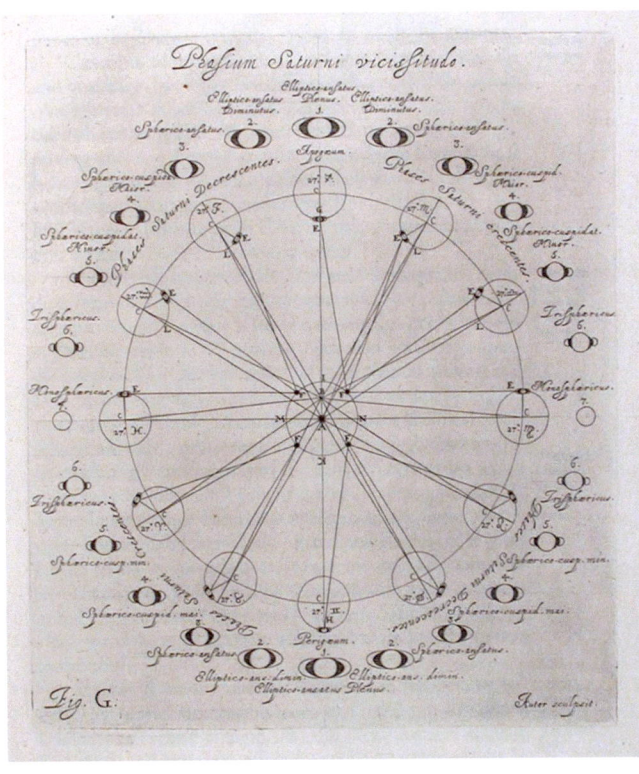

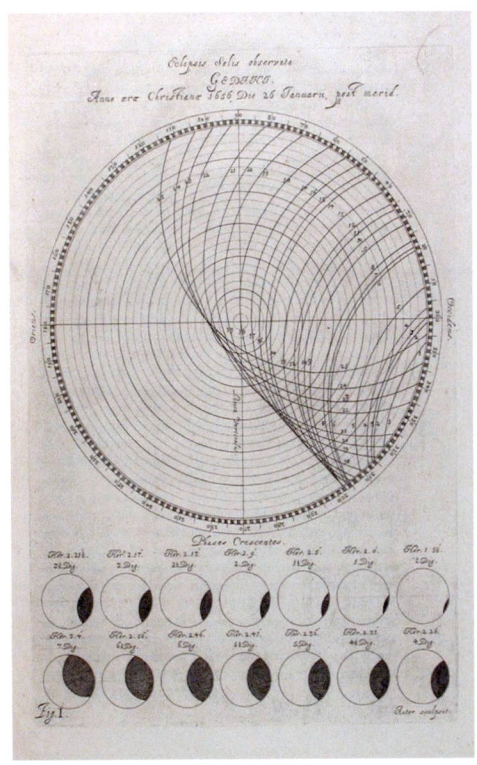

Newton, John
(1622-1678)

1657

Titel: Astronomia Britannica

Zusatz: Exhibiting The Doctrine of the Sphere, and Theory of the Planets Decimally by Trigonometry, and by Tables Fitted for the Meridian of London, according to the Copernican Systeme As it is illustrated by Bullialdus, and the easie way of Calculation, lately published by Doctor Ward

Verfasserangabe: by John Newton, M. A.

Erscheinungsort: London

Verlag: Leybourn, Robert and William

Sprache: Englisch

Umfang: [6] Bl., 324 S.

Format: Quart (20x15cm)

Bibliogr. Nachweis: Lalande, S. 244

Signatur: Hw 112

Abbildungen: Titelseite
Horoskop

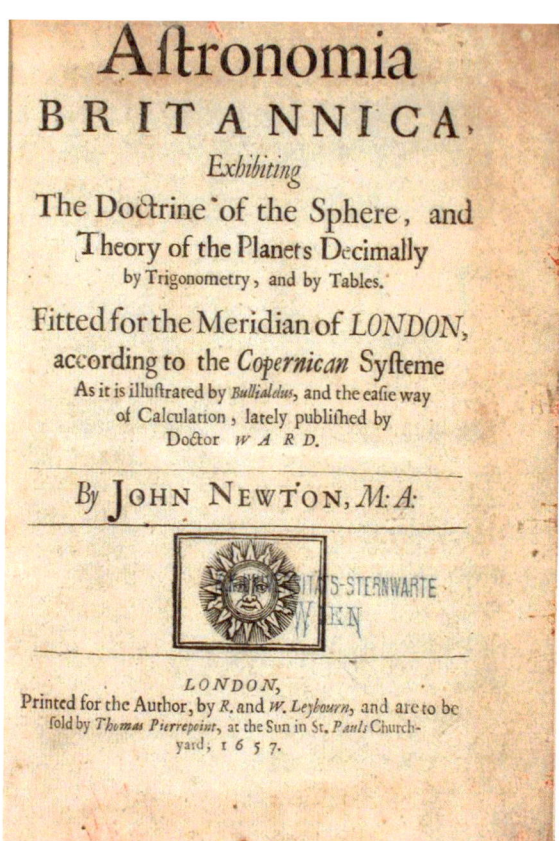

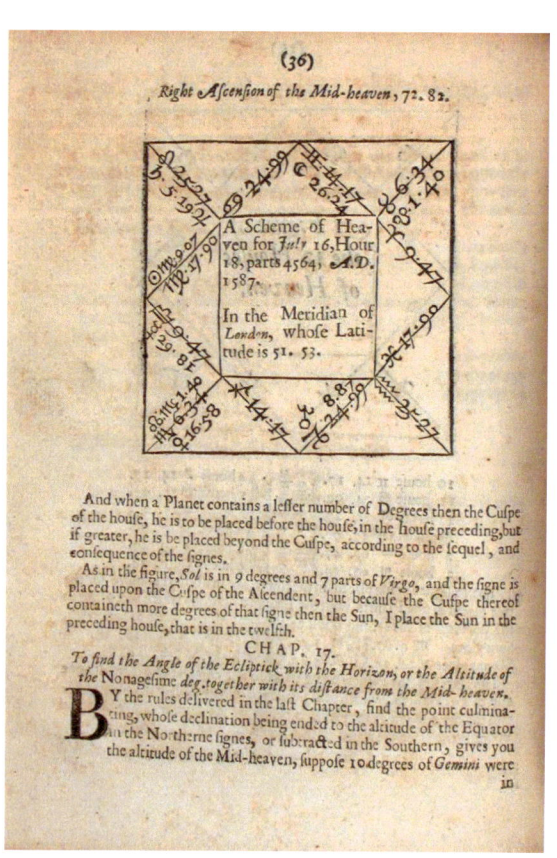

Huygens, Christiaan
(1629-1695)

1658

Titel: <Christiani Hugenii à Zulichem Const. F.> Horologium

Erscheinungsort: Den Haag

Verlag: Vlacq, Adriaan

Sprache: Lateinisch

Umfang: [1] Bl., 3S., 15 S.

Format: Quart (20x15cm)

Signatur: Hw 113

Abbildungen: Titelseite
Konstruktionsplan für Pendeluhr

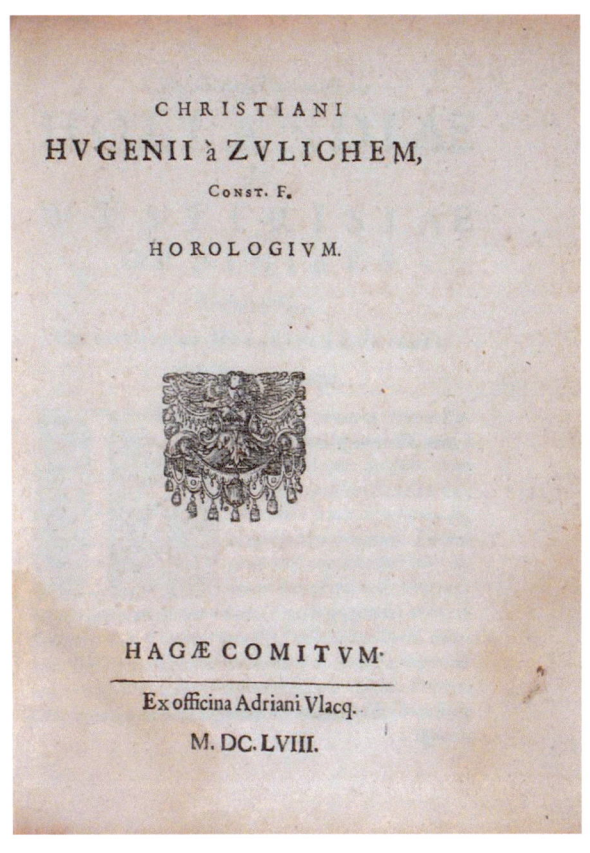

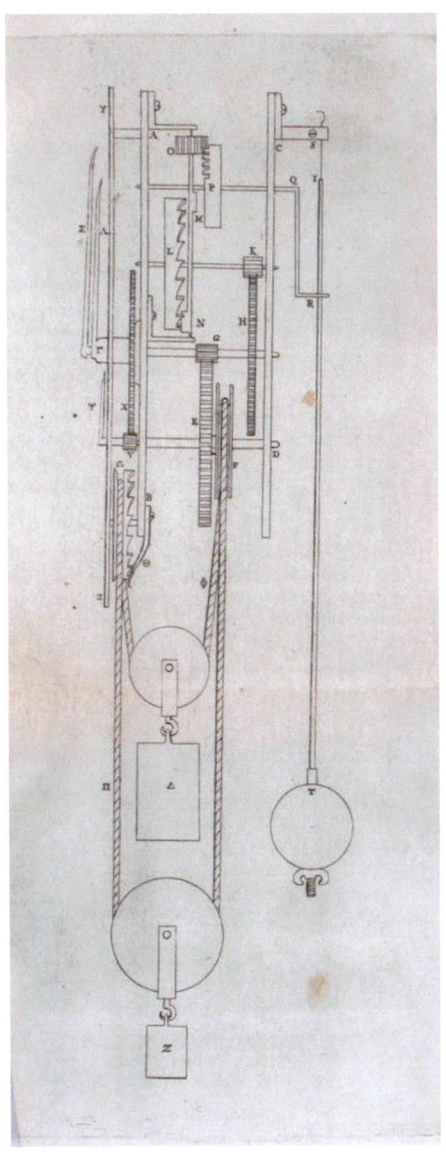

Huygens, Christiaan [31]
(1629-1695)

1659

Titel: <Christiani Hugenii à Zulichemii Const. F.> Systema Saturnium

Zusatz: Sive De causis mirandorum Saturni Phænomenôn, Et Comite ejus Planeta novo

Erscheinungsort: Den Haag

Verlag: Vlacq, Adriaan

Sprache: Lateinisch

Umfang: [6] Bl., 84 S.

Format: Quart (20x16cm)

Bibliogr. Nachweis: Lalande, S. 246

Signatur: Hw 113

Abbildungen: Titelseite
Orionnebel
Ring des Saturn bei verschiedenen Ringöffnungen

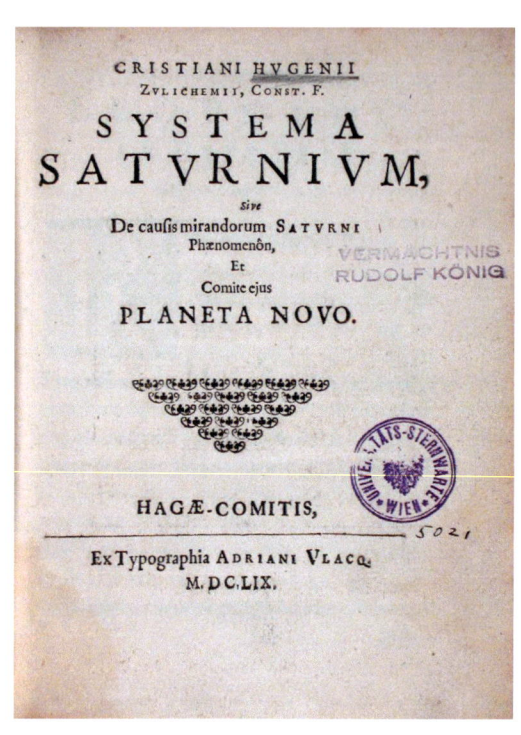

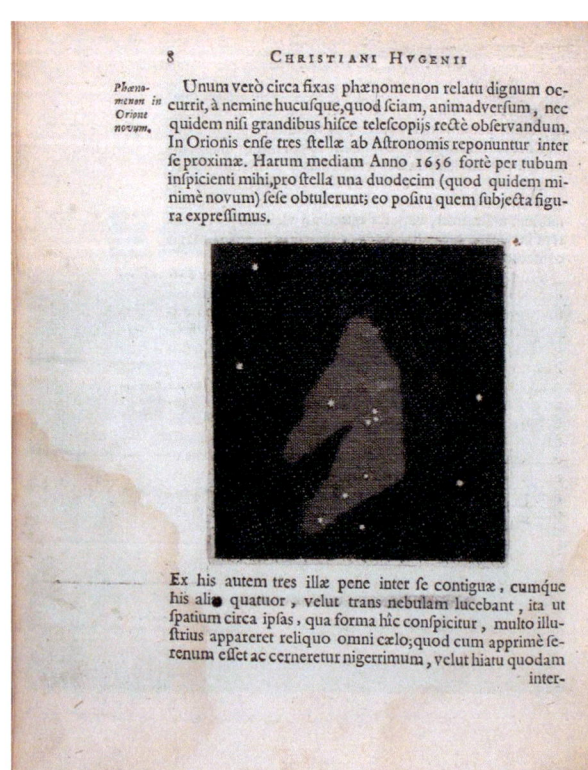

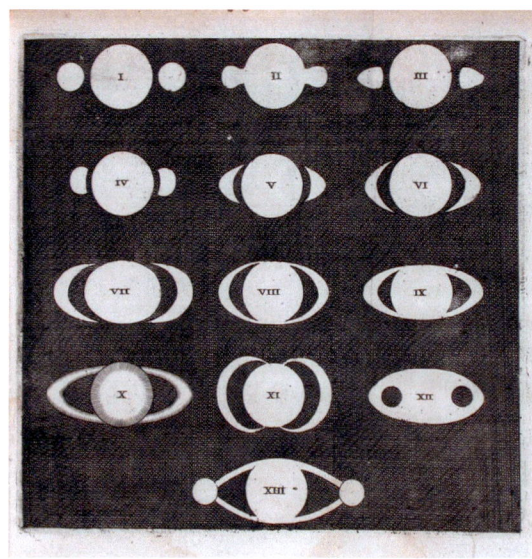

Bartsch, Christiaan

1661

(ca. 1600-1630)

Titel: <Jacobi Bartschii Lauba-Lusati Philiatri> Planisphærium Stellatum seu Vice-Globus coelestis in plano delineatus

Zusatz: In quo breviter ac perspicuè ostenditur, quomodo tam sidera præcipua, fixa pariter, atq[ue] erratica noctu in cœlo quam maiores et minores Sphæræ Circuli, aliaq[ue] notatu digna in eodem facilime observari & dignosci queant

2. Autor: Goldmayer, Andreas

Verfasserangabe: Opera Et Studio Andreæ Goldmayeri Mathematcici & Comit. Palat. Cæsarei

Erscheinungsort: Nürnberg

Druck: Gerhard, Christoph

Verlag: Fürst, Paul

Sprache: Lateinisch

Umfang: [22] Bl., S. 5-152, [3] Bl., [6] gef. Bl., [84] Bl.

Format: Quart (20x15cm)

Bibliogr. Nachweis: VD17 23:247384D
Lalande, S. 249

Signatur: Hw 190

Abbildungen: Titelseite
Weltsysteme

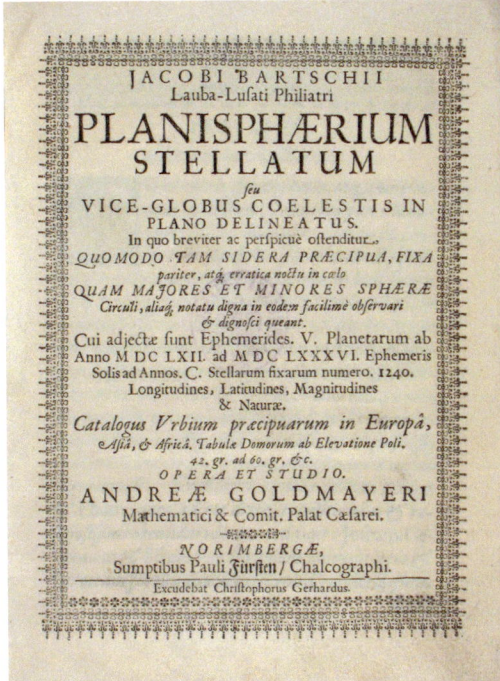

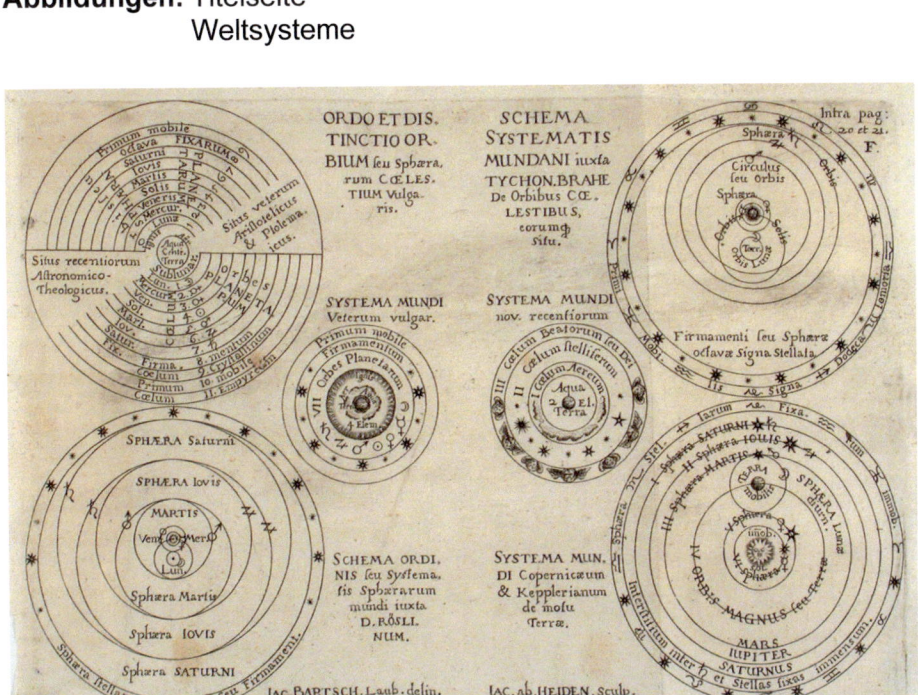

Bayer, Johann 1661
(1572-1625)

Titel: <Ioannis Bayeri Rhainani I. C.> Uranometria

Zusatz: Omnium Asterismorum Continens Schemata, Nova Methodo Delineata, Aereis Laminis Expressa

Erscheinungsort: Ulm

Verlag: Görlin, Johannes

Sprache: Lateinisch

Umfang: [4] Bl., [51] gef. Bl.

Format: Folio (33x25cm)

Bibliogr. Nachweis: VD17 39:125231A
Lalande, S. 249

Signatur: Hw 36d

Abbildungen: Titelseite
Sternbild Orion
Milchstraße

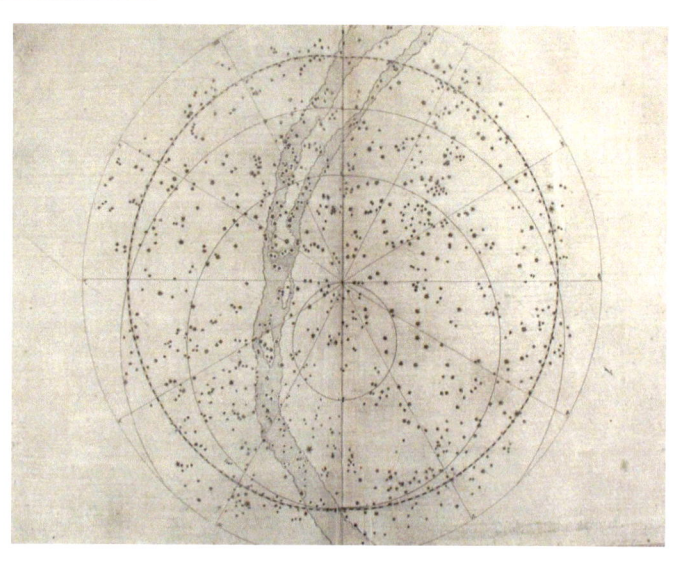

Cellarius, Andreas
(ca. 1596-1665)

1661

Titel: Harmonia Macrocosmica

Zusatz: Seu Atlas universalis et novus, totius universi creati cosmographiam generalem, et novam exhibens. In quâ Omnium totius Mundi Orbium Harmonica Constuctio, secundum diversas diversorum Authorum opiniones, ut et Uranometria seu totus Orbis Cœlestis, ac Planetarum Theoriæ, et Terrestris Globus, tam Planis et Scenographicis Iconibus, quam Descriptionibus novis ab oculos ponuntur

Verfasserangabe: Studio, et Labore Andreæ Cellarii Palatini, Scholæ Hornanæ in Hollandia Boreali Rectoris

Erscheinungsort: Amsterdam

Verlag: Jansson, Johannes

Sprache: Lateinisch

Umfang: 7 Bl., 219 S., [1] Bl., [28] gef. Bl.

Format: Folio (51x36cm)

Bibliogr. Nachweis: Lalande, S. 248

Besitznachweis: UB III 346 39
NB 393688, 389042

Signatur: Hw 15

Abbildungen: Titelseite
Ptolemäisches Weltbild
Geozentrische Planetensphären
Nördliche Sternbilder

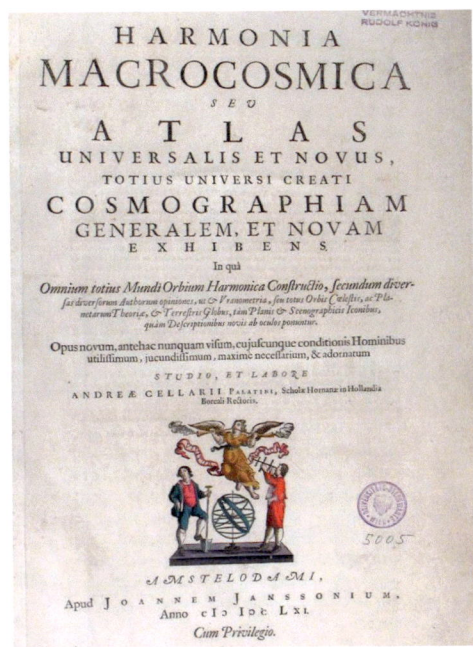

Schott, Gaspar

(1608-1666)

1661

Titel: <P. Gasparis Schotti Regiscuriani E Societate Jesu Olim in Panormitano Siciliæ, nunc in Herbipolitano Franconiæ eiusdem Societatis Jesu Gymnasio Matheseos Professoris> Cursus Mathematcius

Zusatz: Sive absoluta omnium mathematicarum disciplinarum encyclopædia, in libros XXVIII digesta, eoque ordine, dispolita, ut quivis, vel mediocri præditus ingenio, totam Mathesin à primis fundamentis proptio Marte addiscere possit. [...] Accesserunt in fine theoreses mechanicae novæ

Erscheinungsort: Würzburg

Verlag: Schönwetter, Johann Gottfried

Sprache: Lateinisch

Umfang: [13] Bl., 660 S., [2] gef. Bl., [40] Bl., [28] Bl.

Format: Folio (34x20cm)

Bibliogr. Nachweis: VD17 12:196809B
Lalande, S. 250

Besitznachweis: NB 72 A 75

Signatur: Hw 40

Abbildungen: Titelseite
Sonnenuhren
Hebel, Flaschenzug und schiefe Ebene

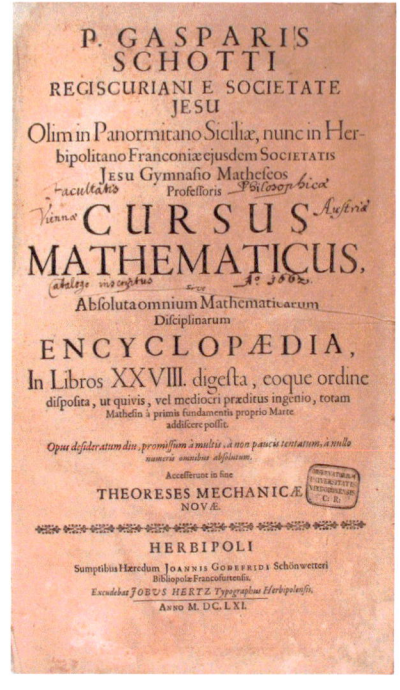

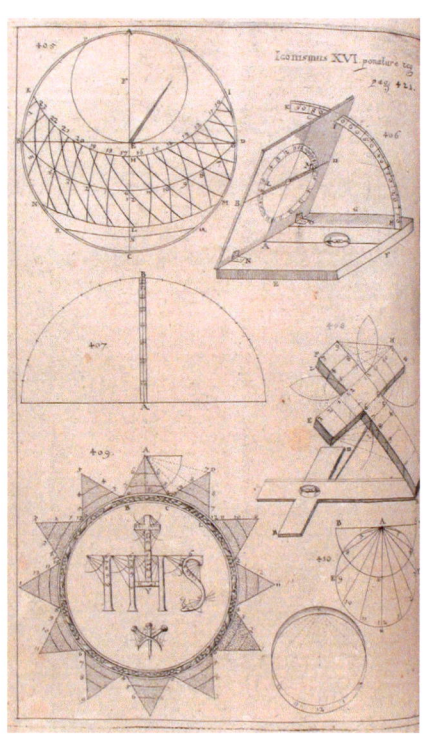

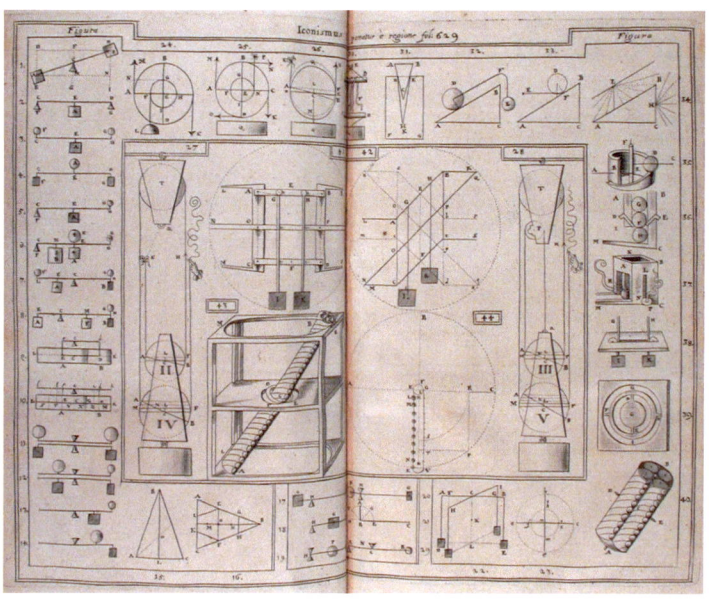

Hevelius, Johannes [32] 1662
(1611-1687)

Titel: <Johannis Hevelii> Mercurius in Sole visus Gedani, Anno Christiano MDCLXI, d. III Maii. St. n. [Stile novo]

2. Autor: Horrox, Jeremiah

Zusatz: Cum aliis quibusdam rerum Cœlestium observationibus, rarisq[ue] phænomenis

Beigefügt: Cui annexa est Venus in Sole pariter visa, Anno 1639, d. 24 Nov. St. V. Liverpoliæ, A Jeremia Horroxio

Erscheinungsort: Danzig

Verlag: Reiniger, Simon

Sprache: Lateinisch

Umfang: [3] Bl., 181 S., [11] gef. Bl.

Format: Folio (35x22cm)

Bibliogr. Nachweis: VD17 39:125101A
Lalande, S. 252

Besitznachweis: UB III 209 562
NB 9 C 30

Signatur: Hw 6

Abbildungen: Titelseite
Partielle Mondfinsternis
Merkurtransit

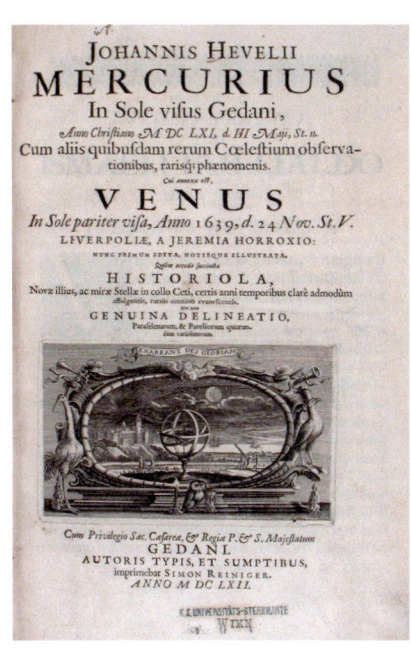

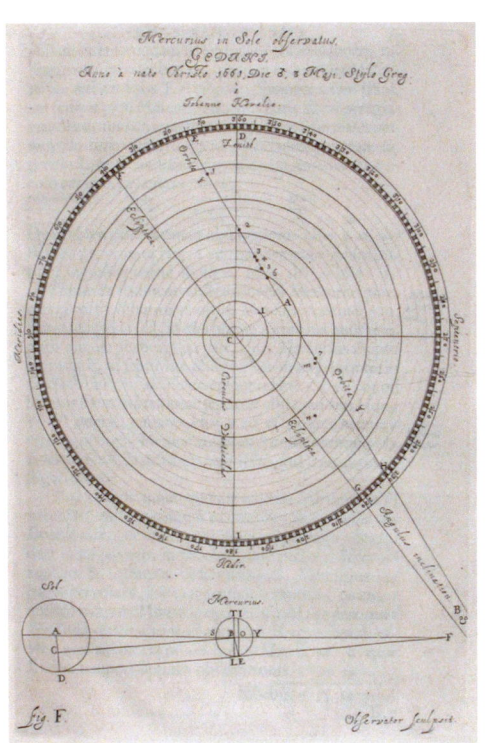

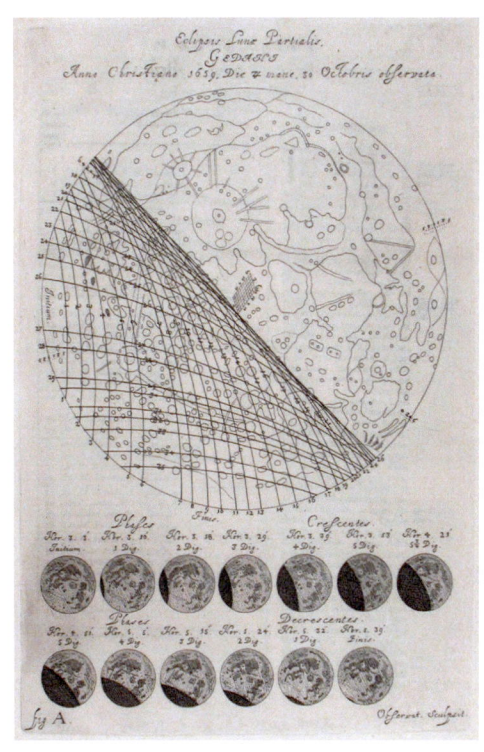

Dannewaldt, Matthias 1664
(fl. 17. Jh.)

Titel: Cometologia oder Historischer Discurs, was von vielen Seculis her, auff cometische Erscheinungen sich begeben

Zusatz: Ingleichen Deroselben kürtzliche Betrachtung/ und was etwa der im Decembr. dieses 1664. Jahrs entstandene Comet vor muthmaßliche Bedeutung nach sich ziehen möchte. Mit beygefügten Abrissen/ wie er zu Augspurg/ Nürnberg/ Hamburg/ und allhier zu Leipzig gesehen worden; Darbey auch der/ annoch als eine Göttliche Zorn-Ruthe am Himmel stehende anderwertige Comet kürtzlich berühret.

Erscheinungsort: Leipzig

Verlag: Kirchner, Christian

Sprache: Deutsch

Umfang: [18] Bl.

Format: Oktav (19x14cm)

Bibliogr. Nachweis: VD17 39:114709M

Signatur: Hw 111

Abbildungen: Titelseite
Komet von 1664

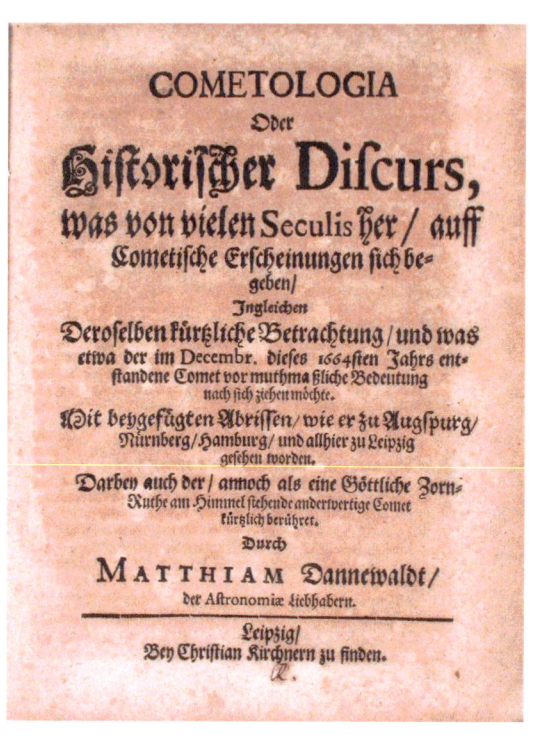

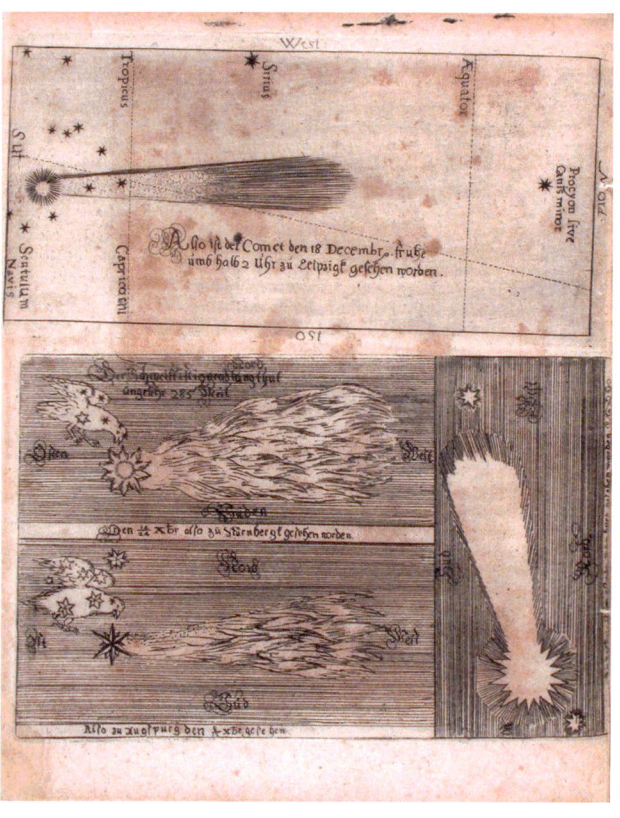

Hahn, Johann Philipp
(fl. 17. Jh.)

1664

Titel: Kurtz eilfärtiger Bericht von dem im Decembr. Anno 1664 neulichst erschienen Cometen, benantlich, was dessen Betrachtung Natur Gestalt Zeit Farbe Grösse Lauff und muthmaßliche Bedeutung betrifft

Verfasserangabe: mit schneller Feder auffgesetzet und beschrieben durch Johann Philipp Hahnen

Erscheinungsorte: Dresden und Leipzig

Verlag: Kirchner, Christian

Sprache: Deutsch

Umfang: [12] Bl.

Format: Oktav (19x14cm)

Bibliogr. Nachweis: VD17 39:107642P

Signatur: Hw 111

Abbildungen: Titelseite
Bahn des Kometen

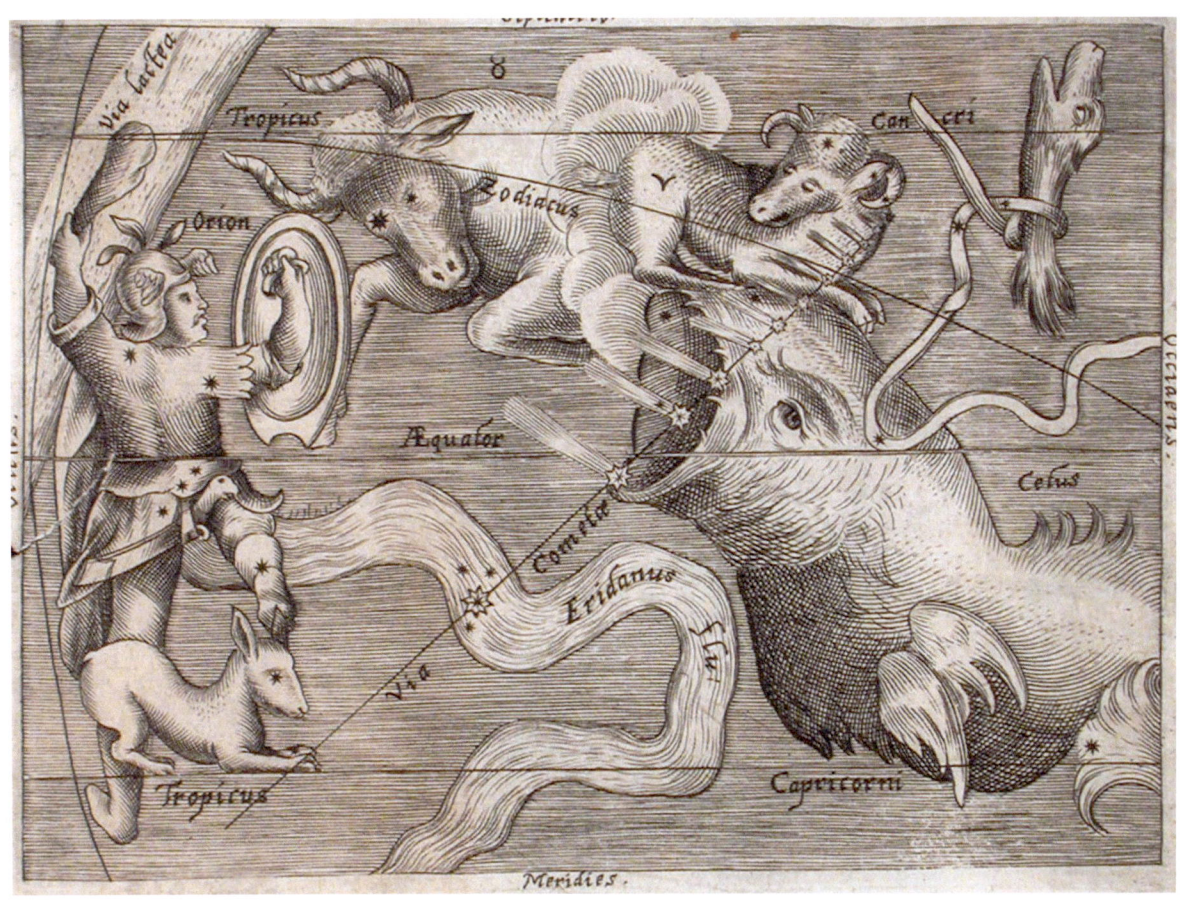

Anonym 1665

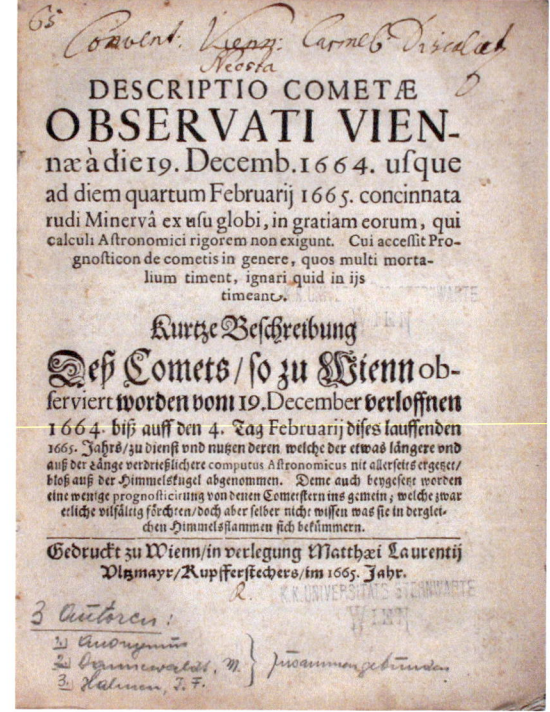

Titel: Descriptio cometæ observati Viennæ a die 19. Decemb. 1664 usque ad diem quartum Februarii 1665

Zusatz: Concinata rudi Minervâ ex usu globi, in gratiam eorum, qui calculi Astronomici rigorem non exigunt. Cui accessit Prognosticon de cometis in genere, quos multi mortalium timent, ignari quid in iis timeant

Paralleltitel: Kurtze Beschreibung deß Comets so zu Wienn observiert worden vom 19. December verloffnen 1664. biß auff den 4. Tag Februarii dises lauffenden 1665. Jahrs

Erscheinungsort: Wien

Verlag: Ultzmayr, Matthäus Laurenz

Sprache: Deutsch

Umfang: [8] Bl.

Format: Oktav (19x14cm)

Besitznachweis: NB 19616

Signatur: Hw 111

Abbildung: Titelseite

Hevelius, Johannes
(1611-1687)

1665

Titel: \<Johannis Hevelii\> Prodromus Cometicus, Quo Historia Cometæ Anno 1664. Exorti Cursum, Faciesque diversas Capitis ac Caudæ accurate delineatas complectens

Zusatz: Nec non Dissertatio De Cometarum omnium Motu, Generatione, variisquè Phænomenis, exhibetur. Ad Illustrissimum ac Excellentissimum Dominum, Dn. J. Bapt. Colbert, Regis Christianissimi à Sanctioribus Consiliis, summique Galliarum Ærarii Moderatorem Fidelissimum

Erscheinungsort: Danzig

Verlag: Reiniger, Simon

Sprache: Lateinisch

Umfang: [2] Bl., 64 S., [2] gef. Bl.

Format: Folio (34x23cm)

Bibliogr. Nachweis: VD17 39:125104Y
Lalande, S. 261

Besitznachweis: NB 72 A 104

Signatur: Hw 9

Abbildungen: Titelseite
Kometenzeichnungen

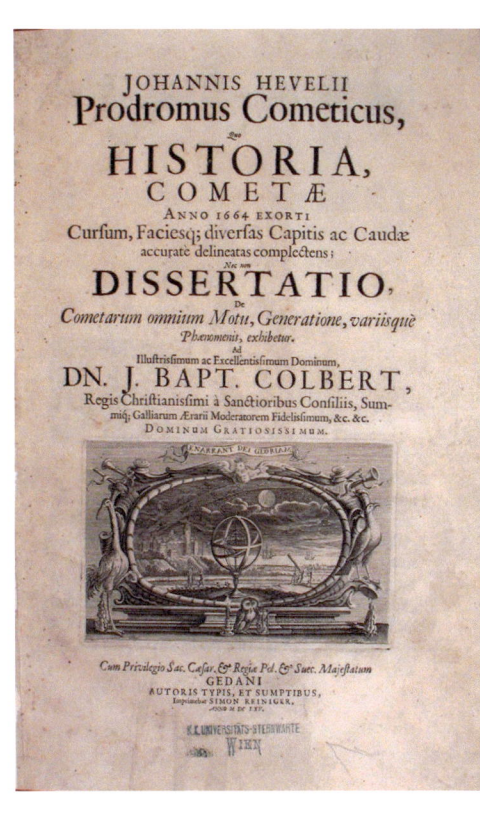

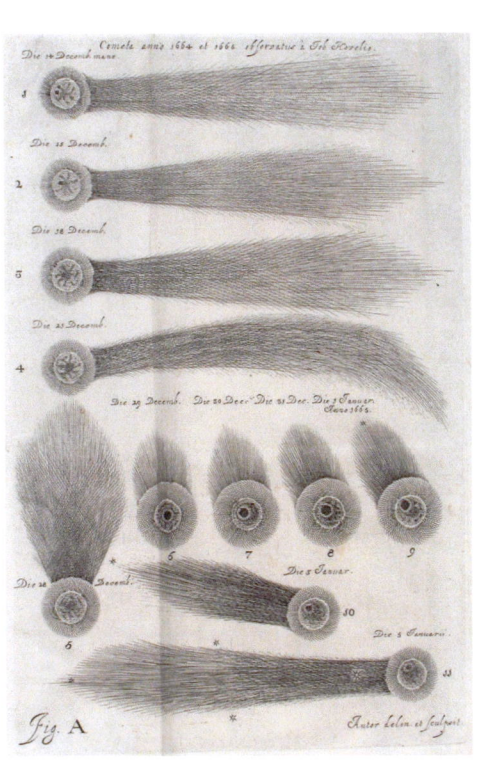

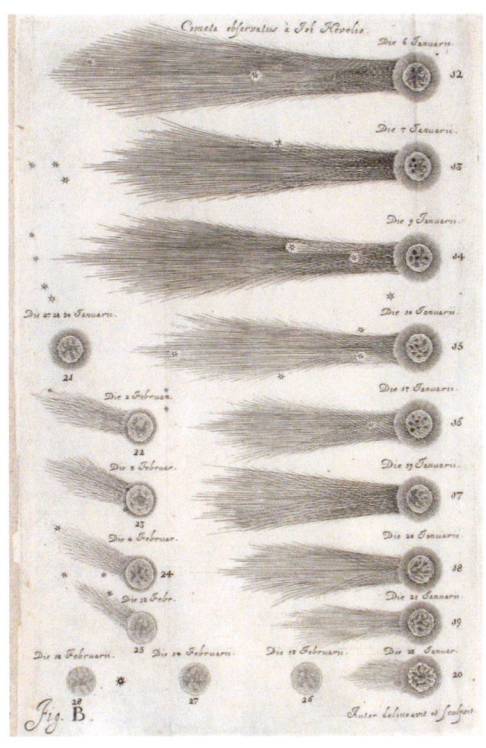

Riccioli, Giovanni Battista [33]   1665
(1598-1671)

Titel: Astronomiæ reformatæ tomi duo

Zusatz: quorum prior observationes, hypotheses, et fundamenta tabularum, Posterior præcepta pro usu Tabularum Astronomicarum, Et ipsas Tabulas Astronomicas CII continet. Prioris Tomi In Decem Libros Divisi, Argumenta Pagina frequenti exponuntur

Verfasserangabe: Auctore P. Ioanne Baptista Ricciolo Societatis Iesu Ferrariensi. Ad Serenissimum D. Ferdinandum Mariam Bavariæ etc. Ducem

Erscheinungsort: Bologna

Verlag: Benatius, Victor

Sprache: Lateinisch

Umfang: [7] Bl., 12 S., 374 S., [4] Bl. 128 S.

Format: Folio (35x24cm)

Bibliogr. Nachweis: Lalande, S. 258

Besitznachweis: UB III 209 147
NB 72 C 45

Signatur: Hw 32, Hw 32d

Abbildungen: Titelseite
Mondkarte

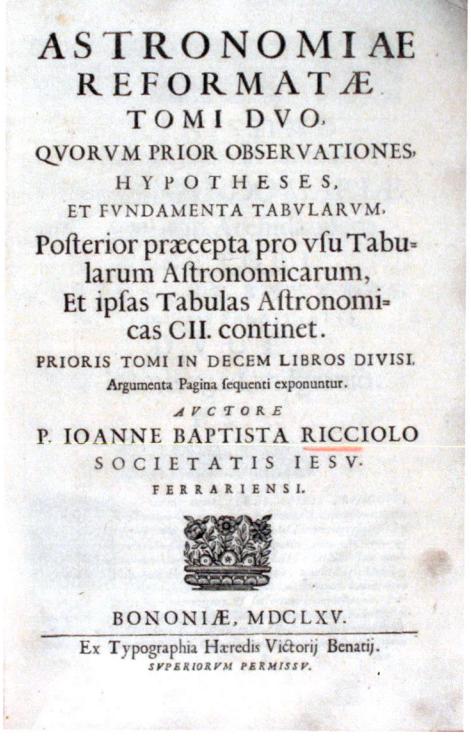

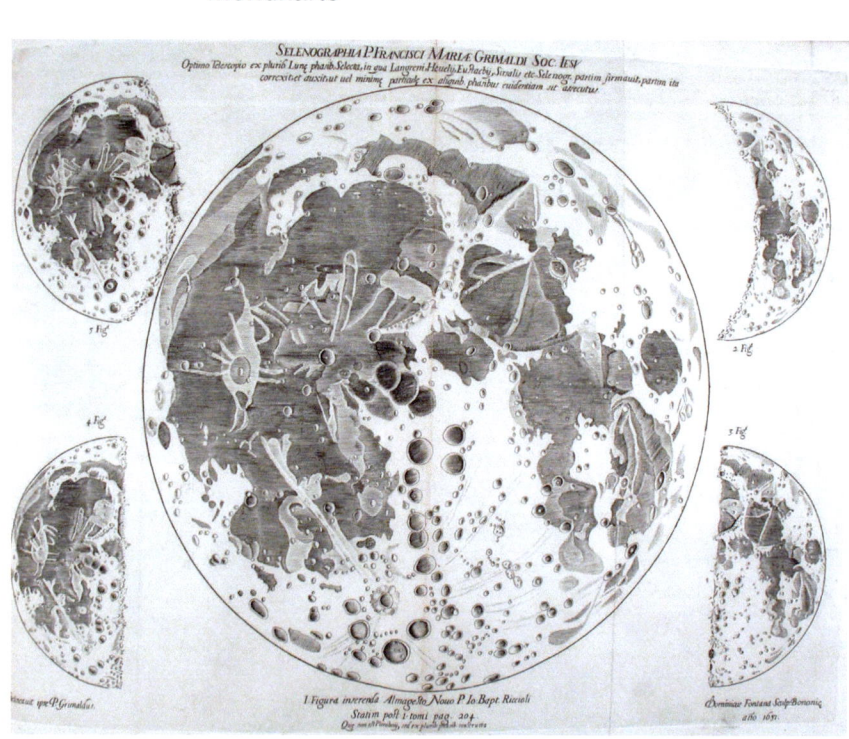

Weigel, Erhard
(1625-1699)

1665

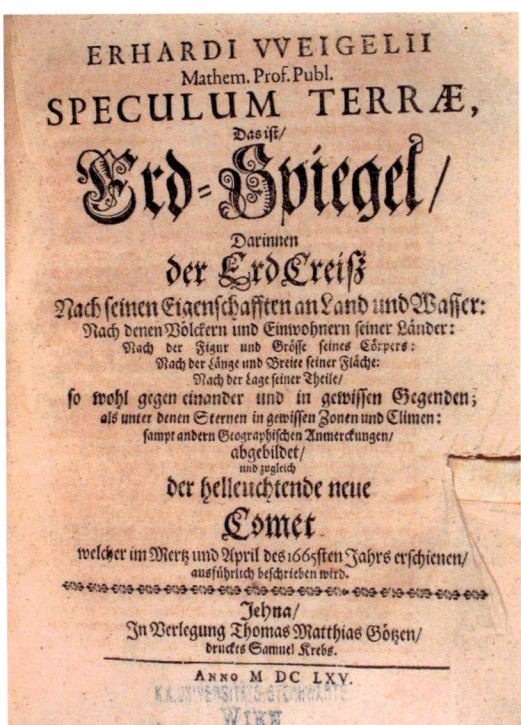

Titel: <Erhardi Weigelii Mathem. Prof. Publ.> Speculum terrae, Das ist Erd-Spiegel

Zusatz: Darinnen der ErdCreiß Nach seinen Eigenschafften an Land und Wasser: Nach denen Völckern und Einwohnern seiner Länder: Nach der Figur und Grösse seines Cörpers: Nach der Länge und Breite seiner Fläche: Nach der Lage seiner Theile/ so wohl gegen einander und in gewissen Gegenden; als unter denen Sternen in gewissen Zonen und Climen: sampt andern Geographischen Anmerckungen/ abgebildet/ und zugleich der helleuchtende neue Comet welcher im Mertz und April des 1665sten Jahrs erschienen/ ausführlich beschrieben wird

Erscheinungsort: Jena

Verlag: Götz, Thomas Matthias

Sprache: Lateinisch

Umfang: [4] Bl., 200 S.

Format: Quart (20x15cm)

Bibliogr. Nachweis: VD17 1:000343P

Signatur: Hw 117

Abbildung: Titelseite

Brahe, Tycho
(1546-1601)

1666

Titel: Historia Coelestis

2. Autor: Curtz, Albert

Verfasserangabe: Ex Libris Commentariis Manuscriptis Observationum Vicennalium Viri Generosi Tichonis Brahe Dani

Erscheinungsort: Augsburg

Verlag: Utzschneider, Simon

Sprache: Lateinisch

Umfang: [2] Bl., [1] gef. Bl., [5] Bl., 124 S., [2] Bl., 977 S., [4] Bl.

Format: Folio (32x19cm)

Bibliogr. Nachweis: VD17 23:641871K

Besitznachweis: UB III 174 722
NB 72 C 43

Signatur: Hw 37

Abbildungen: Frontispiz
Observatorium Uranienburg
Sonnenfinsternis 1600

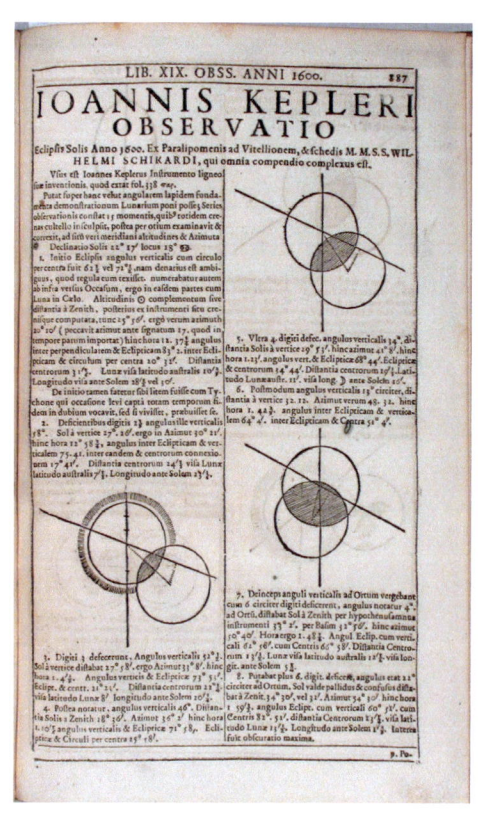

Hevelius, Johannes
(1611-1687)

1666

Titel: \<Johannis Hevelii\> Descriptio Cometæ Anno Æræ Christ. MDCLXV Exorti, Cum genuinis Observationibus, tam nudis, quam enodatis, Mense Aprili habitis Gedani

Zusatz: Cui addita est Mantissa Prodromi Cometici, Observationes omnes prioris Cometæ MDCLXIV, ex iisque genuinum motum accuratè deductum, cum notis, et animadversionibus exhibens.
Ad Serenissimum Leopoldum, Etruriæ Principem

Erscheinungsort: Danzig

Verlag: Reiniger, Simon

Sprache: Lateinisch

Umfang: [6] Bl., 188 S., [3] Bl., [1] gef. Bl.

Format: Folio (36x22cm)

Bibliogr. Nachweis: VD17 39:125042D
Lalande, S. 265

Besitznachweis: NB 72 C 82

Signatur: Hw 11

Abbildungen: Titelseite
Bahn des Kometen
Darstellung des Kometen vom April 1665

Hevelius, Johannes
(1611-1687)

1668

Titel: <Johannis Hevelii> Cometographia

Zusatz: Totam Naturam Cometarum; Utpote Sedem, Parallaxes, Distantias, Ortum et Interitum, Capitum, Caudarumq[ue] diversas facies, affectionesq[ue], Nec Non Motum eorum summe admirandum, Beneficio unius, ejusq[ue], fixæ et convenientis hypothesos exhibens

Erscheinungsort: Danzig

Verlag: Reiniger, Simon

Sprache: Lateinisch

Umfang: [19] Bl., 913 S., [23], [34] Bl., [4] gef. Bl.

Format: Folio (37x23cm)

Bibliogr. Nachweis: VD17 39:125414W
Lalande, S. 270

Besitznachweis: NB 72 D 51

Signatur: Hw 12

Abbildungen: Titelseite
Cursus cometæ 1652
Kometenparallaxen

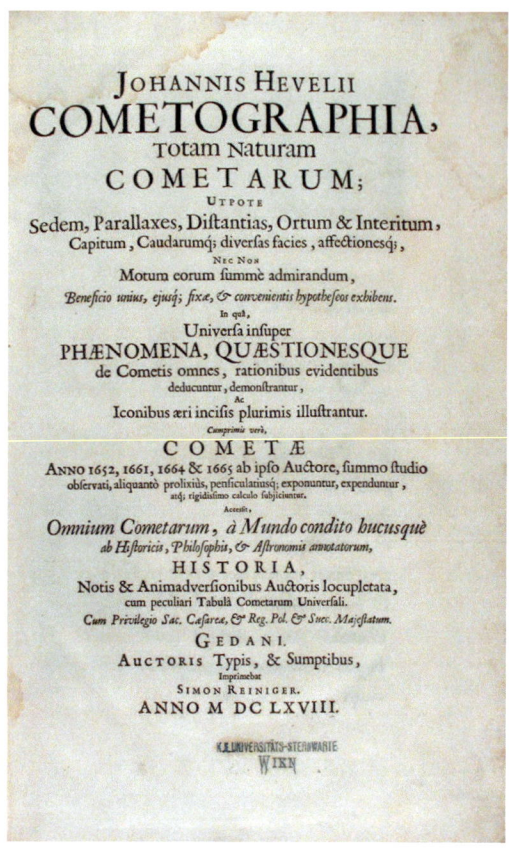

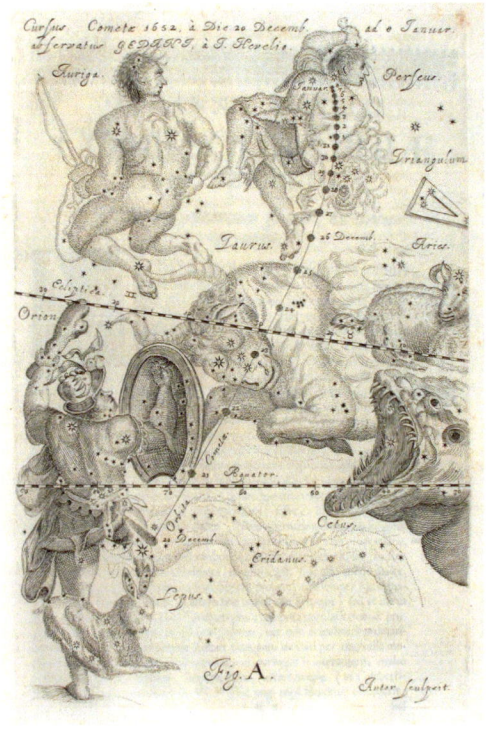

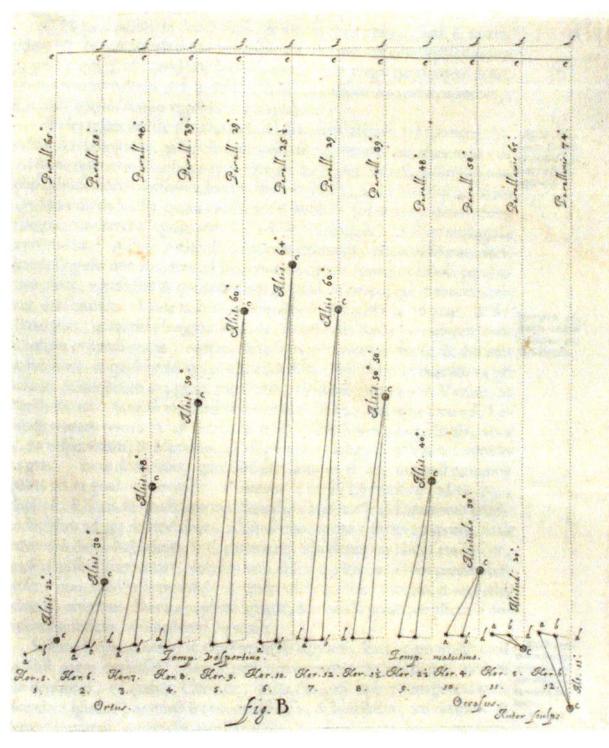

Lubieniecki, Stanisław [34]
(1623-1675)

1668

Titel: <Stanislai de Lubienietz Lubieniecii Rolitsii> Theatrum Cometicum

Zusatz: Duabus partibus constans, quarum altera frequenti Senatu Philosophico conspicua, Cometas anni 1664 et 1665 variis Virorum per Europam Clariss. cum quibus Auctor de hoc argumento contulit, observationibus, disserttionibus, animadversionibus descriptos, et quinquaginta novem figuris æneis illustratos, exhibet: quibus immista sunt varia Philosophica et Christiana exempla et monita, ad vitæ melius degendæ usum cuicunque hominum generi convenientia

Erscheinungsort: Amsterdam

Verlag: Cuyper

Sprache: Lateinisch

Bd. 1: [13] Bl., 966 S., [54] gef. Bl. [2] Bl.

Bd. 2: [7] Bl., 464 S., [21] gef. Bl.

Bd. 3: [2] Bl., 78 S., [4] Bl. [1] gef. Bl.

Format: Folio (34x21cm)

Bibliogr. Nachweis: Lalande, S. 269

Signatur: Hw 27

Abbildungen: Titelseite
Komet von 1664 über Hamburg

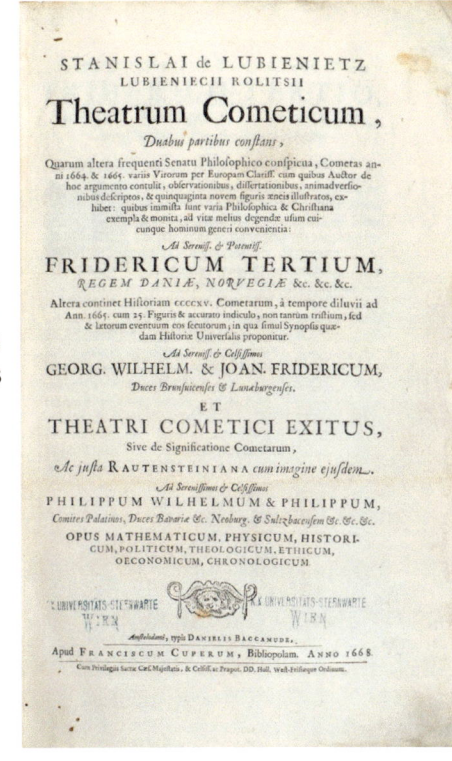

Kircher, Athanasius 1671
(1602-1680)

Titel: <R. P. Athanasii Kircheri e Societate Jesu> Iter Exstaticum Cœleste

Zusatz: Quo Mundi opificium, id est, Cœlestis Expansi, siderumque tam errantium, quam fixorum natura, vires, proprietates, singulorumque compositio et structura, ab infimo Telluris globo, usque ad ultima Mundi confinia, per ficti raptus integumentum explorata, nova hypothesi exponitur ad veritatem; interlocutoribus Cosmiele et Theodidacto

Erscheinungsort: Würzburg

Verlag: Johann Andreas u. Wolfgang Endter

Sprache: Lateinisch

Umfang: [12] Bl., 689 S., [7] Bl., [12] Bl.

Format: Quart (20x15cm)

Bibliogr. Nachweis: VD17 39:121918M
Lalande, S. 275f

Besitznachweis: NB 592527

Signatur: Hw 182

Abbildungen: Titelseite
Sphären der Elemente
Phasen der Venus

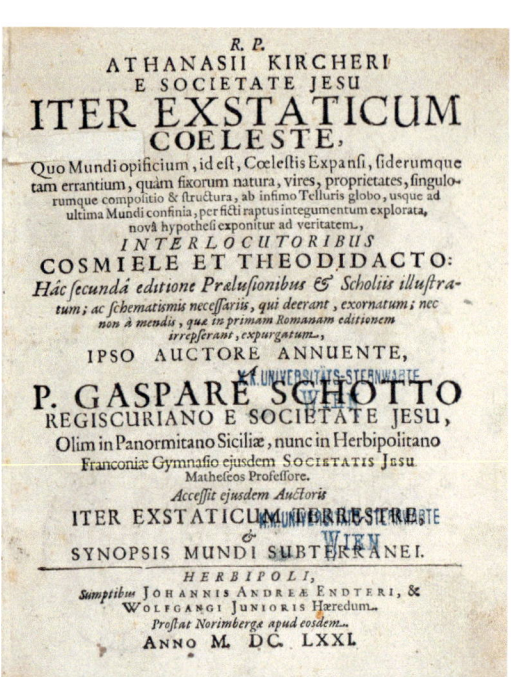

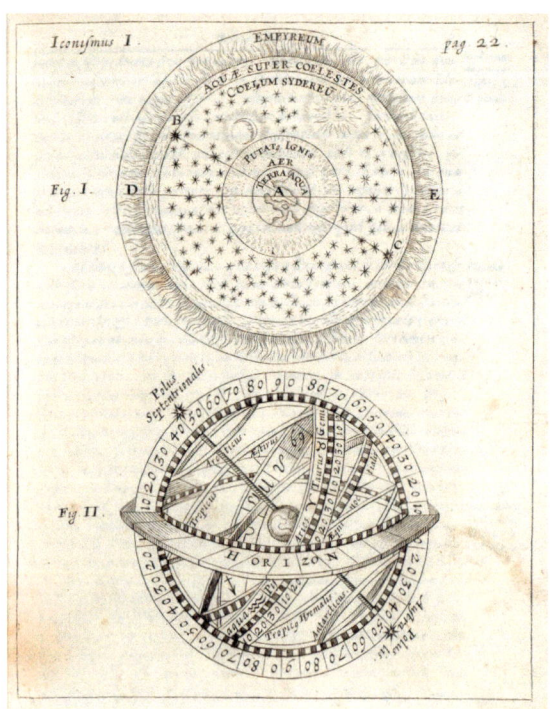

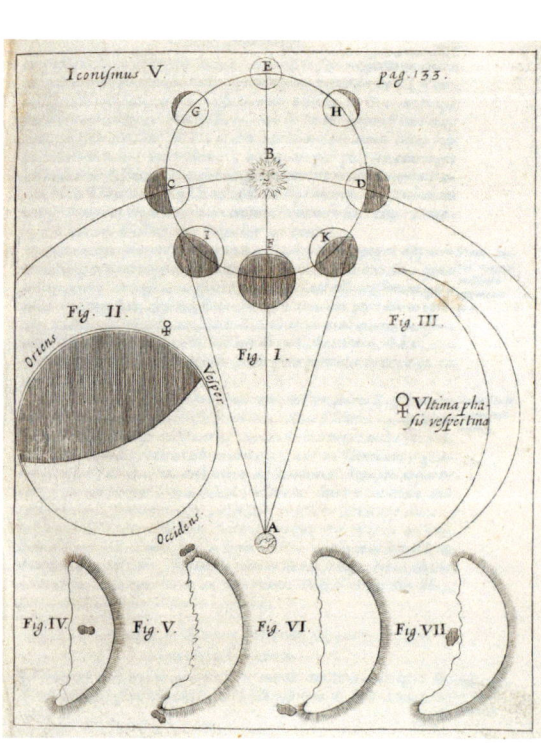

Riccioli, Giovanni Battista 1672
(1598-1671)

Titel: Geographiæ et hydrographiæ reformatæ Nuper Recognitæ, et Auctæ, Libri Duodecim

Erscheinungsort: Venedig

Druck: La Nou, Johannes

Sprache: Lateinisch

Umfang: [8] Bl., 691 S.

Format: Folio (36x24cm)

Bibliogr. Nachweis: Lalande, S. 278

Besichtnachweis: UB III 259 612
 NB 72 R 73

Signatur: Hw 33

Abbildungen: Titelseite
Koordinatentabelle, u.a. auch die Koordinaten von Wien enthaltend

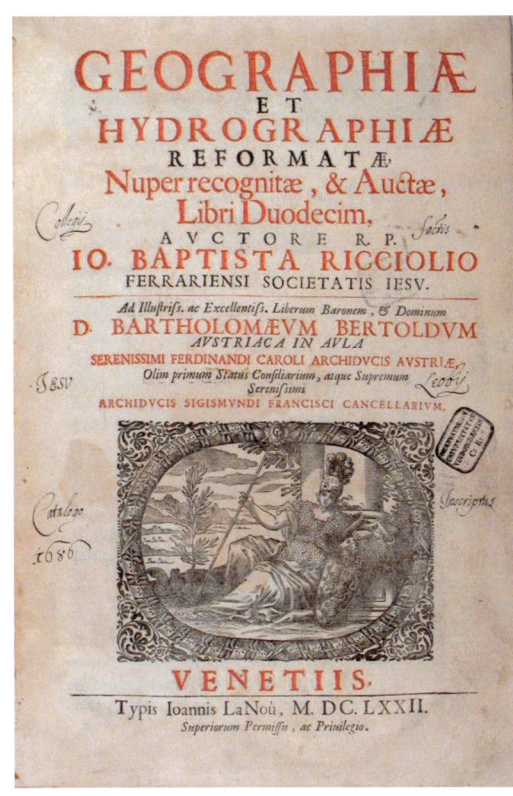

Valona Dalmatiæ	Dudlæus	0	30	M	40	45	B	51	53
Vesontione, Besanzon	✠ kircherus	5	0	G	47	35	B	37	20
Venetijs	kircher.	5	0	G	45	33	B	43	58
Vienna Austriæ	✠ Andr. Cobau S.I.	0	0		48	22	B	48	50
Villa Franca prope Niceam	✠ kircher.	2	26	M	43	38	B	38	52
Virginiæ ora	kircher.	12	0	G	36	0			
Vilna Lituaniæ	✠ Osuuald. Kruger. Soc.I.	3	40	M	54	38	B	56	45
Vlyssiponis in portu	✠ P. Martinus S.I.	7	30	G	38	40	B	20	50
At	Dudlæus	6	0	G	38	50	B	18	6
Vuaigatis Fretum	Steuinus	24	30	M	69	30	B	100	30
Vuilhelmi Insula ad Zēbl.Nou.	Holland.	23	0	M	75	55	B	107	30
Ysouch Zemblæ nouæ	Iansonius	27	0	M					
Zanzibar apud Insulam	kircherus	7	46	M	6	30	A	72	36
paulo vltra	Idem	10	0	M	7	30	A		
Zocotorra, seu Zocatra	Dudlæus	7	30	M	12	36	B	88	36
vel		8	0	M	12	30	B	88	36
Yuica Insula	Dudlæus	4	30	G	38	54	B	32	22

Böckler, Georg Andreas
(1617-1687)

1673

Titel: Theatrum machinarum novum, Das ist: Neu-vermehrter Schauplatz der Mechanischen Künsten

Zusatz: Handelt von allerhand- Wasser- Wind- Roß- Gewicht- und Hand-Mühlen; wie dieselbige zu dem Frucht-Mahlen, Papyr- Pulver- Stampff- Segen- Bohren- Walcken- Mangen, und dergleichen anzuordnen; Beneben nützlichen Wasserkünsten als da seynd Schöpff- Pomppen- Druck- Kugel- Kästen- Blaß- Wirbel- Schnecken- Feuer-Sprützen und Bronnen-Wercken

Verfasserangabe: Alles [...] zusammen getragen und colligirt Durch Georg Andream Böcklern

Erscheinungsort: Nürnberg

Verlag: Fürst, Paul

Sprache: Deutsch

Umfang: [6] Bl., 44 S., [138] Bl.

Format: Folio (33x22cm)

Bibliogr. Nachweis: VD17 39:124700W

Besitznachweis: NB 48 D 26

Signatur: Hw 29

Abbildungen: Titelseite
Gewichtmühle
Ofen

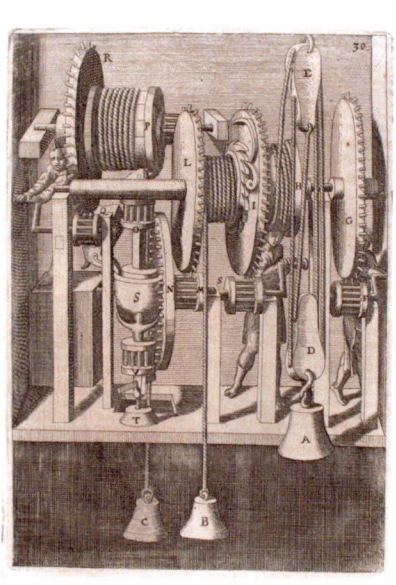

Hevelius, Johannes [35]
(1611-1687)

1673

Titel: \<Johannis Hevelii\> Machinæ Cœlestis Pars Prior

Zusatz: Organographiam, Sive Instrumentorum Astronomicorum omnium, quibus Auctor hactenus Sidera rimatus, ac dimensus est, Accuratam Delineationem Et Descriptionem, Plurimis Iconibus, aeri incisis, illustratam & exornatam, exhibens

Erscheinungsort: Danzig

Verlag: Reiniger, Simon

Sprache: Lateinisch

Umfang: [7] Bl., 464 S., [30] gef. Bl.

Format: Folio (38x25cm)

Bibliogr. Nachweis: VD17 39:125131V
Lalande, S. 280

Besitznachweis: UB III 209 563
NB 72 A 100

Signatur: Hw 10, Hw 10d

Abbildungen: Titelseite
Sonnenbeobachtung mit Projektionsschirm
Hevelius' Riesenfernrohr

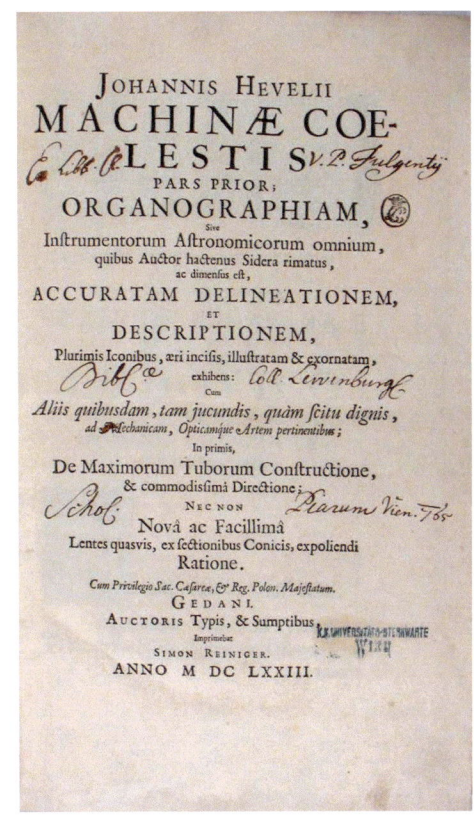

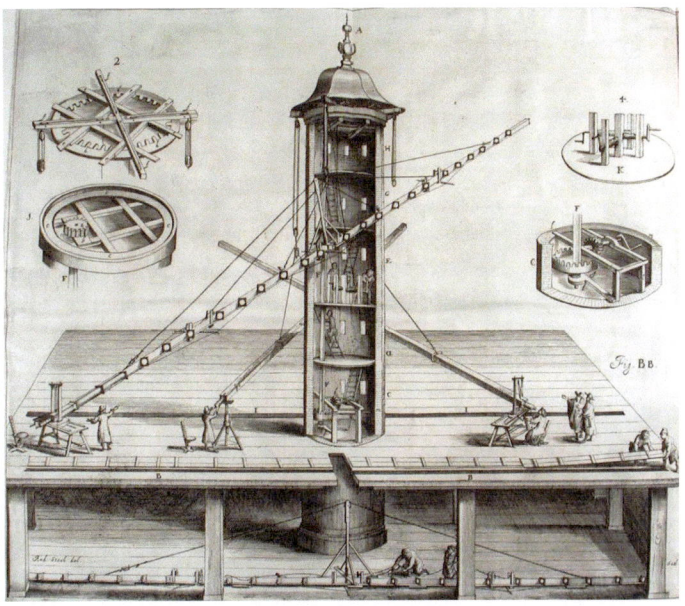

Anonym   1674

Titel: Quadratura Circuli Crypto-Polygraphici

Erscheinungsort: Prag

Druck: Dobroslawina, Arnold Johannes von

Sprache: Lateinisch

Umfang: [11] Bl., 91 S.

Format: Oktav (19x15cm)

Besitznachweis: UB I 152 775
NB 73 F 41

Signatur: Hw 126

Abbildungen: Titelseite
Windrose (mit esoterischen Bezügen)
Paradies

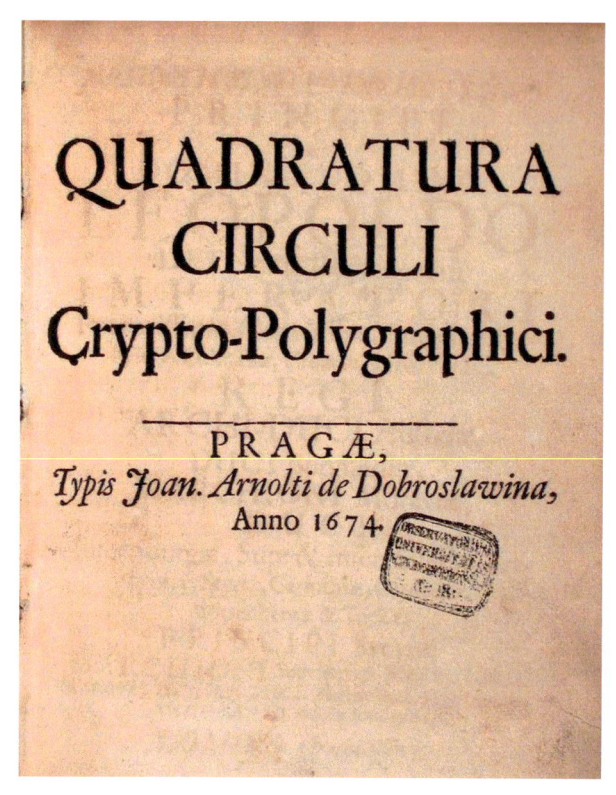

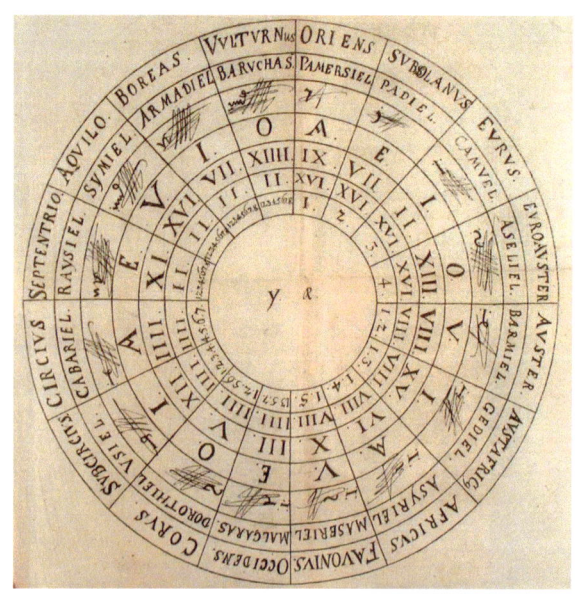

Anonym   1675

Titel: Clavis Quadraturæ Circuli Crypto-Polygraphici

Erscheinungsort: Prag

Druck: Dobroslawina, Arnold Johannes von

Sprache: Lateinisch

Umfang: [23] Bl.

Format: Oktav (19x15cm)

Signatur: Hw 109

Abbildung: Titelseite

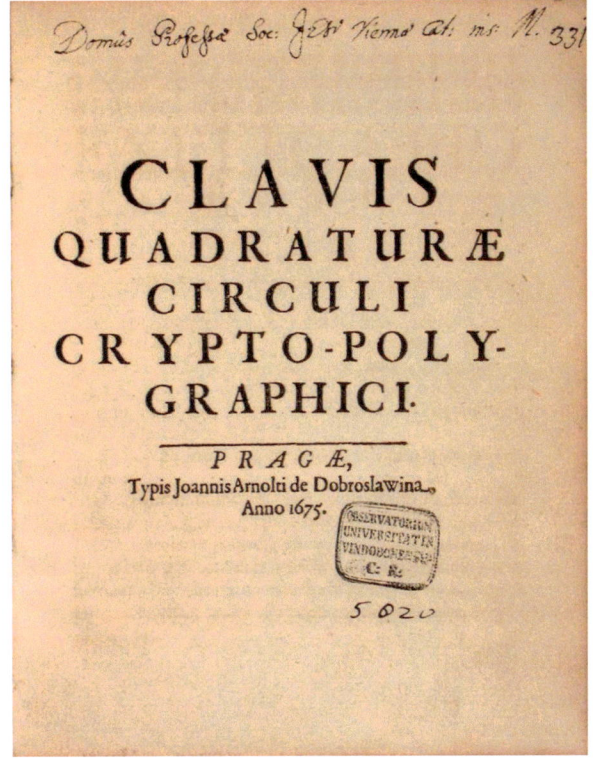

Mezzavacca, Flaminio
(gest. 1704)

1675

Titel: Ephemerides Felsineæ recentiores

Zusatz: Ex mixtis Hypothesibus Clarissimorum Virorum Lansbergii, Kepleri, Bullialdi, Cassini, Et e Cælo deductis Observationibus ab anno 1675 ad totum 1684. Ad longitudinem Bononiæ gr. 34 min. 30

Verfasserangabe: Flaminii de Mezavachis civis, et doctoris Bononiæ

Erscheinungsort: Bologna

Verlag: Dauicus, Johannes Franciscus; Ferron, Dominicus Maria

Sprache: Lateinisch

Umfang: [4] Bl., 584 S.

Format: Quart (23x18cm)

Bibliogr. Nachweis: Lalande, S. 283

Besitznachweis: NB 72 S 62

Signatur: Hw 192

Abbildungen: Titelseite
Planeten und Tierkreiszeichen
Mondfinsternis

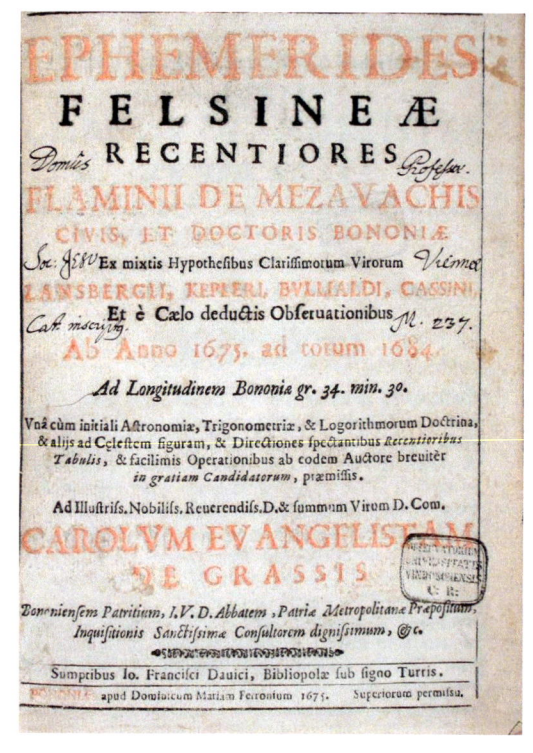

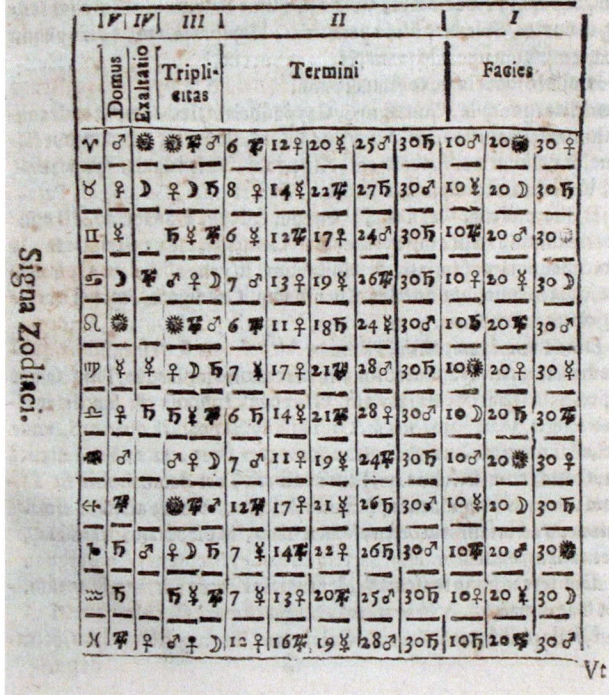

Traber, Zacharias
(1611-1679)

1675

Titel: Nervus opticus sive tractatus theoricus, in tres libros Opticam Catoptricam Dioptricam distributus

Zusatz: In quibus radiorum â lumine, vel objecto per medium Diaphanum processus, Natura, Proprietates, et Effectus, selectis, et rarioribus Experientiis, Figuris, Demonstrationibusque exhibentur

Verfasserangabe: Authore P. Zacharia Traber, Styro Martiaffluensi, Societatis Jesu Sacerdote

Erscheinungsort: Wien

Verlag: Cosmerovius, Johann Christoph

Sprache: Lateinisch

Umfang: [12] Bl., 225 S., [26] gef. Bl.

Format: Quart (29x19cm)

Bibliogr. Nachweis: VD17 14:646897Q

Besitznachweis: UB II 187 553
NB 72 B 67

Signatur: Hw 75

Abbildungen: Titelseite
Frontispiz
Optische Erscheinungen

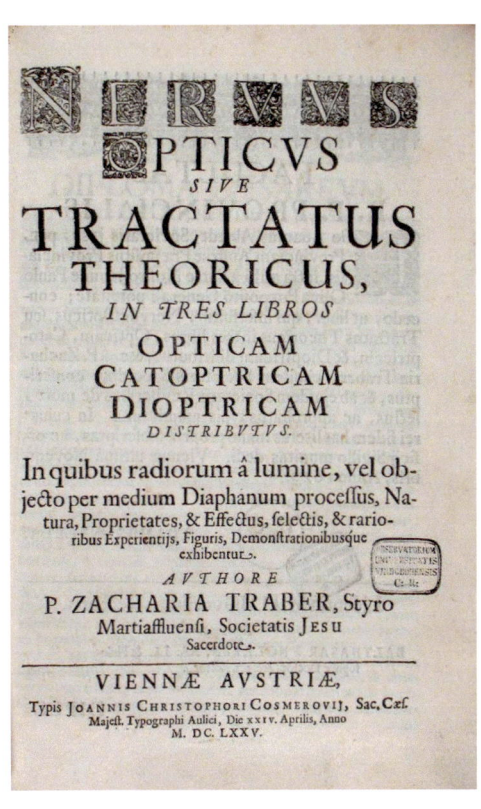

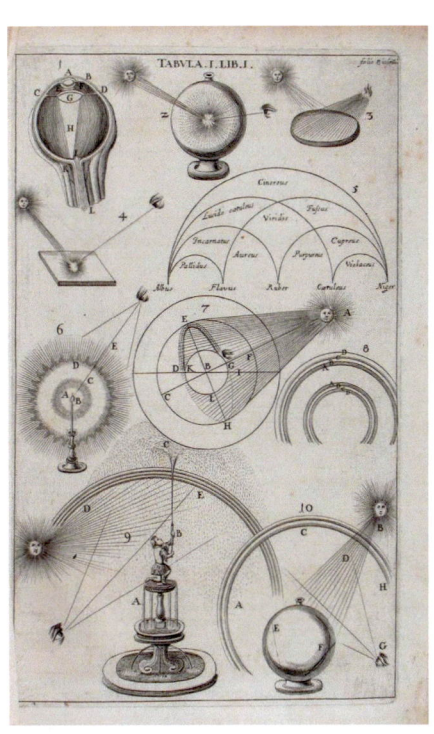

Euklid 1676
(3. Jh. v. Chr. Geb.)

Titel: Elementorum Euclidis Libri XV

Zusatz: Breviter ac succincte demonstrati

2. Autor: Barrow, Isaac

Verfasserangabe: Operâ et Studio Mri Js. Barrow, Cantabrigiensis, Coll. Trin. Soc.

Erscheingungort: Osnabrück

Verlag: Schwänder, Johann Georg

Sprache: Lateinisch

Umfang: [4] Bl., 424 S.

Format: Oktav (16x9cm)

Bibliogr. Nachweis: VD17 23:242751M

Besitznachweis: NB 72 L 8

Signatur: Hw 140

Abbildungen: Titelseite
In- und Umkugel eines Polyeders
Titelseite des 2.Teils

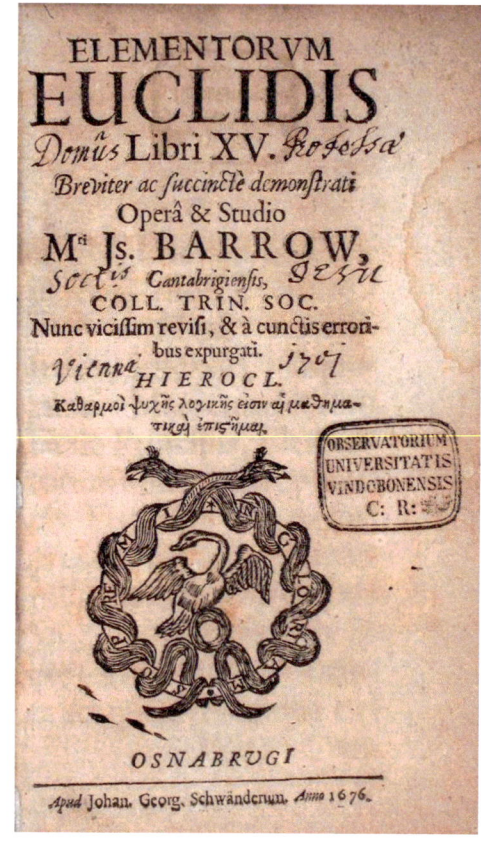

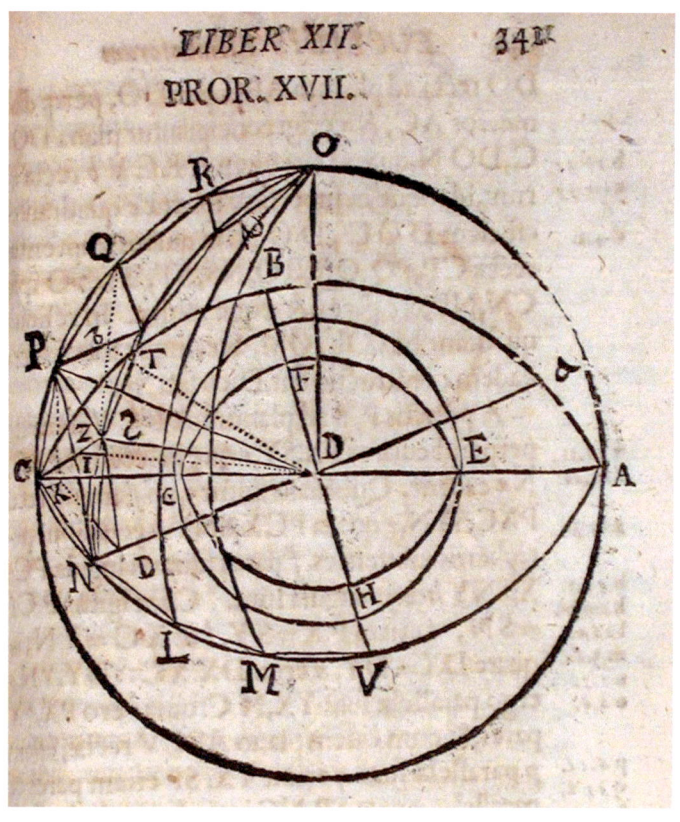

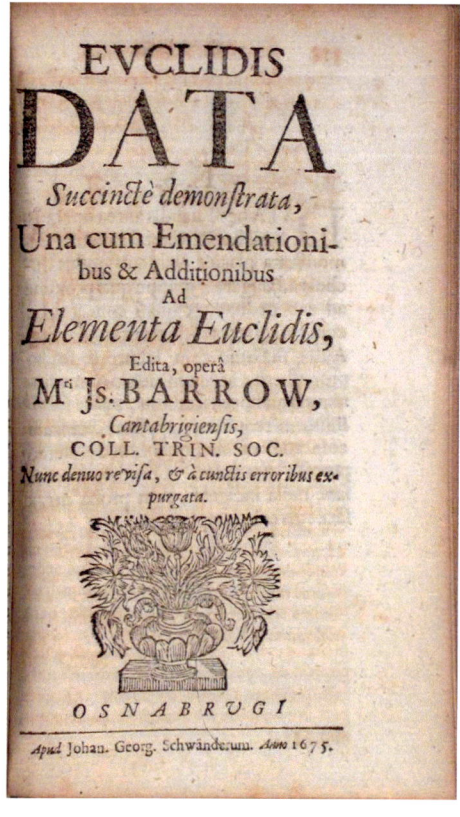

Conring, Hermann
(1606-1681)

1677

Titel: Disquisitio Politica De Prudentia Peregrinandi

2. Autor: Brockdorff, Detlev von

Verfasserangabe: Quam divina favente clementia Præside viro amplissimo clarissimoque Hermanno Conringio, Philosophiæ ac Medicinæ Doctore, ac Professore celeberrimo etc. Dn. Præceptore ac Fautore suo multis nominibus observando in Illustri Academia Julia ad diem X. Octobris Anno MDCLXIII publice ventilandam proponit Dethleff Brocktorff Nob[ilis] Hols[atiae]

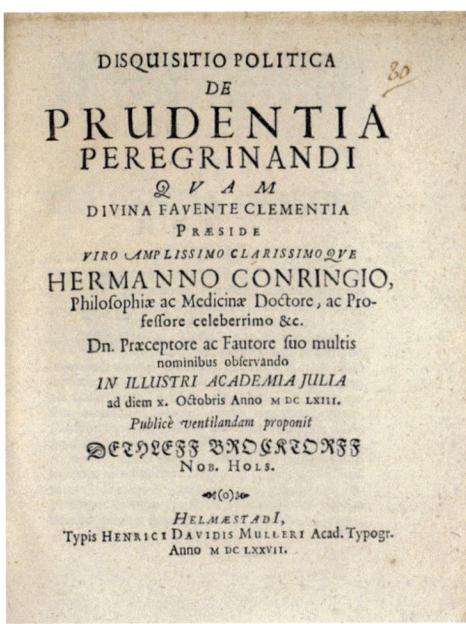

Erscheinungsort: Helmstedt

Druck: Müller, Heinrich David

Sprache: Lateinisch

Umfang: [20] Bl.

Format: Quart (19x16cm)

Bibliogr. Nachweis: VD17 12:144816L

Hochschulschr.: Univ. Helmstedt, Diss., 1663. Verfasser der Arbeit war Detlev von Brockdorff, Praeses der Prüfungskommission Hermann Conring

Signatur: Hw 189

Abbildung: Titelseite

Richer, Jean
(gest. 1696)

1679

Titel: Observations Astronomiques Et Physiques Faites En L'Isle De Caïenne

Verfasserangabe: Par M. Richer, de l'Academie Royale des Sciences

Erscheinungsort: Paris

Verlag: Mabre-Cramoisy, Sebastien

Sprache: Französisch

Umfang: [1] Bl., 71 S.

Format: Folio (38x24cm)

Bibliogr. Nachweis: Lalande, S. 291

Signatur: Hw 23

Abbildung: Titelseite

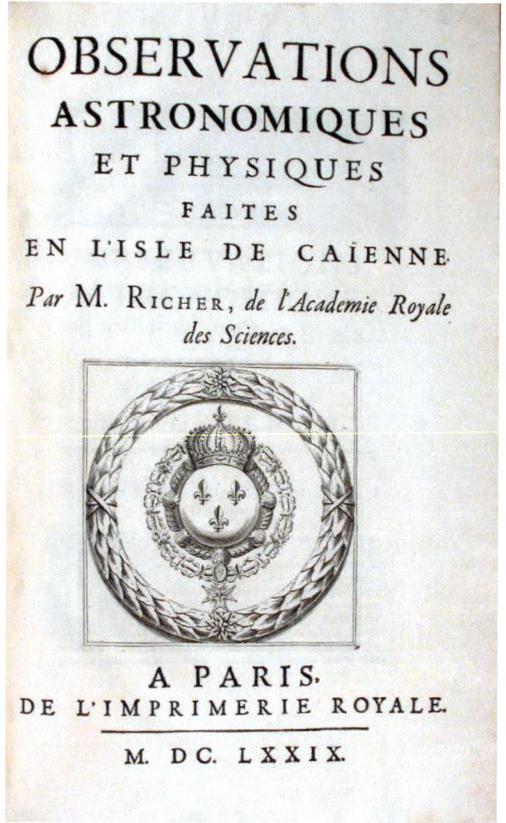

Zimmermann, Johann Jakob 1679
(1644-1693)

Titel: Prodromus Biceps Cono Ellipticæ Et A Priori Demonstratæ Planetarum Theorices

Zusatz: In quo Non modo Kepleriana Commissa confutantur, ommissaque Bullialdi compensantur

Verfaserangabe: In Lucem prodire ob plurium amicorum stimulum iussus a M. Joh[anno] Jacobo Zimmermann Ecclesiae Würtemberga-Bieticanae Diacono, Astrophilo

Erscheinungsort: Stuttgart

Verlag: Trew, Paul

Sprache: Lateinisch

Umfang: [6] Bl., 72 S., 32 S. (Tabellenteil)

Format: Quart (23x18cm)

Bibliogr. Nachweis: VD17 39:122774P
Lalande, S. 293

Signatur: Hw 192

Abbildungen: Titelseite
Ellipsenkonstruktion

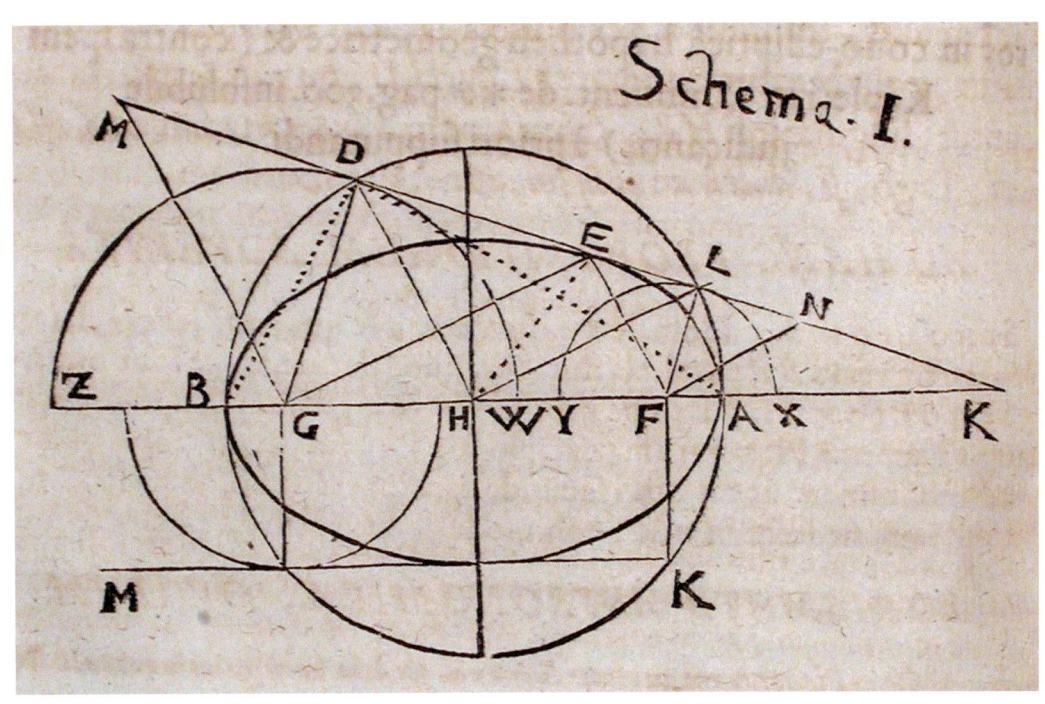

Picard, Jean
(1620-1682)

1680

Titel: Voyage d'Uranibourg ou Observations astronomiques faites en Dannemarck

Verfasserangabe: Par Monsieur Picard de l'Académie Royale des Sciences

Erscheinungsort: Paris

Verlag: Mabre-Cramoisy, Sebastien

Sprache: Französisch

Umfang: [2] Bl., 50 S.

Format: Quart (23x18cm)

Bibliogr. Nachweis: Lalande, S. 293

Signatur: Hw 23

Abbildungen: Titelseite
Plan der Insel Hven

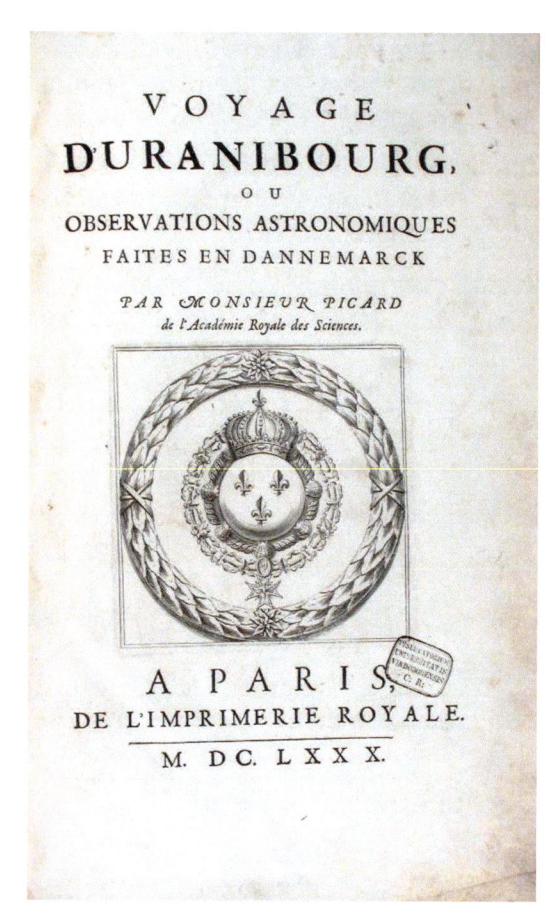

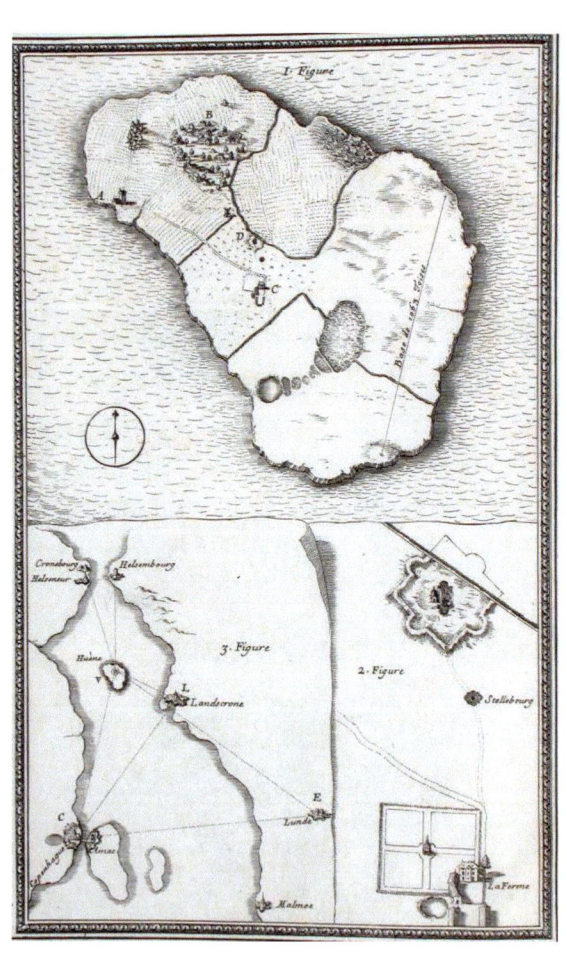

Descartes, René [37]
(1596-1650)

1681

Titel: Les Principes de la Philosophie

Zusatz: Avec des Figures dans le corps du Livre; Et celles en taille-douce, de la première Edition, mises à la fin du Livre

Erscheinungsort: Paris

Verlag: Girard, Theodore

Sprache: Französisch

Umfang: [31] Bl., 477 S., [1] Bl., [19] gef. Bl.

Format: Quart (23x17cm)

Signatur: Hw 530

Abbildungen: Titelseite
Zur Ätherwirbeltheorie

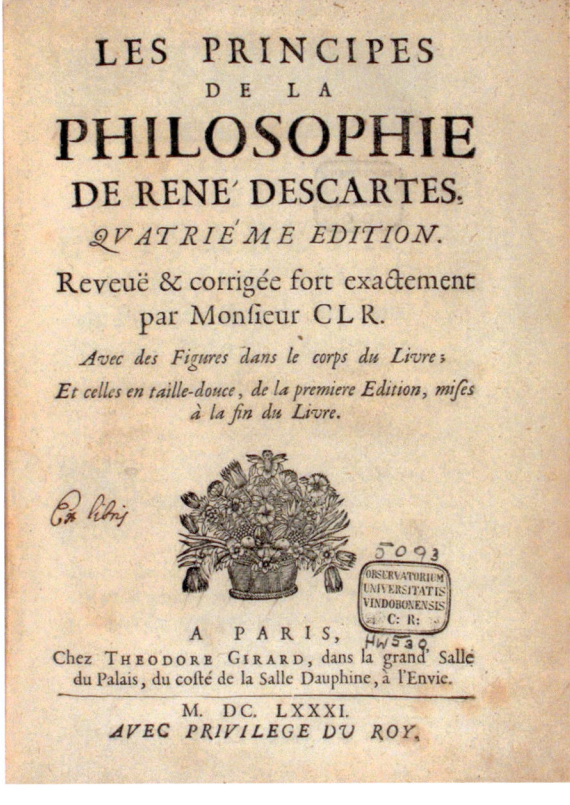

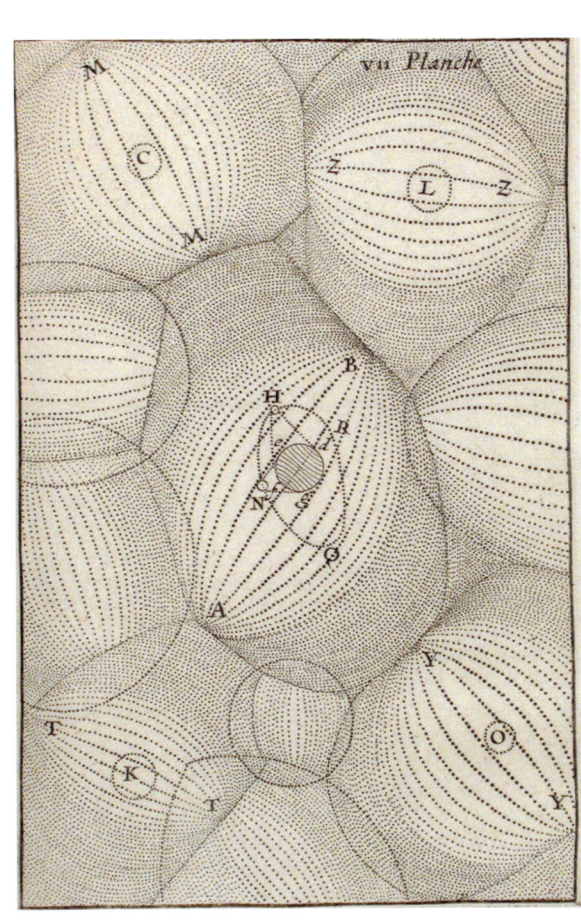

Kirch, Gottfried
(1639-1710)

1681

Titel: <Gottfried Kirchs>
Neue Himmels-Zeitung

Zusatz: Darinnen sonderlich und ausführlich von den zweyen neuen grossen im 1680. Jahr erschienenen Cometen, deren Gestalt, Grösse, Stand und Bewegung, wie auch andern in solchem Jahr am Himmel vorgegangen merckwürdigen Begebenheiten, Umständiger und gründlicher Bericht zu finden; Dem in einem Gespräch mit beygefüget worden Etliche unvorgreifliche Muthmassungen, was hierauf auf Erden erfolgen möchte

Erscheinungsort: Nürnberg

Verlag: Endter, Wolfgang Moritz; Endter, Johann Andreas

Sprache: Deutsch

Umfang: [4] Bl., 144 S. [1] Bl., [4] gef. Bl.

Format: Quart (19x16cm)

Bibliogr. Nachweis: VD17 39:123057Q
Lalande, S. 299

Signatur: Hw 122

Abbildungen: Titelseite; Kometenbahn

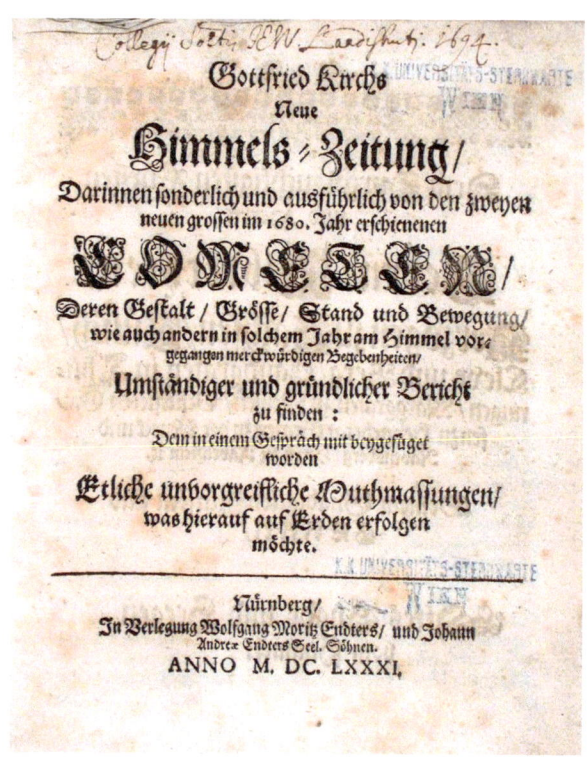

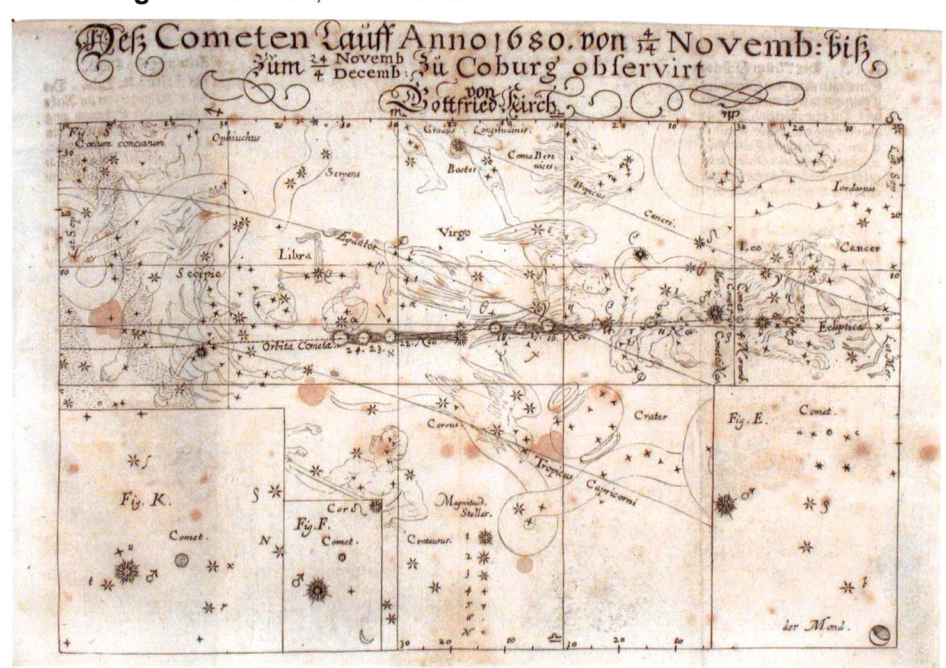

Sturm, Johann Christoph
(1635-1703)

1681

Titel: Cometa Nuperus

Zusatz: An, Et Quæ, Mala Terris Aut illaturus ipsemet influxu Physico, aut aliunde justo Dei Judicio inferenda portendere saltem et præsignifare, credensus sit?

2. Autor: Andreæ, Wolfgang Ludwig

Verfasserangabe: Eâ, quæ Christianum decet Philosophum libertate, Dissentientium tamen pace quod fiat omnium, Pro virili captuquesuo decernit M. Jo[annes] Christoph Sturmius, Philosoph[iae] Natur[ae] et Math[ematicae] P.P. Eodemq[ue] Præside, Auxiliante cœlitus utriq[ue] Divinâ gratiâ, latam veritatis amore sententiam Respondendo publice tuebitur Wolffg. Ludovicus Andreæ Reichelsheim. Francus.

Erscheinungsort: Altdorf

Druck: Schönnerstädt, Johann Heinrich; Schönnerstädt, Georg Heinrich

Sprache: Lateinisch

Umfang: [1] Bl., 32 S.

Format: Quart (19x16cm)

Bibliogr. Nachweis: VD17 12:178582M

Hochschulschrift: Univ. Altdorf, Diss., 1681

Signatur: Hw 189

Abbildung: Titelseite

Vlacq, Adrian
(1600-1667)

1681

Titel: Tabulæ sinuum, tangentium, et secantium, et logarithmi sinuum, tangentium, et numerorum ab unitate ad 10000

Zusatz: Cum Methdodo facillimâ, illarum ope, resolvendi omnia Triangula Rectilinea et Sphærica, et plurimas Quæstiones Astronomicas

Verfasserangabe: ab A. Vlacq

Erscheinungsort: Amsterdam

Verlag: Boom, Theodor

Sprache: Lateinisch

Umfang: 48 S., [142] Bl.

Format: Oktav (16x10cm)

Signatur: Hw 154

Abbildung: Titelseite

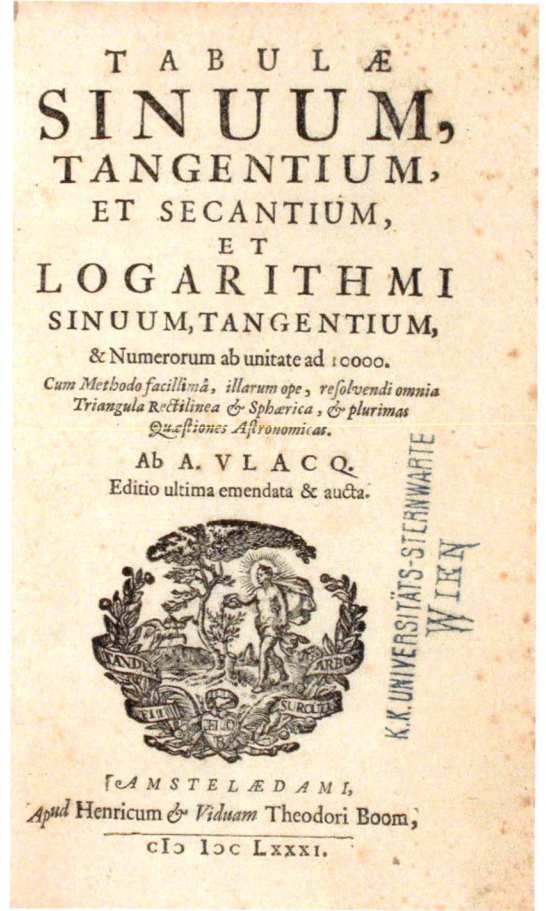

Weigel, Erhard [36]
(1625-1699)

1681

Titel: Speculum Uranicum aquilae Romanae Sacrum, Das ist Himmels Spiegel

Zusatz: Darinnen ausser denen ordentlichen, auch die ungewöhnlichen Erscheinungen des Himmels mit gebührenden Anführungen abgebildet, vornehmlich aber der im Gestirne des Adlers jüngsthin entstandene Comet, nebst einer neuen Himmels-Charte unter dem Adler des H. Römischen Reiches, dargestellet wird

Verfasserangabe: von Erhardo Weigelio, Mathem. Prof. Publ. zu Jena

Erscheinungsort: Jena

Verlag: Meyer, Johann

Sprache: Deutsch

Umfang: [10] Bl., 96 S., [12] Bl.

Format: Quart (20x15cm)

Bibliogr. Nachweis: VD17 12:640953N

Signatur: Hw 117

Abbildungen: Titelseite
Widmung „An den Christlichen Leser" und Komet von 1661

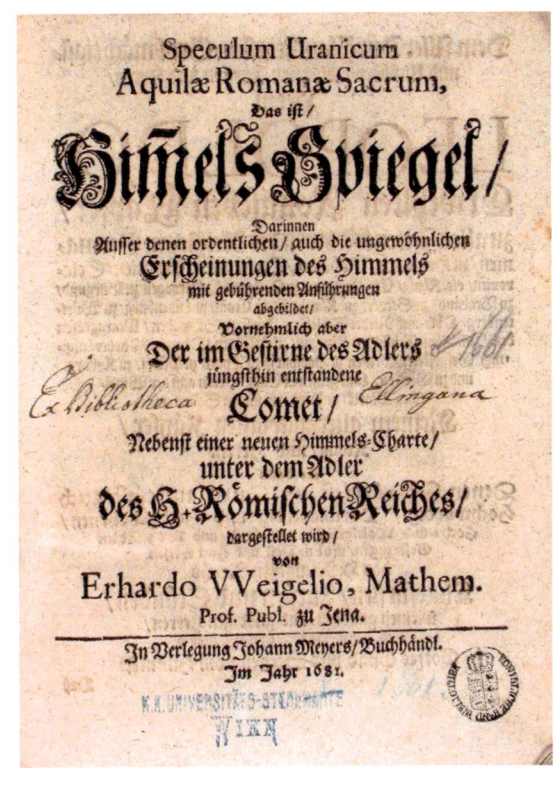

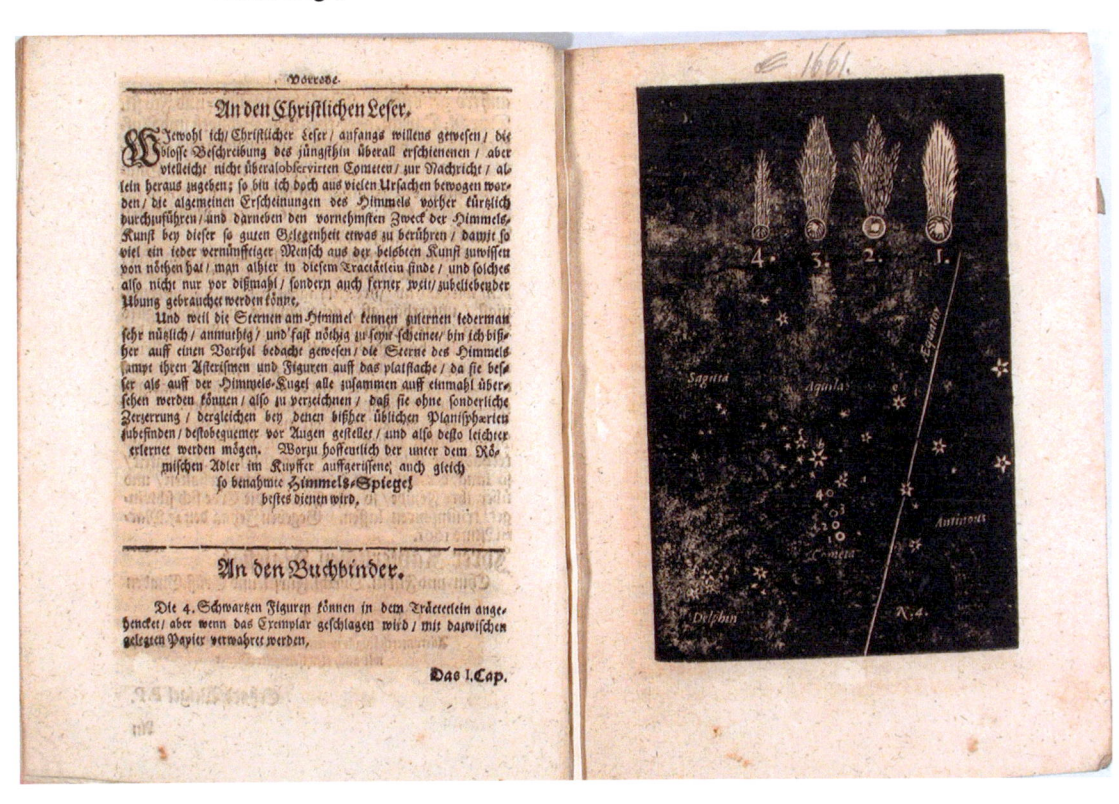

Weigel, Erhard
(1625-1699)

1681

Titel: <Erhardi Weigelii, Mathem P.P. > Fortsetzung des Himmels-Spiegels

Zusatz: Darinnen ausser dem andern Theil der Teutschen Himmels-Kunst vornehmlich Der zu Ende des 1664sten Jahres entstandene und biß zum Anfang des 1665sten fortscheinende Grosse Comet ausführlich beschrieben und zugleich was vormahls von dem Anno 1618. erschienenen (deme dieser itzige nicht unähnlich) observirt, in einem kurtzen Begriff zur Nachricht vorgestellet wird

Erscheinungsort: Jena

Verlag: Meyer, Johann

Sprache: Deutsch

Umfang: [6] Bl., 208 S.

Format: Quart (20x15cm)

Bibliogr. Nachweis: VD17 12:640960W

Signatur: Hw 117

Abbildungen: Titelseite
Mondphasen und Finsternisse

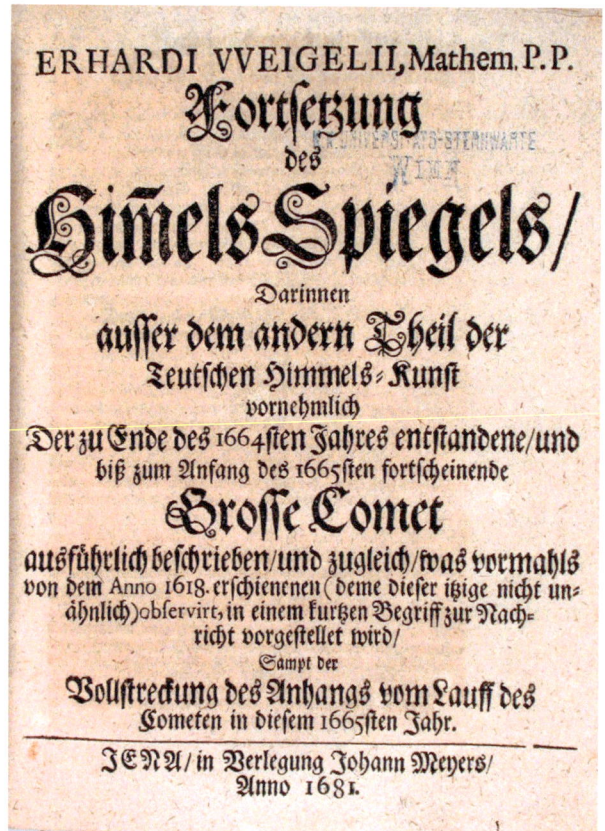

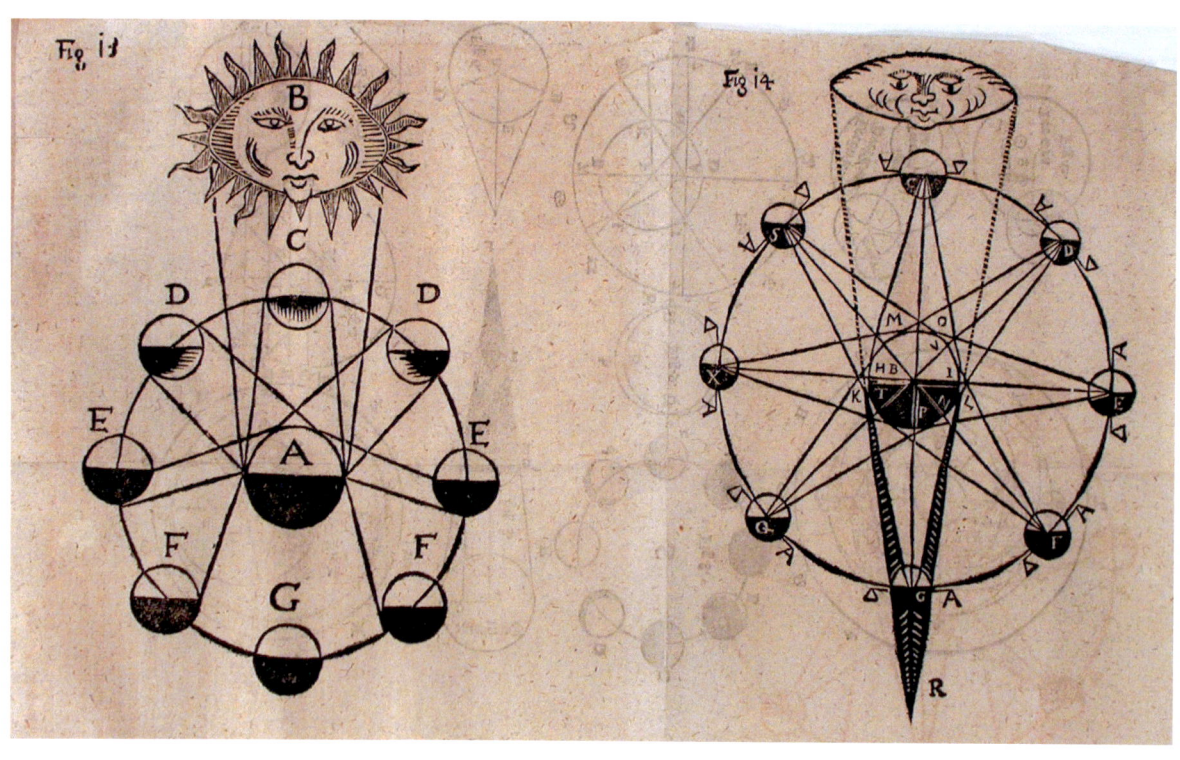

Albinus, Bernhard
(1653-1721)

1683

Titel: Dissertatio Algebraica De Radicum Extractionibus

2. Autor: Lipstoerp, Gustav Daniel

Verfasserangabe: Quam Præside Dn. Bernhardo Albino, Philosoph. et Medic. Doct. hujusq[ue] Profess. Ordinario, Patrono et Præceptore suo omni observantiæ cultu prosequendo, Placido eruditorum Examini exhibebit Gustavus Daniel Lipstörp Stadâ Bremensis

Erscheinungsort: Frankfurt an der Oder

Druck: Zeitler, Christoph

Sprache: Lateinisch

Umfang: 28 S.

Format: Quart (19x16cm)

Bibliogr. Nachweis: VD17 3:010149L

Hochschulschrift: Univ. Frankfurt an der Oder, Diss., 1683

Signatur: Hw 189

Abbildung: Titelseite

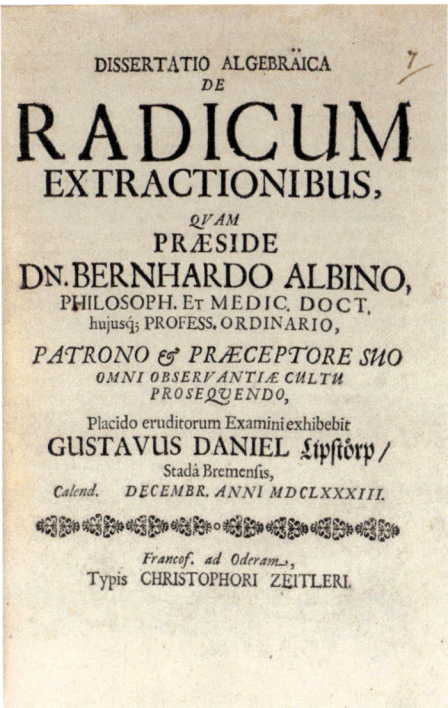

Hevelius, Johannes
(1611-1687)

1685

Titel: <Johannis Hevelii> Annus Climactericus Sive Rerum Uranicarum Observationum Annus Quadragesimus Nonus

Zusatz: exhibens Diversas Occultationes, tam Planetarum, quam Fixarum post editam Machinam Cœlestem; nec non Plurimas Altitudines Meridianas Solis, ac Distantias Planetarum, Fixarumque, eo anno, quousque Divina concessit Benignitas, impetratas

Erscheinungsort: Danzig

Druck: Rhete, David Friedrich

Verlag: Selbstverlag des Autors

Sprache: Lateinisch

Umfang: [6] Bl., 24 S., 196 S., [7] Bl., [1] gef. Bl.

Format: Folio (37x23cm)

Bibliogr. Nachweis: VD17 39:125045B
Lalande, S. 314

Besitznachweis: UB III 209 562
NB 72 A 102

Signatur: Hw 13

Abbildungen: Frontispiz
Mondfinsternis 1682
Sonnenfinsternis 1684

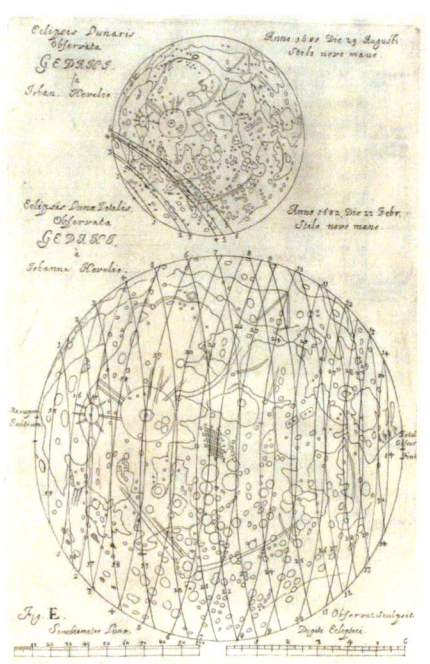

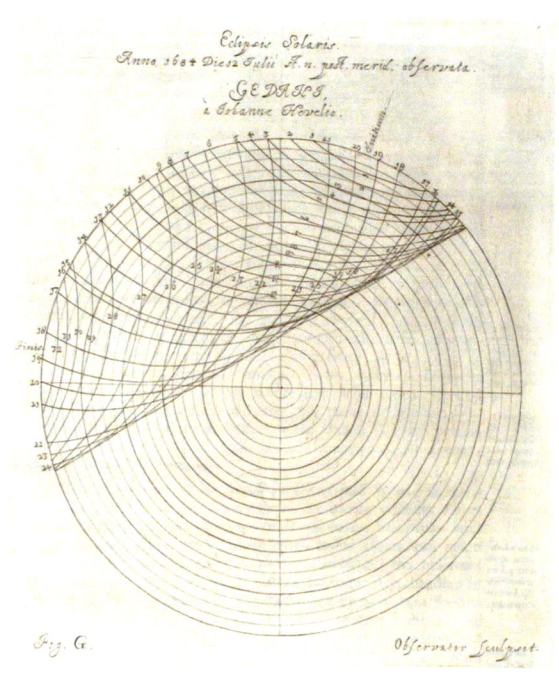

Birckenstein, Anton Ernst Burckhard von — 1686

Titel: Ertzherzogliche Handgriffe deß Zirckels und Linials, oder Außerwehlter Anfang zu denen mathematischen Wissenschafften

Zusatz: Worinnen man durch eine leichte und neue Art ihm einen geschwinden Zutritt zu der Feldmesserey und andern darauß entspringenden Wissenschafften machet

Verfasserangabe: beschrieben von [...] Anthoni Ernst Burckhard von Birckenstein

Erscheinungsort: Wien

Druck: Gehlen, Johann van

Verlag: Selbstverlag des Autors

Sprache: Deutsch

Umfang: [5] Bl., 142 S., [122] Bl.

Format: Quart (18x14cm)

Bibliogr. Nachweis: VD17 3:609598F

Besitznachweis: UB I 147 392
NB 72 H 5

Signatur: Hw 124

Abbildungen: Titelseite
Geometrische Konstruktionsaufgabe

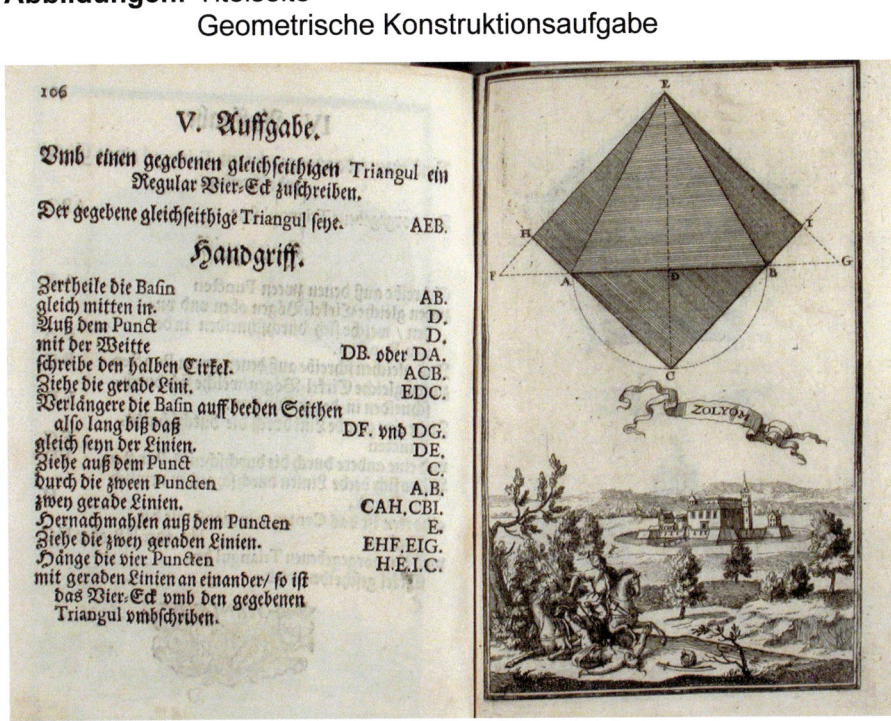

Hevelius, Johannes 1690
(1611-1687)

Titel: <Johannis Hevelii> Firmamentum Sobiescianum Sive Uranographia

Zusatz: Totum cœlum stellatum, utpote tam quodlibet sidus, quam omnes et singulas stellas, secundum genuinas earum magnitudines, nudo oculo, et olim Iam cognitas, et nuper primum detectas, accuratissimisque organis rite observatas

Erscheinungsort: Danzig

Verlag: Stolle, Johann Zacharias

Sprache: Lateinisch

Umfang: [1] gef. Bl., [1] Bl., 21 S., [54] Bl.

Format: Folio (35x26cm)

Bibliogr. Nachweis: VD17 39:125053T
Lalande, S. 322

Besitznachweis: UB III 165 975
NB 1304759

Signatur: Hw 14

Abbildungen: Titelseite
Sternbilder Füchschen und Gans
Sternbild Schild des Sobieski

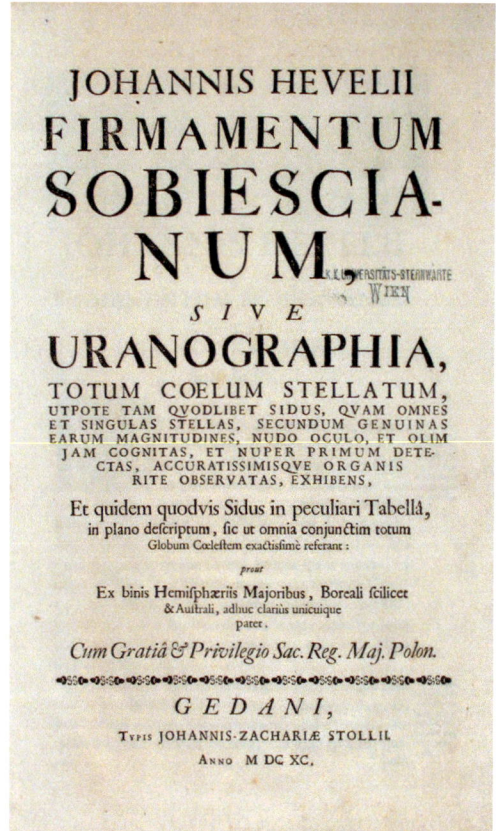

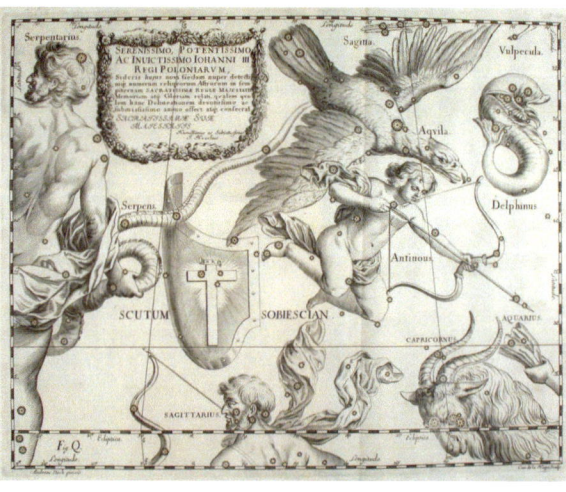

Kirch, Gottfried
(1639-1710)

1690

Titel: \<Gottfridi Kirchii\> Annus X. Ephemeridum Motuum Coelestium Ad Annum Ærae Christianæ 1690

Zusatz: Cum ortu et occasu diurno Planetarum, Occultationibusq[ue] tam Planetarum, quam illustriorum Stellarum Fixarum etc. Ex Tabulis Rudolphinis, Ad Meridianum Uranoburgicum, In Freto Cimbrico Supputatus

Erscheinungsort: Leipzig

Druck: Köhler, Johann

Verlag: Selbstverlag des Autors

Sprache: Lateinisch

Umfang: [4] Bl, [1] gef. Bl., 21 Bl.

Format: Quart (20x16cm)

Bibliogr. Nachweis: VD17 39:119667B

Signatur: Hw 423

Abbildungen: Titelseite
Mondfinsternis von 1689

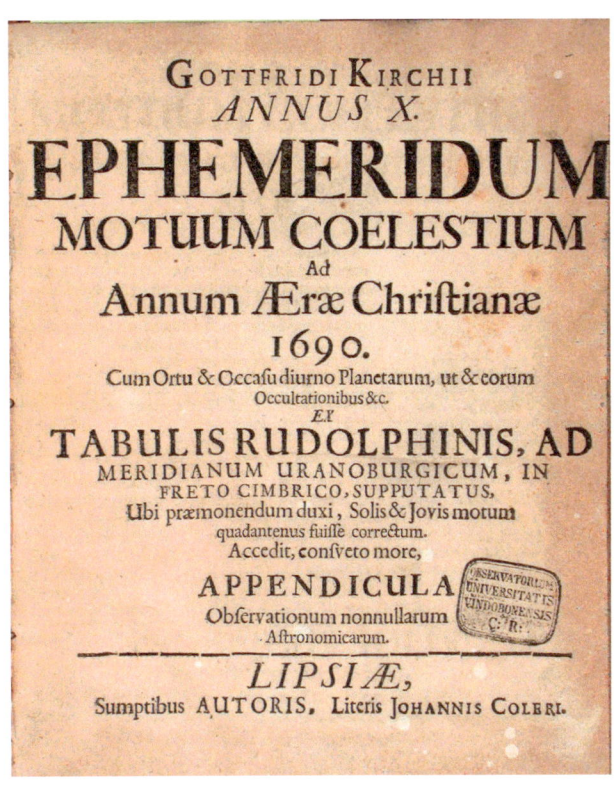

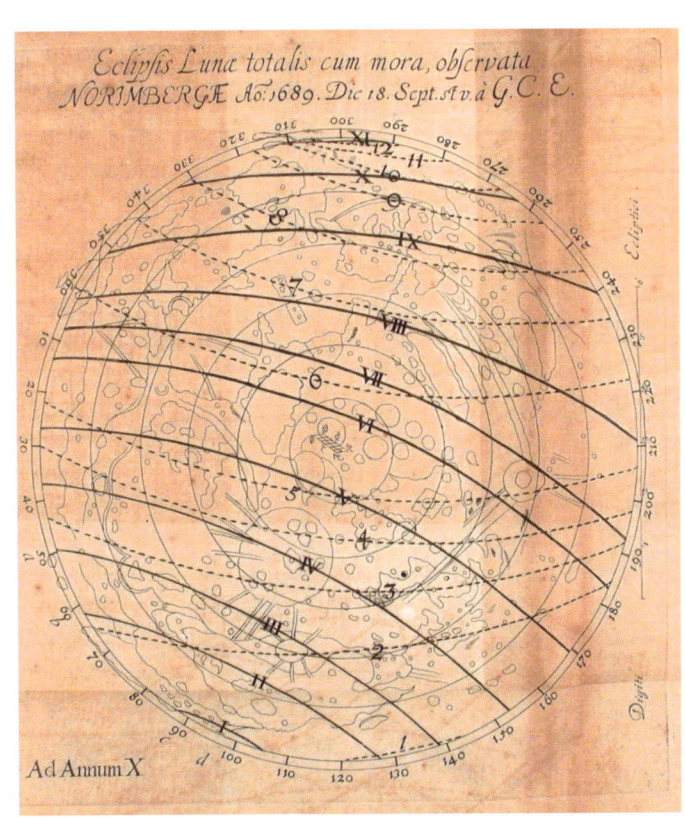

Ozanam, Jacques
(1640-1717)

1691

Titel: Dictionnaire Mathematique ou Idée Generale des Mathematiques

Zusatz: Dans lequel l'on trouve, outre les termes de cette science, plusieurs termes des Arts et des autres sciences, avec des raisonnements qui conduisent peu à peu l'esprit à une connoissance universelle des Mathematiques

Erscheinungsort: Amsterdam und Paris

Verlag: Huguetan

Sprache: Französisch

Umfang: [8] Bl., 739 S., [1] gef. Bl, [21] Bl.

Format: Quart (24x18cm)

Besitznachweis: UB I 149 148
NB 73 R 10

Signatur: Hw 59

Abbildungen: Titelseite
Frontispiz

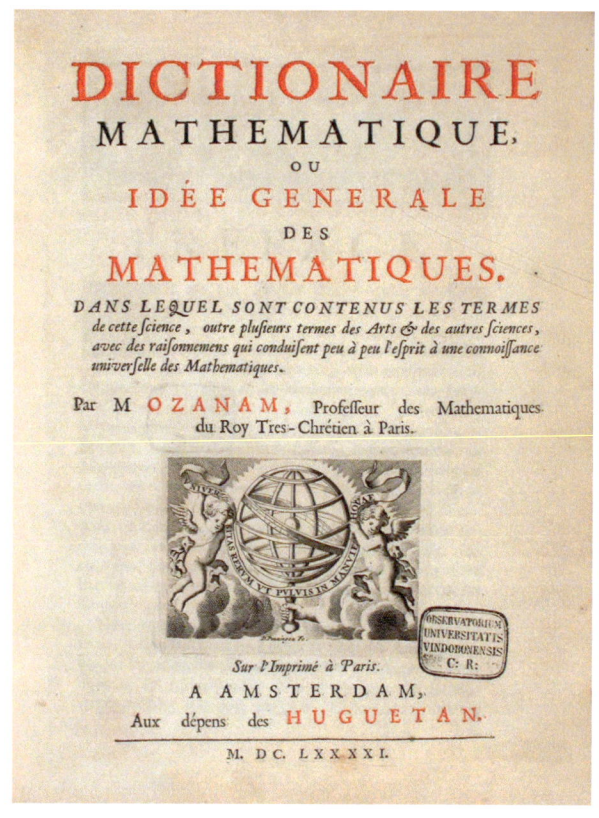

Gebhardi, Georg Christoph
(fl. 17./18. Jh.)

1692

Titel: De Fulcro Terræ

2. Autor: Haagh, Laurentius

Verfasserangabe: Consensu Amplissimæ Facultatis Philosophicæ disputabunt Georg Christoph Gebhardi, Phil. et bon art. Mag. Profess. Mathes. Extra-Ordin. et Laurentius Haagh, Holmensis

Erscheinungsort: Greifswald

Druck: Starck, Daniel Benjamin

Sprache: Lateinisch

Umfang: [10] Bl.

Format: Quart (19x16cm)

Hochschulschr.: Univ. Greifswald, Disputation, 1692

Signatur: Hw 189

Abbildung: Titelseite

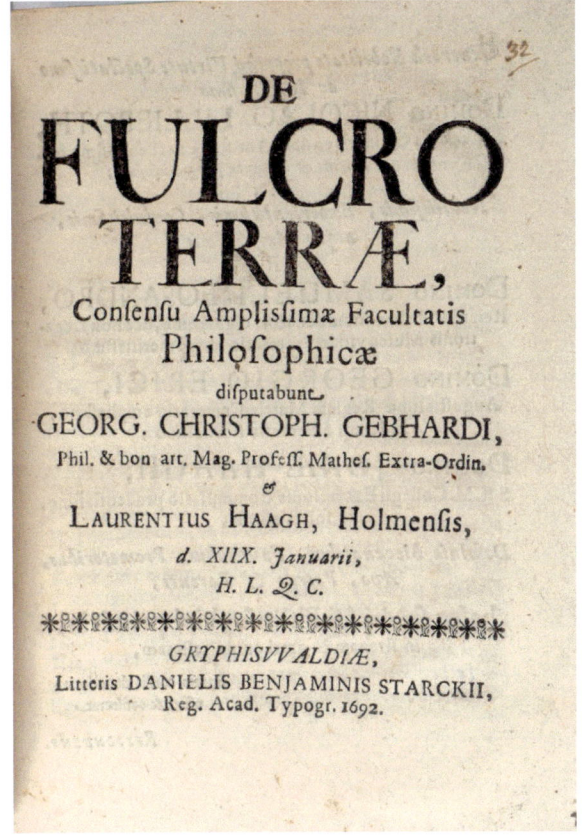

Gebhardi, Georg Christoph
(fl. 17. Jh.)

1692

Titel: De Harmonia Coelorum

2. Autor: Grantzovius, Andreas

Verfasserangabe: Consensu Amplissimæ Facultatis Philosophicæ, disputabunt Georg. Christoph. Gebhardi, Philos. ac bon. art. Mag. Professor Matheseos Extra-Ordinarius, & Andreas Grantzovius, Megapolitanus, SS. Theol. et Philos. Stud.

Erscheinungsort: Greifswald

Druck: Starck, Daniel Benjamin

Sprache: Lateinisch

Umfang: [8] Bl.

Format: Quart (19x16cm)

Bibliogr. Nachweis: VD17 1:053576E

Hochschulschr.: Univ. Greifswald, Disputation, 1692

Signatur: Hw 189

Abbildung: Titelseite

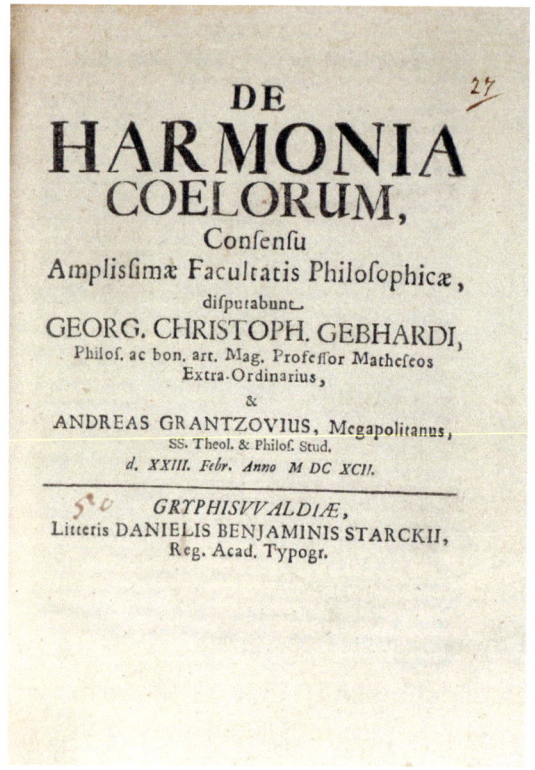

Gebhardi, Georg Christoph
(fl. 17./18. Jh.)

1692

Titel: De motu primo stellarum

2. Autor: Matthiæ, Andreas

Verfasserangabe: Consensu Amplissimæ Facultatis Philosophicæ disputabunt Georgius Christoph. Gebhardi, Phil. ac Opt. Art. Mag. Professor Matheseos Extraordinarius, et Andreas Matthiæ, Gryphiswaldendis

Erscheinungsort: Greifswald

Druck: Starck, Daniel Benjamin

Sprache: Lateinisch

Umfang: [4] Bl.

Format: Quart (19x16cm)

Hochschulschr.: Univ. Greifswald, Disputation, 1692

Signatur: Hw 189

Abbildung: Titelseite

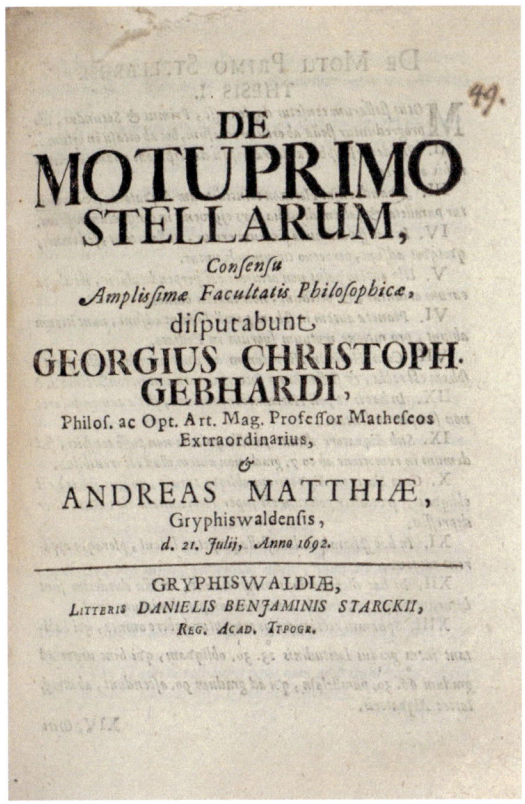

Gebhardi, Georg Christoph
(fl. 17./18. Jh.)

1692

Titel: De motu secundo stellarum

2. Autor: Grützmacher, Samuel Ulrich

Verfasserangabe: Consensu Amplissimæ Facultatis Philosophicæ disputabunt Georgius Christoph. Gebhardi, Phil. ac Opt. Art. Mag. Professor Matheseos Extraordinarius, et Samuel Ulricus Grützmacher, Gryphiswaldendis

Erscheinungsort: Greifswald

Druck: Starck, Daniel Benjamin

Sprache: Lateinisch

Umfang: [4] Bl.

Format: Quart (19x16cm)

Hochschulschr.: Univ. Greifswald, Disputation, 1692

Signatur: Hw 189

Abbildung: Titelseite

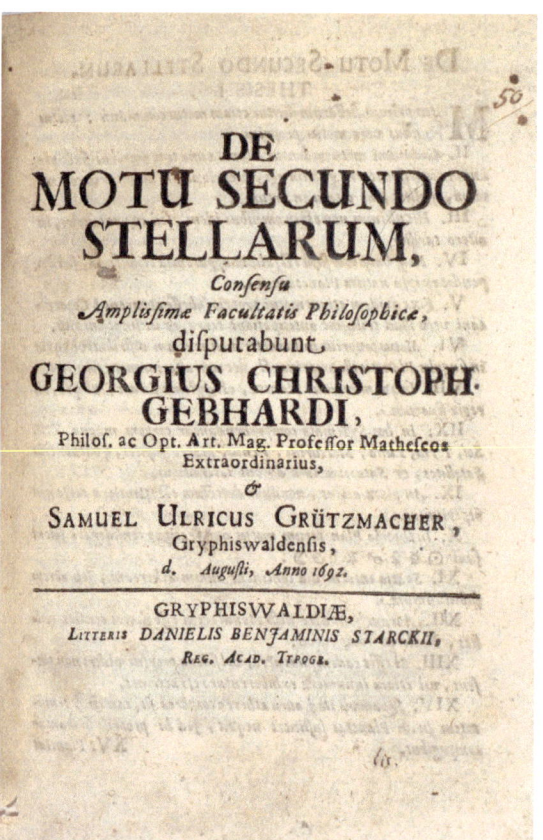

Reyher, Samuel
(1635-1714)

1693

Titel: Euclidem Stoicheiōtēn Dissertatione Historico-Mathematicâ in Illustri Christian-Albertina

2. Autor: Ringelmann, Caspar

Verfasserangabe: Præside viro nobilissimo ac consultissimo, Dno. Samuele Reyhero, [...] Cod. et Mathes. Prof. Publ. celeberrimo, Musagete suo devenerando, [...] eruditorum examini submittit Caspar Ringelmann, Oldenb. Westph. Auctor

Erscheinungsort: Kiel

Druck: Reumann, Joachim

Sprache: Lateinisch

Umfang: 42 S., [1] Bl.

Format: Quart (19x16cm)

Bibliogr. Nachweis: VD17 12:140988K

Hochschulschr.: Univ. Kiel, Diss., 1693

Signatur: Hw 189

Abbildung: Titelseite

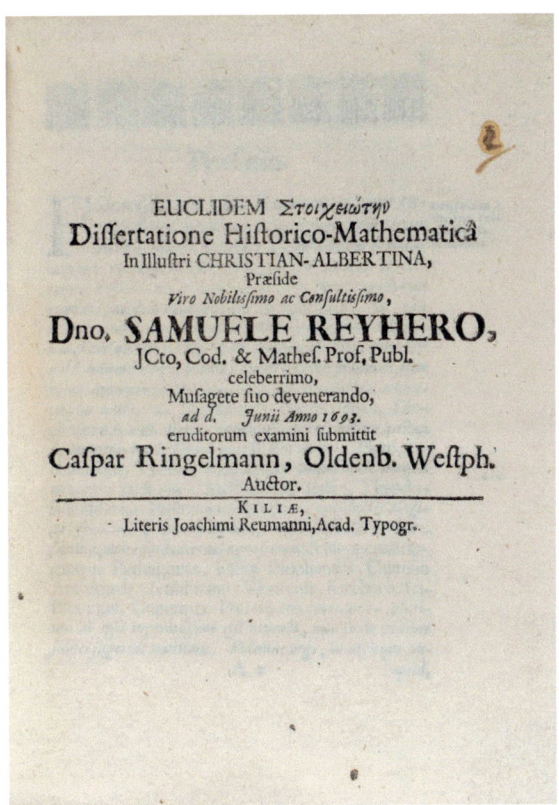

Ozanam, Jacques
(1640-1717)

1697

Titel: Tables De Sinus Tangentes, et Secantes, Pour un Rayon de 10000000 parties

Zusatz: Et des Logarithmes des Sinus et des Tangentes, Pour un Rayon de 10000000000 parties

Verfasserangabe: Par M. Ozanam Professeur des Mathematiques

Erscheinungsort: Paris

Verlag: Jombert, Jean

Sprache: Französisch

Umfang: [143] Bl.

Format: Oktav (19x12cm)

Signatur: Hw 764

Abbildung: Titelseite

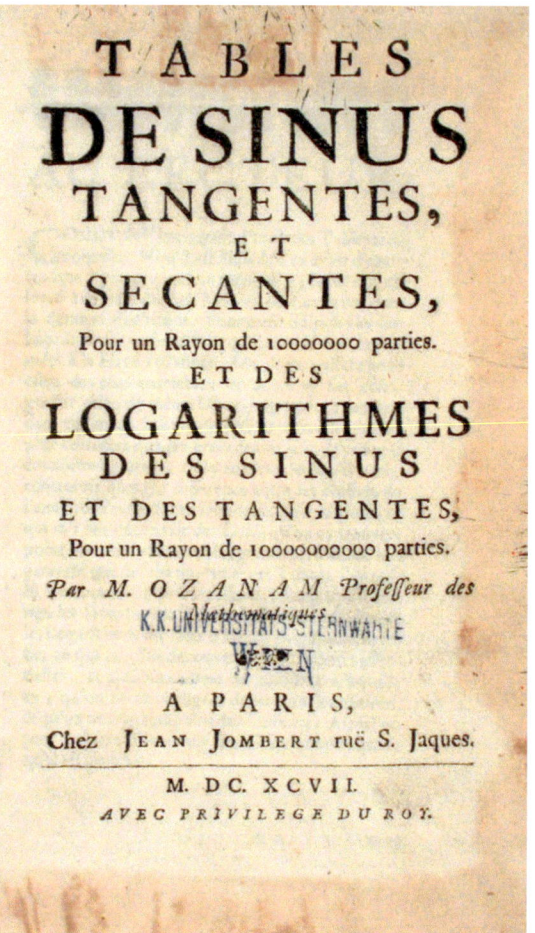

Sperlette, Johann
(fl. 17./18. Jh.)

1697

Titel: De Hypothesibus Astronomorum Dissertatio

2. Autor: Schöning, Christian Gottfried

Verfasserangabe: Præside Domino Johanne Sperlette, Philosophiæ Professore Publ. Ordin. publico Eruditorum examini Ad d. 17. Augusti A. MDCXCVII sistet Autor Christianus Gottfried Schöning Stargard. Pom. SS. Theol. Stud.

Erscheinungsort: Halle an der Saale

Druck: Henckel, Christian

Sprache: Lateinisch

Umfang: [12] Bl.

Format: Quart (19x16cm)

Bibliogr. Nachweis: VD17 14:072804N

Hochschulschr.: Univ. Halle an der Saale, Diss., 1697

Signatur: Hw 189

Abbildungen: Titelseite
Planetenbahnen

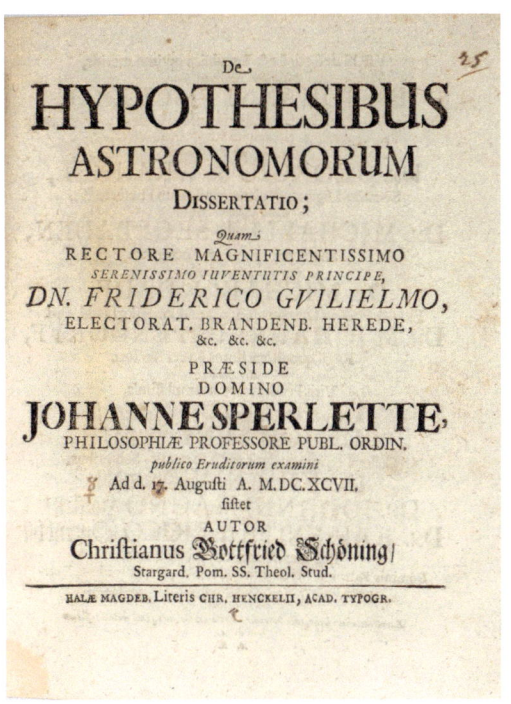

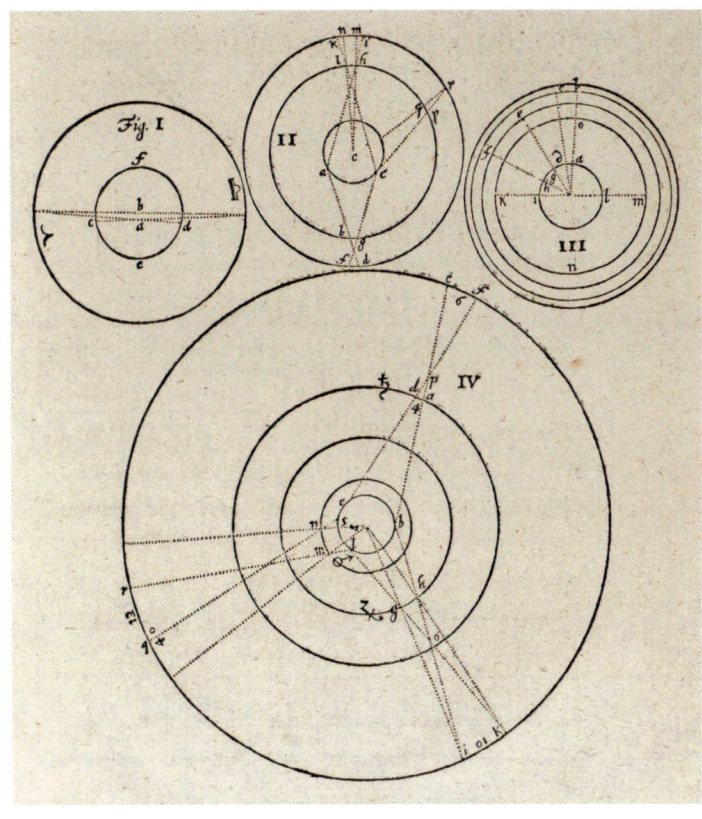

Sturm, Johann Christoph
(1635-1703)

1697

Titel: <Joh. Christophori Sturmii Philosophiæ Naturalis et Mathematum Prof. Publ.> Physica electiva sive hypothetica

Zusatz: Accessit Huius ipsius usus amplius inculcandi causa, viri Perillustris et generosissimi Theosophiæ sive Cognitionis De Deo Naturalis Specimen Mathematica Methodo conceptum

Erscheinungsort: Nürnberg

Verlag: Endter, Wolfgang Moritz

Sprache: Lateinisch

Umfang: [44] Bl., 947 S., [4] gef. Bl.

Format: Quart (20x16cm)

Bibliogr. Nachweis: VD17 23:304304C

Besitznachweis: UB I 252 802
NB 71 W 1

Signatur: Hw 114

Abbildung: Titelseite

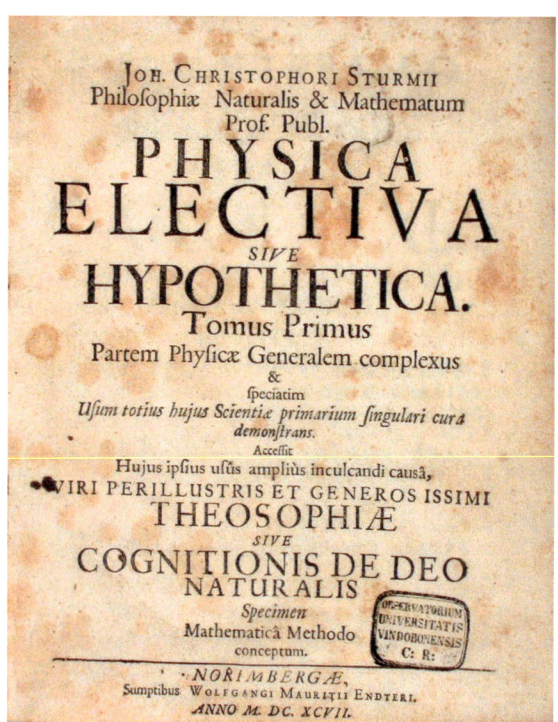

Hamberger, Georg Albrecht
(1662-1716)

1698

Titel: Hydraulica

2. Autor: Seidel, Andreas

Verfasserangabe: Sub Præsidio Georgii Alberti Hambergeri, Mathem. Profess. Ordinarii et Fac. Philos. P.T. Decani, ad d. VIII. Ianuar. MDCIIC publicæ disquisitioni subiicit Andreas Seidel, Culmbaco-Francus

Erscheinungsort: Jena

Druck: Gollner, Johann

Sprache: Lateinisch

Umfang: [2] Bl., [1] gef. Bl., 67 S.

Format: Quart (19x16cm)

Bibliogr. Nachweis: VD17 14:635216Q

Hochschulschr.: Univ. Jena, Diss., 1698

Signatur: Hw 189

Abbildungen: Titelseite
Hydraulische Maschinen

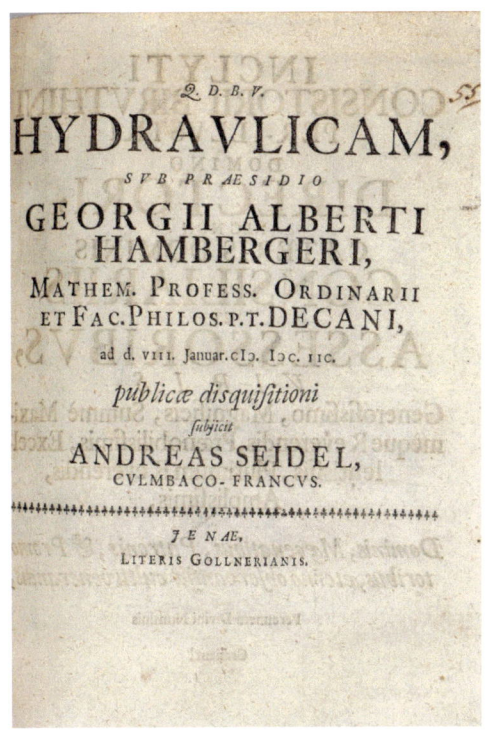

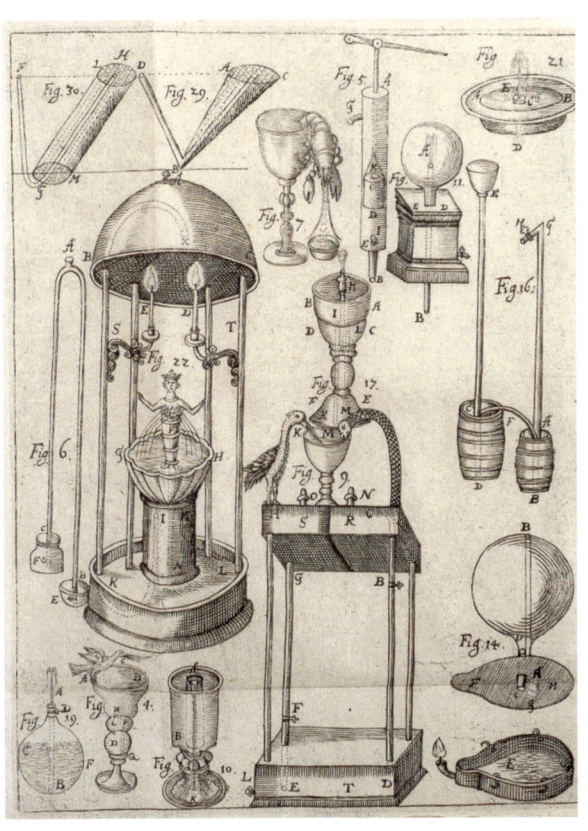

Hofmann, Andreas 1698
(fl. 17./18. Jh.)

Titel: <Divini Numinis Auspicio, Amplissimæ Facultatis Philosophicæ Lipsiensis Indultu> Disputatio Mathematica, Architecturæ Militaris Naturam et Potiorum Ejusdem Terminorum Nomenclaturam sistens

Verfasserangabe: Publicæ Eruditorum censuræ subjecta a M[agistro] Andrea Hofmanno, Erythropolitano-Franco

Erscheinungsort: Leipzig

Druck: Scholvien, Christian

Sprache: Lateinisch

Umfang: [18] Bl., [1] gef. Bl.

Format: Quart (19x16cm)

Bibliogr. Nachweis: VD17 12:138682D

Hochschulschr.: Univ. Leipzig, Disputation, 1698

Signatur: Hw 189

Abbildungen: Titelseite
Festungsplan

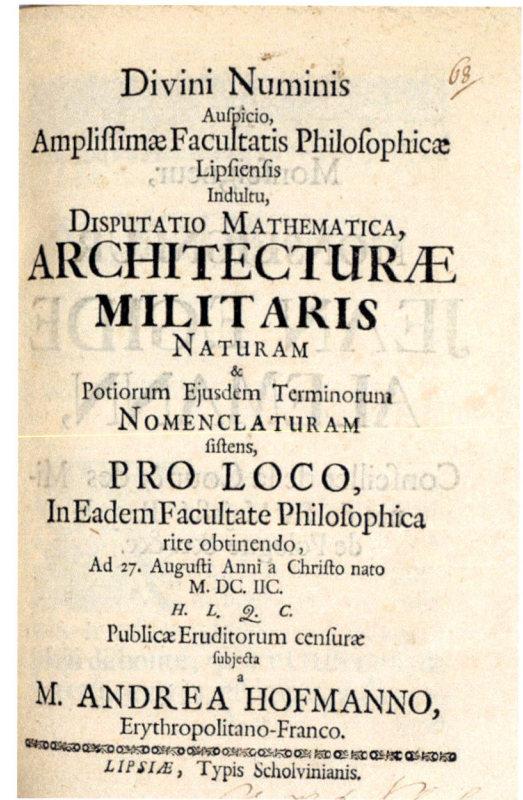

Autorenindex

Erstautor	Kurztitel	Jahr
Albinus, Bernhard	Dissertatio Algebräica De Radicum Extractionibus	1683
Alfonso	Astronomicæ tabulæ	1545
Anonym	Descriptio cometæ observati Viennæ a die 19. Decemb. 1664	1665
Anonym	Quadratura Circuli Crypto-Polygraphici	1674
Anonym	Clavis Quadraturæ Circuli Crypto-Polygraphici	1675
* Anonym	Betrachtung Und Bedencken Über Den im Monat December [...]	1681
* Anonym	Cometa Scepticus	1681
* Anonym	[...] Christliche Anordnung; Ein Buß-Lied von dem Comet-Stern	1681
* Anonym	Unmaßgebliches Bedencken Ob die Cometen [...]	1681
* Anonym	Sterbens-Begierde der [...] Stadt Schweidnitz	1681
* Anonym	Von der Cometen Bedeutung Christliches-Bedencken	1681
Apian, Petrus	Astronomicum Cæsareum	1540
Apian, Petrus	Cosmographia	1564
Argoli, Andrea	Ephemeridvm jvxta Tychonis hypotheses et coelo …	1638
Aristarchus	De magnitvdinibvs et distantiis solis et lvnæ liber …	1572
Bainbridge, John	Canicvlaria	1648
Bayer, Johann	Vranometria	1603
Bayer, Johann	Vranometria	1661
Birckenstein, Anton	Ertzherzogliche Handgriffe deß Zirckels und Linials, …	1686
Blaeu, Willem Janszoon	Institvtio Astronomica De usu Globorum & Sphærarum …	1655
Blancanus, Josephus	Constrvctio Instrvmenti ad Horologia Solaria describenda …	1635
Blancanus, Josephus	Sphæra mvndi sev cosmographia demonstratiua ac facili …	1635
Blebel, Thomas	De sphæra et primis astronomiæ rvdimentis Libellus	1603
Böckler, Georg Andreas	Theatrum machinarum novum…	1673
Brahe, Tycho	Astronomiæ Instauratæ Mechanica	1602
Brahe, Tycho	Historia Coelestis	1666
Brahe, Tycho	Astronomiæ Instavratæ Progymnasmata	1610
Brahe, Tycho	Epistolarvm astronomicarvm libri	1610
Brusch, Kaspar	Monasteriorvm Germaniæ Præcipuorum ac maxime illustrium …	1551
* Büthner, Friedrich	Astronomische und Astrologische Beschreibung …	1681
Campanella, Tommaso	Apologia pro Galileo, Mathematico Florentino	1622
Campanella, Tommaso	Astrologicorum Libri VII	1630
Cellarius, Andreas	Harmonia Macrocosmica	1661
Conring, Hermann	Disquisitio Politica De Prudentia Peregrinandi	1677
Cunelius, Georg	Opvscvlvm astrologicvm	1590
Cunitz, Maria	Urania propitia sive Tabulæ Astronomicæ mire faciles	1650
Dannewaldt, Matthias	Cometologia oder Historischer Discurs	1664
* Dannewaldt, Matthias	Wunder-neuer Glücks-Comet	1681
Dannhauer, Johann	Duorum Celebratissimorum Theologorum Judicia	1681
Dasypodius, Konrad	Heron mechanicus: Seu De Mechanicis artibus atque disciplinis	1580
Della Porta, Giambattista	Physiognomoniæ Coelestis Libri Sex	1645
Descartes, René	Les Principes De La Philosophie	1681
* Dieterich, Conrad	Kurtzes Gespräch von Den Cometen oder Strobel-Sternen	1681
Eber, Paul	Calendarivm historicvm	1571
Ehinger, Elias	Phoenomena et miracula solis	1641
Eisenmenger, Samuel	Libellus geographicus	1562
* Engelmann, Johann	Billiches Bedencken über Den von Novembr. des 1680sten [...]	1681
Euclides	Elementorum geometricorum libri XV	1546

⸺⸺⸺⸺⸺⸺⸺⸺⸺⸺

♦ Die Kurztitel sind in unkorrigierter Originalschreibweise wiedergegeben. Mit * gekennzeichnete Titel sind im Katalogteil nicht enthalten. Es handelt sich bei diesen Werken vornehmlich um (meist sehr kurze) Dissertationen oder Disputationen.

Erstautor *	Kurztitel	Jahr
Euclides	Elementorvm Euclidis Libri XV	1676
Everaert, Martin	Ephemerides novæ et exactæ	1597
Finck, Thomas	Geometriæ rotvndi Libri XIIII	1583
Fontana, Francesco	Novæ coelestivm terrestrivmq rervm Observationes	1646
* Freymuth, Gottlieb von	Gespräche Vom Ursprung Eigenschaften und Würckungen [...]	1681
* G. S. D.	Observationes, Und Kunstmässige Untersuchung [...]	1681
Galilei, Galileo	Istoria e dimostrazioni intorno alle macchie solari e loro accidenti	1613
Gassendi, Pierre	Institvtio astronomica	1647
Gassendi, Pierre	Tychonis Brahei, Equitis Dani, Astronomorum Coryphæi, Vita	1654
Gebhardi, Georg Christoph	De Harmonia Coelorum	1692
Gebhardi, Georg Christoph	De motu secundo stellarum	1692
Gebhardi, Georg Christoph	De Fulcro Terræ	1692
Gebhardi, Georg Christoph	De motu primo stellarum	1692
Gemma Frisius, Rainer	De principiis Astronomiæ et Cosmographiæ ; De Orbis divisione	1548
Georgius	Georgii Trapezuntii In Claudij Ptolemaei centum Aphorismos	1544
* Gerlach, Benjamin	Unvorgreifliches Urtheil von der Cometen Würckung	1681
Gregorius	Quadratura circuli	1647
Guldin, Paul	De centro gravitatis	1635
Hahn, Johann Philipp	Kurtz eilfärtiger Bericht von dem im Decembr. Anno 1664 [...]	1664
Hainlin, Johann Jacob	Clavis sacrorum temporum seu propositionum chronologicarum [...]	1641
Hamberger, Georg	Hydravlicam	1698
Havemann, Michael	Geometria compendiose adornata	1650
Hedraeus, Benedictus	Nova et accurata Astrolabii geometrici structura	1643
Herlitz, David	Kurtzer Discvrs vom Cometen unnd dreyen Sonnen	1619
Hevelius, Johannes	Selenographia: sive, lunæ descriptio	1647
Hevelius, Johannes	Epistolæ II.	1654
Hevelius, Johannes	Dissertatio, De Nativa Saturni Facie ejusq variis phasibus	1656
Hevelius, Johannes	Mercurius in Sole visus [...]; Venus in Sole pariter visa [...]	1662
Hevelius, Johannes	Prodromus Cometicus, Quo Historia Cometæ Anno 1664 [...]	1665
Hevelius, Johannes	Descriptio Cometæ Anno Æræ Christ. M.DC.LXV. Exorti	1666
Hevelius, Johannes	Cometographia	1668
Hevelius, Johannes	Machinæ Coelestis Pars Prior	1673
Hevelius, Johannes	Annus Climactericus Sive Rerum Uranicarum Observationum [...]	1685
Hevelius, Johannes	Firmamentum Sobiescianum Sive Uranographia	1690
Hofmann, Andreas	Divini Numinis Auspicio, Amplissimæ Facultatis Philosophicæ [...]	1698
* Honold, Jacob	Monitor hominum novissimus. Das ist: Kurtzer Bericht [...]	1681
Huygens, Christiaan	Horologivm.	1658
Huygens, Christiaan	Systema Satvrnivm.	1659
Kepler, Johannes	De Stella nova in pede serpentarii, ...	1606
Kepler, Johannes	Dissertatio cum nuncio sidereo ...	1610
Kepler, Johannes	Narratio de Observatis a se quatuor louis .satellitibus erronibus	1611
Kepler, Johannes	Epitome astronomiæ Copernicanæ	1618
Kepler, Johannes	Hyperaspistes	1625
Kepler, Johannes	Astronomia nova aitiológetos	1609
Kepler, Johannes	Tabulæ Rudolphinæ, ...	1627
Kirch Gottfried	Annus X. Ephemeridum Motuum Coelestium Ad Annum ... 1690	1690
Kirch, Gottfried	Neue Himmels-Zeitung	1681
Kircher, Athanasius	Iter Exstaticum Coeleste	1671
Kopernikus, Nikolaus	De lateribvs et angvlis triangulorum ...	1542
Kopernikus, Nikolaus	De revolvtionibvs orbium coelestium, Libri VI	1543
Kopernikus, Nikolaus	De revolvtionibus orbium coelestium ... narratio prima ...	1566
Langenstein, Heinrich von	Secreta sacerdotum	1505

Erstautor *	Kurztitel	Jahr
Lansbergen, Philips van	Triangvlorum geometriæ Libri qvatvor	1591
Lansbergen, Philips van	Tabvlæ motvvm coelestivm perpetvæ ...	1632
Lefèvre D'Etaples, Jacques	Introductorium astronomicum	1517
Letzner, Johannes	Wunder Spiegel / Das erste Buch	1604
* List, Nicolaus	Zetter-Schreyer/ In einer Cometen-Predigt/	1681
Longomontanus, Christian	Astronomia Danica	1622
Longomontanus, Christian	Astronomia danica	1640
Lubieniecki, Stanislaw	Theatrum Cometicum	1668
* M. Z. G.	Geistlicher Betrachtungs-Lust/ Oder Geistliche Außlegung/ ...	1681
Magini, Giovanni Antonio	Novæ Ephemerides Coelestivm Motvvm ...	1582
Magini, Giovanni Antonio	Ephemerides Coelestivm Motvvm ...	1582
Mästlin, Michael	Epitome Astronomiæ	1588
May, Theodor	ZornRuthe so der ewige Gott unseres Herrn und Heylandes ...	1619
Melanchthon, Philipp	Initia doctrinæ physicæ	1550
Memmo, Giovanni Maria	Tre libri della sostanza et forma del mondo	1545
* Mentzer, Balthasar	Kurtze Beschreibung Deß Erschröcklichen Cometen ... 1680....	1680
Mercator, Gerhard	Chronologia Hoc Est Svppvtatio Temporvm ...	1577
Mezzavacca, Flaminio	Ephemerides Felsineæ recentiores	1675
Moleti, Giuseppe	L'efemeridi di M. Gioseppe Moleto Matematico per anni XVIII	1563
Molina Cano, Juan Alfonso	Nova reperta geometrica	1620
Mulerius, Nicolaus	Tabulæ Frisicæ Lunæ-Solares quadruplices	1611
* Neumann, Caspar	Des Noah Regenbogen/ Und Der itzt Brennende Comet ..	1681
Newton, John	Astronomia Britannica	1657
Nicephorus	Logica	1498
Nuñez, Pedro	De Crepusculis liber unus ; De causis Crepusculorum Liber unus...	1542
Origanus, David	Ephemerides Novæ Annorvm XXXVI	1599
Origanus, David	Annorum posteriorum 30 incipientium ab anno Christi 1625	1609
Origanus, David	Novæ Motuum Coelestium Ephemerides Brandenbvrgicæ	1609
Ozanam, Jacques	Dictionnaire Mathematique Ou Idée Generale Des Mathematiques	1691
Ozanam, Jacques	Tables De Sinus Tangentes, et Secantes	1697
Peuerbach, Georg	Theoricæ Novæ Planetarum	1573
Peuerbach, Georg	Theoricae novae planetarum	1473
Peuerbach, Georg	Theoricæ novæ planetarvm ; Francisci Maurolyci computus	1581
Peuerbach, Georg	Theoriæ novæ planetarvm	1601
Peuerbach, Georg	Theoricæ Novæ Planetarum	1542
Peuerbach, Georg	Tabulæ Eclypsium ; Tabula primi mobilis Ioannis de Monteregio	1514
Picard, Jean	Voyage d'Uranibourg ou Observations astronomiques	1680
Pitatus, Petrus	Almanach novum	1552
Pitatus, Petrus	Almanach novum Petri Pitati Veronensis Mathematici	1544
* Praetorius, Johannes	Johannis Prætorii Quedlinburgensis Programma Natalitium	1680
Pseudo-Proclus Diadochus	Sphaera	1499
Ptolemaeus, Claudius	Almagestum C Ptolemei	1515
Ptolemaeus, Claudius	Omnia quæ exstant opera præter Geographiam	1551
Rantzau, Henrik	Horoscopographia	1585
Regiomontanus, Johannes	Tabulæ directionum profectionumque	1550
Regiomontanus, Johannes	Tabvlæ directionvm et profectionvm clarissimi viri [...]	1552
Regiomontanus, Johannes	Epytoma in Almagestum Ptolemaei	1496
Regiomontanus, Johannes	Kalendarium	1476
Reinhold, Erasmus	Prvtenicæ Tabvlæ coelestivm motvvm	1571
Reyher, Samuel	Euclidem Stoicheioten Dissertatione Historico-Mathematicâ [...]	1693
Riccioli, Giovanni Battista	Almagestvm Novvm Astronomiam Veterem Novamqve [...]	1651
Riccioli, Giovanni Battista	Astronomiae reformatæ tomi dvo	1665

Erstautor *	Kurztitel	Jahr
Riccioli, Giovanni Battista	Geographiæ et hydrographiæ reformatæ Nuper Recognitæ [...]	1672
Richer, Jean	Observations Astronomiques Et Physiques	1679
Roomen, Adriaan van	Specvlum astronomicvm sive Organvm forma mappæ	1606
Ryff, Walther Hermann	Bawkunst Oder Architektur	1582
Sacrobosco, Johannes von	Sphera materialis	1519
Sacrobosco, Johannes von	Libellvs De Sphæra, Accessit Eivsdem Avtoris Compvtvs	1545
Scheiner, Christoph	Rosa Vrsina sive Sol	1630
Scheiner, Christoph	Prodromvs pro Sole mobili, et terra stabili, contra academicvm	1651
Schimpffer, Bartholomaeus	Kurtze Beschreibung Deß dunckelen Cometen [...] Anno 1652	1652
Schorer, Christoph	Bedencken von dem Cometen deß 1652. und Erdbewegung	1653
Schott, Gaspar	Cursus mathematicus	1661
Schreckenfuchs, Erasmus	Commentaria in Nouas Theoricas Planetarum Georgii Purbachii	1556
Schreckenfuchs, Erasmus	Primum mobile	1567
* Schultze, Johann	Planeten-Himmel	1681
* Schultze, Johann	M. Johann Schultzens [...] Fortsetzung des Planeten-Himmelß	1681
Sperlette, Johann	De Hypothesibus Astronomorum Dissertatio	1697
Stadius, Johannes	Ephemerides novae, auctae et repurgatae [...] Ab anno 1554	1570
* Stattmann, Johann Jacob	Christliche Cometen-Betrachtung	1681
Stempel, Gerhard	Vtrivsqve astrolabii tam particvlaris qvam universalis fabrica et vsvs	1602
Stöffler, Johannes	Elvcidatio fabricæ vsvsq astrolabii	1513
Stöffler, Johannes	Almanach noua plurimis annis venturis inservientia	1507
* Strauch, Aegidius	Von der Weisen aus Morgenlande Alten/ und dem jetzigen	1681
Sturm, Johann Christoph	Philosophiæ Naturalis & Mathematum Prof. Publ. Physica electiva	1697
Sturm, Johann Christoph	Mathesis juvenilis tomus prior. Accessit consilium de mathesi	1699
Sturm, Johann Christoph	Cometa Nupervs	1681
Traber, Zacharias	Nervvs opticvs sive tractatus theoricus in tres libros opticam	1675
Trew, Abdias	Observationes des jüngst erschienenen Cometen	1653
Trew, Abdias	Denckwürdige und mehrentheils Neue Observationes	1653
Vergeri, Mario	Nvovo Givdicio sopra la maravigliosa cometa vedvta in Mantoua	1578
Vlacq, Adriaan	Tabulæ sinum, tangentium, et secantium, et logarithmi sinum	1681
* Voigt, Johan Heinrich	Cometa Matutinus et Vespertinus	1681
Volkmer, Tobias	Tabvlæ proportionvm angulorvm	1617
Weigel, Erhard	Speculum terræ, Das ist Erd-Spiegel	1665
Weigel, Erhard	Himmels-Spiegel	1681
Weigel, Erhard	Fortsetzung des Himmels-Spiegels	1681
Welper, Eberhard	Gnomonica, Das ist Gründtlicher Underricht und Beschreibung	1624
Zimmermann, Johann	Prodromus Biceps Cono Ellipticæ Et A Priori Demonstratæ	1679

Anmerkungen

[1] Georg von Peuerbach, *Theoricae novae planetarum*, Nürnberg 1473

Peuerbachs vielzitiertes Werk über die Planetentheorie – eigentlich eine von Regiomontan verfasste Niederschrift einer Vorlesung seines Lehrers – entstand etwa ein Jahr vor seinem Tod, im Jahr 1460.

Die *Theoricae novae planetarum* beruhen auf den geläufigen Lehren des Ptolemäus, ferner des Al-Battani, des Al-Farghani und des namentlich nicht bekannten Astronomen des Kalifen Al-Mammun. Das Wort „novae" im Titel bezieht sich also nicht auf eine dem Inhalt nach neue Planetentheorie, sondern soll nur zum Ausdruck bringen, daß es sich um die aktuellste lehrbuchmäßige Zusammenstellung des diesbezüglichen zeitgenössischen Wissensstandes handelt.

Peuerbachs Werk verdrängte nach und nach die bis dahin führenden Planetentheorie-Lehrbücher wie etwa die *Sphaera materialis* von Johannes de Sacrobosco (vgl. die Einträge zu Sacrobosco 1519 und 1545 im vorliegenden Katalog). Bis 1653 wurden die *Theoricae novae* nicht weniger als 56mal aufgelegt (vgl. hier die Katalogeinträge zu den Jahren 1542, 1556, 1573, 1581 und 1601). Sie avancierten damit zu einem der bedeutendsten naturwissenschaftlichen Bücher der Renaissance; auch Kepler und Kopernikus nahmen sie zur Grundlage für ihre Arbeiten.

Die Herstellung der Inkunabel ist das Verdienst von Peuerbachs Schüler Johannes Müller von Königsberg (Regiomontanus). Nachdem dieser den Hof des Ungarnkönigs Matthias Corvinus 1471 verlassen hatte, ließ er sich in Nürnberg nieder; das Niederlassungsrecht erhielt er dort am 29. November 1471 (zunächst befristet bis Weihnachten 1472). Eine Überlieferung aus späterer Zeit besagt, Regiomontanus habe seine Druckerei in der Karthäusergasse (im Bereich des heutigen Germanischen Nationalmuseums) betrieben. Um 1474 brachte er einen ambitionierten Publikationsplan seiner Druckerei heraus. Dieser trägt den Titel: „Hec opera fient in oppido Nuremberga Germanie ductu Ioannis de Monteregio". Die ersten beiden Einträge dieser langen Liste lauten: „Theorice nov[a]e planetarum Georgii Purbachii astronomi celebratissimi: cum figurationibus opportunis. / Marci Manlii astronomica." mit dem wichtigen Zusatz: "Hec duo explicita sunt" – diese beiden Bücher seien also bereits gedruckt.

Wie Aschbach in seiner *Geschichte der Universität Wien im ersten Jahrhunderte ihres Bestehens* (Wien 1865) schreibt, war Regiomontanus der Erste, der die Bedeutung der Erfindung des Buchdrucks für die Wissenschaft erkannte und sie besonders für Mathematik und Astronomie nutzbringend machte. Es versteht sich von selbst, daß im Rahmen dieses Unternehmens die Herausgabe bedeutender (teils unvollendet hinterlassener) Werke Peuerbachs eine zentrale Rolle spielte.

Lit.: G. Hamann (Hg.), Regiomontanus-Studien, Wien 1980; F. Samhaber, Die Zeitzither – Georg von Peuerbach und das helle Mittelalter. Raab 2000; H. Grössing (Hg.), Der die Sterne liebte – Georg von Peuerbach und seine Zeit, Wien 2002. – Eine kommentierte englische Übersetzung der Theoricae novae planetarum publizierte 1987 E. J. Aiton in der Zeitschrift Osiris (2nd series, 1987, Jg. 3, S. 5-44).

[2] Regiomontanus, *Kalendarium*, Venedig 1476

Regiomontanus ging in seinem 1474 erstmals veröffentlichten Kalender – er liegt in unserer Sammlung in einem 1476 von Erhard Ratdolt veranlaßten Nachdruck vor – bedeutend über die Kalenderrechnung des Johannes von Gmunden hinaus, indem er (nicht nur Uhrzeiten der Voll- und Neumonde, sondern auch) nach den besten damals bekannten Grundlagen die Mondphasen und mit ihnen die Sonnen- und Mondfinsternisse berechnete. Am Schluß dieses Werkes stellte er für die Jahre 1477 bis 1532 nicht weniger als 30 Fälle zusammen, in denen die kirchliche Osterberechnung nach Dionysius (*Dies paschalis iuxta usum ecclesiae*) bald um eine, bald um vier oder sogar um fünf Wochen von jenem Datum abwich, das gemäß den Grundsätzen, welche nach damals allgemeiner Ansicht bereits von den Vätern des Konzils von Nicaea (325) für die Berechnung des Ostersonntags aufgestellt worden waren, bei astronomisch einwandfreier Berechnung der Mondphasen und des Frühlingsäquinoktiums herausgekommen wäre (*Dies paschalis iuxta decreta patrum*). Vornehmlich aufgrund dieser seiner fundierten Kritik an der damals schon beinahe ein Jahrtausend alten Methode der Osterberechnung wurde Regiomontanus im Jahre 1475 von Papst Sixtus IV. zu Beratungen über die seit langem erfolglos diskutierte (und letztlich erst 1582 durchgeführte) Kalenderreform nach Rom berufen, wo er im Hochsommer des folgenden Jahres verstarb.

Die bezüglich der Berechnung des Osterdatums entscheidende Passage findet sich in unserer Ausgabe auf Bl. 29-30. Sie beginnt (Bl. 29^v) mit den Worten: „*Hic calendarii nostri clauderii nostri clauderemus usum, nisi quorundam de celebritate paschali dubitatio succureret* [...]". Im weiteren Verlauf dieser Stelle erklärt Regiomontanus, daß das Nicht-Festliegen des Frühlingsäquinoktiums im damaligen (vorgregorianischen) Kalender zu sehr frühen Osterdaten (z.B. 1484: 14. März) führen konnte, während die damalige offizielle Berechnung – unter einer gängigen Annahme über die zyklische Wiederkehr des Osterdatums – zu sehr späten Osterdaten führte (im selben Jahr 1484: 18. April – 35 Tage später als nach korrekter Berechnung). Die römische Amtskirche hat erst durch die gregorianische Kalenderreform den berechtigten Einwänden Regiomontans Rechnung getragen.

Lit.: Ferrari d'Occhieppo, Die Osterberechnung als Kalenderproblem von der Antike bis Regiomontanus. In: Regiomontanus-Studien. Hg. von Hamann. Wien 1980, S. 91ff. (Ferrari zitiert Regiomontans Kalendarium nach der Ausgabe von 1507, wo sich die oben erwähnte Stelle über die Berechnung des Osterdatums auf Bl. 25 findet.)

[3] Regiomontanus: *Epitoma in Almagestum Ptolemaei,* Venedig 1496

Das bereits erwähnte Druckerei-Programm Regiomontans von ca. 1474 (*Hec opera fient in oppido Nuremberga Germaniae ductu Ioannis de Monteregio*, vgl. oben S.175) enthält an vierter Stelle den Eintrag: *Magna compositio Ptolemei: quam vulgo vocant Almaeistum* [sic] *nova traductione*.

Es handelt sich bei den *Epitoma in Almagestum Ptolemaei* aber nicht bloß um eine Übersetzung des Ptolemäischen Almagest, sondern um eine kommentierte und verbesserte (an manchen Stellen auch gekürzte) lateinische Ausgabe. Georg von Peuerbach hatte das Editionsprojekt begonnen, konnte es aber nicht zu Ende führen. Im Frühjahr 1461, dem Tode nahe, bat er seinen Schüler Regiomontan, die Arbeit, welche Kardinal Bessarion in Auftrag gegeben hatte, zu Ende zu führen. Die Bücher 1-6 sind (nach Zinner) im wesentlichen Peuerbachs Werk, dagegen die Bücher 7-13 das Werk des Regiomontanus. Im siebenten Buch findet sich eine bedeutsame Bemerkung Regiomontans über die Präzession („... wenn wir den Sternen eine unbekannte Bewegung zuschreiben, so ist es nötig, die Sterne beharrlich im Auge zu behalten..."). Im neunten Buch findet sich u.a. eine interessante Überlegung zur Unbeobachtbarkeit von Venusdurchgängen infolge eines angenommenen Verhältnisses zwischen scheinbarem Sonnen- und Venusdurchmesser von 10:1 (unbeobachtbar ist unter dieser Annahme freilich bloß die Helligkeitsabnahme der Sonne von 1% während eines Transits und auch das nur bezogen auf die damals zur Verfügung stehender Mittel!). Wichtig ist weiters, daß Peuerbach und Regiomontanus jene Partien des *Almagest* erheblich verbesserten, welche sich auf die sphärische Astronomie beziehen.

Am Ende der Proposition XXII des fünften Buches findet sich folgender Satz: „Sed mirum est [...] in quadratura luna in opposito augis epicycli existente non tanta appareat: cum tamen si integra luceret: quadrupla opportet apparere ad magnitudinem suam, quae apparet in oppositione, cum fueret in auge epicypli." Peuerbach weist hier auf einen (übrigens schon von H. v. Langenstein bemerkten) wunden Punkt der Theorie des Ptolemäus hin: sollte doch nach dieser die Fläche, die der Mond am Himmel ausfüllt, während des Umlaufs um einen Faktor vier schwanken (bzw. der Winkeldurchmesser um einen Faktor zwei).

Zu den Lesern der *Epitoma in Almagestum Ptolemaei* zählten u.a. Kopernikus und Galilei, die hier ihre Kritik am geozentrischen Weltbild wenigstens in gewissen Andeutungen präfiguriert finden konnten.

Lit.: E. Zinner, Leben und Wirken des Johannes Müller von Königsberg, genannt Regiomontanus, Osnabrück 1968, S. 79-86. Vgl. auch F. Schmeidler, Einleitung zu: Joannis Regiomontani Opera Collectanea, Osnabrück 1972, p. XVI.

[4] Pseudo-Proclus, *Sphaera*, Venedig 1499

Der vorliegende Titel ist Teil (Blätter 369-376) eines von Julius Firmicus Maternus herausgegebenen Sammelbandes, welcher verschiedene Werke antiker Autoren enthält. Autor der Sphaera ist nicht Proclus Diadochus, sondern Geminos von Rhodos.

[5] Heinrich von Langenstein, *Secreta Sacerdotum*, Straßburg 1505

Da der Autor dieses Werkes heute der Allgemeinheit kaum mehr bekannt ist, im Spätmittelalter hingegen einen hohen Bekanntheitsgrad hatte, soll hier einiges über sein Leben und seine Werke in Erinnerung gerufen werden.
Heinrich Heinbuche von Langenstein (auch Heinrich von Hessen bzw. Henricus de Hassia genannt) kam 1383 von Paris (wo er magister artium und magister theologiae geworden war) nach Wien und übte hier bis zu seinem Tod im Jahr 1397 eine umfangreiche Lehrtätigkeit aus.
Zu der Zeit, als Langenstein seine Berufung auf einen theologischen Lehrstuhl an der Universität Wien annahm, war diese zwar eben um eine theologische Fakultät ergänzt worden, ihre Ausstattung war jedoch noch sehr schlecht. Der bereits zitierte J. Aschbach schreibt dazu (*Geschichte der Universität Wien* [...], a.a.O., S. 378f.): „Es gab kein besonderes Universitätsgebäude, man hatte keine Räumlichkeit für die Bücher, es war keine eigene Kirche der Hochschule angewiesen. Die Localitäten, welche für die Universität verwendet wurden, waren im schlechten Stande, so daß man nicht einmal gegen Wind und Regen darin sich geschützt fand: auch erwiesen sie sich nicht geräumig genug und schon ihre Lage mitten im Verkehr und Lärm der Stadt war für die Studien störend. Die Einkünfte der Lehrer waren nicht geregelt, und die Disziplin der Scholaren konnte nicht aufrechterhalten werden, solange dem Rector nicht die volle Gerichtsbarkeit [...] zustand." Langenstein, der diese Mißstände aufzeigte und zeitweise (1393/94) auch das Amt des Rektors innehatte, trug zur Verbesserung dieser Situation (nicht zuletzt auch der Gebäude-Ausstattung) bei. Besonderen Wert legte er auch auf eine gründliche Ausbildung der Studenten in den naturwissenschaftlichen Fächern; das Vorlesungsangebot und die Anforderungen bei den Prüfungen wurden erheblich erhöht, was das Niveau im Laufe der Zeit merklich hob.
Langenstein verfaßte eine große Zahl naturwissenschaftlicher, theologischer, politischer und volkswirtschaftlicher Werke in lateinischer Sprache – die meisten liegen nur als Manuskripte vor –, daneben aber auch deutsche Schriften. Er publizierte auch astronomische Schriften: So stammt von ihm eine anläßlich der Kometenerscheinung von 1368 entstandene Schrift *Quaestio de cometa*, in der er den Einfluß der Sterne und speziell der Kometen auf das menschliche Handeln bestritt (vgl. Hubert Przechlewski, Heinrich von Langensteins *Quaestio de cometa* und der astrologische Irrwahn seiner Zeit, Diss., Breslau 1924). In einer anderen Schrift wies er auf einen Widerspruch hin, der zwischen der ptolemäischen Planetentheorie und der astronomischen Wirklichkeit bestand. (Nach der Lehre des Ptolemäus müßte nämlich der scheinbare

Winkeldurchmesser des Mondes an gewissen Stellen seiner Bahn ungefähr doppelt so groß sein wie an anderen Stellen. Der Hinweis auf die augenfällige Unrichtigkeit dieser Aussage ist damals anscheinend nur von wenigen Gelehrten beachtet worden. Vgl. oben S. 177.)

Die vorliegende Schrift, *Secreta Sacerdotum*, reiht sich in Langensteins theologische Schriften ein, zu denen u.a. noch zählen: *De verbo incarnato*; *De contemptu mundi* (neu hg. in: Zeitschr. f. Kath. Theol. 29, 406-412); *De missa*; *De confessione*.

Lit.: Biographisch-Bibliographisches Kirchenlexikon, Verlag Traugott Bautz, Band II (1990), Sp. 679-681 sowie: Felix Schmeidler, Regiomontans Wirkung in der Naturwissenschaft. In: Regiomontanus-Studien. Hg. von Günther Hamann. Wien 1980, S. 75ff.

[6] Georg von Peuerbach, *Tabulae eclypsium*, Wien 1514

Die *Tabulae eclypsium* gelten als ein epochemachendes Werk der Astronomiegeschichte. Zinner schreibt über die Ausgabe von 1514: „Dieses von Tannstetter veröffentlichte Buch enthält die erste Ausgabe von Peuerbachs Finsternistafel und von Regiomontans Tabula primi mobilis, außerdem eine wichtige Zusammenstellung der Wiener Astronomen und die Vorrede des Andreas Stiborius (Stöberl) über seine deutschen astronomischen Zeitgenossen." (Geschichte und Bibliographie der astronomischen Literatur in Deutschland zur Zeit der Renaissance, Leipzig 1941, S. 147).

Die vorliegende Ausgabe wurde von Johann Winterburger (auch Winterburg) gedruckt, der zu den ersten in Wien tätigen Buchdruckern zählt. Winterburger ist ab 1492 in Wien nachweisbar, wohin er aus nichthabsburgischem deutschem Gebiet kam und wo er 1496 das Bürgerrecht erwarb (vgl. A. Durstmüller, 500 Jahre Druck in Österreich, 3 Bde, Wien 1982-1989).

[7] Johannes de Sacrobosco, *Sphera materialis*, Köln 1519

Diese Ausgabe der *Sphera materialis* – eine Übersetzung aus dem Lateinischen – ist das älteste deutschsprachige Werk im vorliegenden Katalog. Die *Sphaera materialis* (so der lateinische Originaltitel) wurde in der ersten Hälfte des 13. Jahrhunderts verfaßt, als Johannes de Sacrobosco in Paris Universitätslehrer war. Sie diente für mehrere Jahrhunderte als Lehrbuch zur Einführung in die Astronomie; noch Galilei hielt seine ersten Vorlesungen auf der Grundlage dieses Buches. J. Hamel schreibt dazu: „Fast alle Astronomen des 13. bis 17. Jahrhunderts hatten ihre Studien mit diesem Buch begonnen [...]." (in: Astronomiegeschichte in Quellentexten, Heidelberg – Berlin – Oxford 1996, S. 16). Neben unserer deutschen Übersetzung entstanden schon früh Übertragungen in zahlreiche andere Sprachen, so etwa ins Altisländische, Italienische, Französische und Spanische.

Lit.: J. Hamel: Die Vorstellung von der Kugelgestalt der Erde im europäischen Mittelalter bis zur Mitte des 13. Jahrhunderts – dargestellt nach den Quellen. Münster 1996.

[8] Peter Apian, *Astronomicum Caesareum*, Ingolstadt 1540

Der Name des Autors des *Astronomicum Caesareum* ist die latinisierte Form von "Bienewitz" oder "Bennewitz" (Biene = *lat.* apis). Dieses Buch ist eines der farbenprächtigsten in der astronomischen Literatur des 16. Jahrhunderts. Der Titel erklärt sich aus der Widmung an Kaiser Karl V.

Apian produzierte seine „Kaiserliche Astronomie" in seiner eigenen Druckerei in Ingolstadt. Einen besonderen Stellenwert haben in diesem Werk die handkolorierten Zeichnungen sowie mitgebundene Papierscheiben, welche die mechanische Durchführung astronomischer Rechnungen ermöglichen. Man könnte das Buch, so gesehen, als frühe und papierene Version eines astronomischen Computers bezeichnen.

J. Hamel schreibt über das *Astronomicum Caesareum*: „Apian zeigt darin u.a. Verfahren zur Bestimmung der Tageslängen, des Laufes der Planeten, der Sonne und des Mondes im Tierkreis in Länge und Breite, der Planetenaspekte, Mondphasen und Finsternisse, die Berechnung kalendarischer Grunddaten [...]. Darüber hinaus werden astronomische Instrumente vorgestellt, und sehr ausführlich geht er schließlich auf Beobachtungen der Kometen von 1531-1539 ein." (J. Hamel, Geschichte der Astronomie, 2. Aufl., Stuttgart 2002, S. 144).

[9] Nikolaus Kopernikus, *De revolutionibus orbium coelestium libri VI*, Nürnberg 1543

Owen Gingerich publizierte unlängst einen Katalog der noch greifbaren Exemplare von Kopernikus' *De revolutionibus* (*An Annotated Census of Copernicus' De Revolutionibus*, Leiden-Boston-Köln 2002). Dieser enthält 277 Einträge für die Erstausgabe von 1543 sowie 324 Einträge für die zweite Auflage (Basel 1566). Gingerich schätzt, daß insgesamt etwa 500 Exemplare der ersten Auflage und 500-600 Exemplare der zweiten Auflage produziert wurden. Dies würde bedeuten, daß immerhin etwa 55% der ursprünglich vorhandenen Exemplare erhalten geblieben sind.

Zum vorliegenden Exemplar wird von Gingerich (a.a.O., S. 5) bemerkt: „Glosses in a rather illegible hand, trimmed in the binding, ff. 5-7 and 10; many lines added to the diagram on f. 11; small notes on ff. 12v and 81. At the end of the author's preface is written *Autoritas et testimonium ex sacra Scriptura*, followed by five lines paraphrasing Genesis 1:20 and 24 to the effect that God said to the waters to be moved so that by this motion it would fill up the sea with fishes, but for the earth to *produce* terrestrial animals (not using the word ‚to be moved' because ‚the earth is a quiescent body'); no such distinction is found in the Latin Vulgate Bible." Die von Gingerich erwähnte, relativ unmotivierte Randglosse lautet, soweit entzifferbar: „*Autoritas et testi-*

monium ex Sacra Sriptura. Deus ad aquam dixit *moveri* aqua et ecce isto motu suo impletur mare piscibus et aer volentib[us]. De Animalib[us] terrestrib[us] alio verbo [...] deus dicit *producat* terra non dicit moveri - est enim terra Corpus immovens".
Eine weitere Glosse weist unser Exemplar als ein Geschenk eines gewissen Doktors beider Rechte Johann Pittner aus („*donavit D. Joan. Pittner J[uris] V[triusque] Matr[icu]lan[dus] tunc temporis*") – dieser dürfte also seine Immatrikulationsgebühr in From dieser Buchspende erlegt haben.

Lit.: O. Gingerich, An Annotated Census of Copernicus' De Revolutionibus, Leiden-Boston-Köln 2002.

[10] Euklid, *Elementa geometrica*, Basel 1546

Diese 1546 in Basel gedruckte Ausgabe von Euklids *Elementen* ist eine erweiterte Neuauflage der 1516 in Paris erschienenen Euklid-Übersetzung, die Faber Stapulensis (Lefèvre d'Etaples) herstellte. Sie stellt eine Parallel-Wiedergabe zweier Übersetzungen des Euklid ins Lateinische dar: jener des Giovanni Campano (Venedig 1482) und jener des Bartholomeo Zamberti (Venedig 1505). Den einzelnen Theoremen und Definitionen ist daher jeweils eine Überschrift von der Art „Euclides ex Campano", „Euclides ex Zamberto" usw. vorangestellt. Die Wendung auf der Titelseite „cum expositione Theonis" geht auf die irrige Annahme zurück, die Beweise zu den Theoremen des Euklid stammten von Theon von Alexandria.
In seiner kurzen Vorrede nimmt der Herausgeber und Verleger Johannes Hervagius auf die einige Jahre zurückliegende Edition des Faber Stapulensis bezug und schreibt, er habe dieser noch folgende Titel hinzugefügt: *Phaenomena*, *Specularia*, *Protheoria Marini* und *Data*. Diese kleineren Schriften finden sich in der vorliegenden Ausgabe auf den Seiten 483-503 (*Phaenomena*), 503-515 (*Specularia*), 537-543 (*Protheoria Marini*) und 544-587 (*Data* oder *Liber datorum*). Außerdem findet sich auf S. 516-536 noch das Werk *Optica*.
Auch Philipp Melanchton hat zu der vorliegenden Ausgabe eine – fünf Seiten umfassende – Vorrede beigesteuert. Diese ist mit August 1537 datiert.

Lit.: A.G. Kästner, Geschichte der Mathematik, 4 Bde., Bd. 1, Göttingen 1796, S. 306-312.

[11] Erasmus Reinhold, *Prutenicae Tabulae*, Tübingen 1571

Reinhold widmete diese Planetentafeln, die auf dem Hauptwerk des Kopernikus beruhen, seinem Gönner, dem Herzog Albrecht zu Preußen, und nannte sie ihm zu Ehren „Prutenicae Tabulae" (Preußische Tafeln).

Lit.: E. Zinner, Geschichte und Bibliographie der Astronomischen Literatur in Deutschland zur Zeit der Renaissance, Leipzig 1941, p. 216.

[12] Giovanni Antonio Magini, *Novae Ephemerides [...]*, Venedig 1582

Wie der Untertitel des Werkes – „Secundum clarissimi viri Nicolai Copernici hypotheses" – bereits sagt, beruhen diese Ephemeriden Maginis auf der Planetentheorie des Kopernikus; sie berücksichtigen außerdem bereits die Gregorianische Kalenderform.

[13] Walther Hermann Ryff, *Baukunst oder Architektur [...]*, Basel 1582

Dieses Buch ist das älteste ursprünglich auf Deutsch verfaßte (also nicht aus dem Lateinischen übersetzte, vgl. Sacrobosco 1519) Werk in der Sammlung der Universitätssternwarte. Es handelt sich jedoch nicht um ein Astronomie-Lehrbuch, sondern um ein Lehrbuch der angewandten Mechanik, Festungsbaukunst und Architektur.

[14] Michael Mästlin, *Epitome Astronomiae*, Tübingen 1588

Michael Mästlin – Anhänger der Kopernikanischen Weltsicht – übte als Lehrer Johannes Keplers entscheidenden Einfluss auf dessen wissenschaftliche Entwicklung aus. In seinem Werk von 1582, *Epitome Astronomiæ* (wir besitzen die überarbeitete Ausgabe von 1588) vertritt Mästlin wie auch sonst in seiner offiziellen Lehre das Ptolemäische Weltbild. Er hat aber Kepler in seinen Tübinger Lehrjahren ab 1589 offensichtlich entscheidend kopernikanisch geprägt. So hat er ihn z.B. auf die wahre Autorschaft des Vorwortes zu *De Revolutionibus* hingewiesen. Daß er in seiner *Epitome* das Werk des Kopernikus nicht würdigt, ja geradezu verschweigt und stattdessen Tycho Brahe als den neuen Ptolemäus tituliert, bleibt auch heute noch schwer nachvollziehbar.

Kepler selbst lehnte sich in seinem Werk *Epitome Astronomiae Copernicanae* (1618–21, siehe dort) mit dem Titel zwar Mästlins Werk von 1582 an, legte damit aber das erste zusammenfassende Lehrbuch seiner neuen Beschreibung der Planetenbewegungen vor. Es hatte großen Anteil an der Akzeptanz des neuen Weltbildes. Merkwürdig ist, daß selbst die letzte ergänzte Auflage von Mästlins *Epitome Astronomiae* von 1624 Keplers Ergebnisse vollkommen ignoriert.

[15] Johann Bayer, *Uranometria*, Augsburg 1603

Bayers 51 Sternkarten umfassender Himmelsatlas ist folgendermaßen aufgebaut: Die Sternkarten 1 bis 48 stellen je ein Sternbild gemäß der Beschreibung des Ptolemäus dar, die 49. Sternkarte die von den Holländern eingeführten Sternbilder am Südpol und die beiden letzten Sternkarten den nördlichen und südlichen Sternhimmel mit der Milchstraße.

Der Atlas, für den Bayer 150 Gulden vom Rat der Stadt Augsburg erhielt, enthält schöne Figuren der Sternbilder mit den eingezeichneten Sternen, die ihrer Größe nach unterschieden und mit griechischen oder lateinischen Buchstaben bezeichnet sind. Die Ränder zeigen die ekliptikalen Koordinaten. Die Rückseite der Sternkarten enthält die Aufzählungen der Sterne gemäß ihrer Größe mit Angabe ihrer Nummer und Ortsangabe bei Ptolemäus, ihres griechischen oder lateinischen Buchstabens und ihrer mit den Planeten verglichenen Farben.

Lit.: A.E. Zinner, Geschichte und Bibliographie der Astronomischen Literatur in Deutschland zur Zeit der Renaissance, S. 67.

[16] Johannes Kepler, *De stella nova in pede serpentarii* [...], Prag 1606

Die vorliegende Schrift besteht aus zwei Hauptteilen:
 1. *De stella nova in pede serpentarii*
 2. *De Jesu Christi Servatori nostri vero Anno natalitio*

Der erste Hauptteil handelt von jener Supernova, die im Oktober 1604 im Sternbild Schlangenträger beobachtet wurde; der zweite Hauptteil handelt vom wahren Geburtsjahr Christi.

Die Supernova von 1604 – „stella nova" war der zeitgenössische Ausdruck – wurde nicht von Kepler selbst, sondern von einem Beamten am Prager Hof, Johannes Brunowsky, entdeckt. Dieser erspähte am Abend des 10. Oktober 1604 in der Nähe der Planeten Mars, Jupiter und Saturn (welche gerade in Konjunktion standen) im Schlangenträger einen bislang unbekannten, sehr hellen Stern. Dies teilte Brunowsky Kepler am Montag, dem 11. Oktober 1604 mit. Kepler kommt das Verdienst zu, die rätselhafte Himmelserscheinung als Erster beschrieben und interpretiert zu haben, und zwar zunächst in der Schrift „Gründtlicher Bericht Von einem ungewohnlichen Newen Stern" (Prag 1604), dann in der ausführlicheren Publikation „De stella nova in pede Serpentarii" (Prag 1606). Aus diesen beiden Werken erfahren wir unter anderem, daß das neue Gestirn zunächst wesentlich heller erschien als Jupiter; daß es etwa ein Jahr lang freiäugig gesehen werden konnte (mindestens bis Oktober 1605); ferner, daß seine unmeßbar kleine Parallaxe wie im Falle der Tychonischen Supernova von 1572 den Schluß zuließ, daß es sich um ein Objekt der supralunaren Welt handelte. Besonderes Interesse verdient Keplers Schilderung der äußeren Erscheinung des neuen Sterns; er gebraucht dafür die Worte: „uti exemplo Adamantis multanguli, qui Solis radios inter convertendum, ad spectantium oculos, variabili fulgore revibraret" (Frei übersetzt: „wie ein facettenreicher Diamant, der die Sonnenstrahlen während seiner Drehung auf die Augen des Betrachters hin in veränderlichem Glanz zurückwarf").

Die Abhandlung über das Geburtsjahr Christi steht in folgendem Zusammenhang mit *De stella nova:* Im Jahre 7 v. Chr. Geb. fand ebenfalls eine Konjunktion der drei oberen Planeten (Mars, Jupiter, Saturn) statt, und zwar im Bereich der Sternbilder Fische und Widder. Kepler deutete diese „gewissermaßen als ein kosmisches Signal für den Anbruch des Zeitalters Christi, meinte jedoch, als Stern der Magier eine (hypothetische) Nova im Jahre 5 v. Chr. annehmen zu müssen." (nach Konradin Ferrari d'Occhieppo, Der Stern von Bethlehem, aus der Sicht der Astronomie beschrieben und erklärt, Stuttgart 1991, S. 147).

Zusätzlich beinhaltet *De stella nova* eine der bekanntesten Aussagen Keplers zur Astrologie, seine *Excusatio Astrologiæ*: „Quid ringeris delicatule Philosophe, si matrem sapientissimam, sed pauperem, stulta filia, qualis tibi videtur, naeniis suis sustentat et alit?" Die törichte Tochter Astrologie wird hier der vernünftigen Mutter Astronomie gegenübergestellt. Zu den weiteren astrologischen Bezügen dieser Arbeit sei auf den Nachbericht in Keplers Gesammelten Werken, Bd. 1 (1938), S. 441ff., verwiesen.

[17] Johannes Kepler, *Astronomia nova*, Heidelberg 1609

Die „Neue Astronomie, ursächlich begründet" (gr. *aitiologētos*) enthält die ersten beiden Keplerschen Gesetze, welche aus der Analyse von Tycho Brahes Beobachtungen des Planeten Mars gewonnen wurden. Über den Untertitel *Physica coelestis* bemerkt M. Caspar: „Es werden hier zum ersten Mal Naturgesetze in dem Sinn, den man mit diesem Begriff bis in unsere Zeit hinein verbunden hat, unter Anwendung der neuen induktiven Methode gewonnen und mathematisch formuliert, und es wird eine neue Wissenschaft grundgelegt, die *Himmelsmechanik*." (in: Bibliographia Kepleriana, München 1936, S. 54).

Keplers *Astronomia nova* wurde aufgrund finanzieller Schwierigkeiten und infolge von Streitigkeiten mit Tycho Brahes Erben erst mehrere Jahre nach ihrer Fertigstellung, welche nach Caspar bereits um 1605 erfolgt war, publiziert.

[18] David Origanus, *Annorum posteriorum 30 incipientium ab anno Christi 1625 & desinentium in annum 1654, Ephemerides Brandenburgicæ coelestium motuum et temporum*, Frankfurt an der Oder 1609

Die *Ephemerides Brandenburgicæ* des David Origanus beruhen wenigstens teilweise auf der Planetentheorie des Kopernikus, d.h. sie sind bereits heliozentrisch gerechnet, aber natürlich noch ohne die Annahme einer Elliptizität der Planetenbahnen. Dies geht aus dem Titel insofern hervor, als es darin heißt „calculo duplici, Tychonico et Prutenico".

Das mehrbändige Werk, dessen zweiter Band „Annorum posteriorum 30 incipientium ab anno Christi 1625 [...]" ist (der erste Ephemeridenband bezieht sich auf die Jahre 1595-1624), enthält auch eine Fülle von Informationen über das Kalenderwesen der Griechen, Römer und anderer Völker.

Wie aus dem Widmungsschreiben dieser Ephemeriden hervorgeht, schloß sich Origanus ungeachtet seiner Benutzung der kopernikanischen Hypothese dem ptolemäischen Weltbild an. So ist denn auch Ptolemäus auf den Titelseiten seiner Ephemeriden-Bände verewigt (am linken Seitenrand, während rechts Plinius abgebildet ist).

[19] Tycho Brahe, *Astronomiae Instauratae Progymnasmata*, Frankfurt a.M. 1610

Das Buch handelt unter anderem von der Tychonischen Supernova, wie der Zusatz zum Titel „Et Præterea De Admiranda noua [nova] Stella Anno 1572" bereits andeutet. Der Appendix zu diesem Werk (S. 817-822) und der Index stammen von Johannes Kepler, wie dieser in seinem Brief an Giovanni Antonio Magini vom 1. Februar 1610 mitteilt (siehe auch M. Caspar, Bibliographia Kepleriana, p. 45). Wörtlich heißt es bei Kepler: „Appendicis ad Progymnasmata ipse author sum" (zit. nach den „Annotationes Editoris" zu Bd. 3 der Tycho-Werkausgabe: Tychonis Brahe Dani Opera Omnia, hg. von J.L.E. Dreyer, Kopenhagen 1916, p. 406.)

Die Publikation der *Progymnasmata* war übrigens die erste wissenschaftliche Arbeit Keplers nach Tychos Tod. Der Abschnitt über die Theorie der Mondbewegung war noch nicht gedruckt, doch lagen die Holzschnitte und der Text als Manuskript bereits vor. Ein Nachwort erschien wünschenswert, um die Entstehungsgeschichte des Buches zu erklären; Kepler schrieb dieses sogleich. Er erläutert, wie Tychos Bestreben, in dem Buch seine neuesten Erkenntnisse zu präsentieren, dazu geführt hatte, daß einige Abschnitte gedruckt worden waren, bevor andere auch nur in Manuskriptform vorgelegen hatten. Einige Diskrepanzen, die sich daraus hinsichtlich der Mondbewegung ergaben, werden von Kepler aufgezeigt.

Interessant ist auch, daß Kepler auf den erst kurz zuvor erkannten Umstand hinweist, daß die Exzentrizität der scheinbaren Sonnenbahn nur halb so groß ist wie in früheren Zeiten angenommen worden war.

Das Buch scheint – erstmals im Herbst 1602 – in einer Auflage von 1500 Exemplaren herausgebracht worden zu sein, wobei ein Großteil dieser Exemplare dem Buchhändler Gottfried Tampach in Frankfurt verkauft wurden, der im Jahre 1610 eine „Neuauflage" (mit einer neuen Titelseite und einem Neudruck der ersten sechzehn Seiten) herausbrachte. (Nach: J.L.E. Dreyer: Tycho Brahe. A Picture of Scientific Life and Work in the Sixteenth Century, Edinburgh 1890, S. 368f.)

[20] Tycho Brahe, *Epistolarum astronomicarum libri*, Frankfurt a.M. 1610

Dieser Band enthält die Korrespondenz Tycho Brahes. J.L.E. Dreyer schreibt in „Tycho Brahe. A Picture of Scientific Life and Work in the Sixteenth Century" (Edinburgh 1890) zum Zustandekommen der *Epistolae*, die Ausgabe der *Astronomiae Instaura-*

tae Progymnasmata von 1610 (s.u.) sei meist zusammengebunden mit dem ersten (und einzigen) Band der *Epistolae* und mit einer neuen Titelseite ausgestattet.

Der Verleger Tampach hatte wahrscheinlich die schon gedruckten *Epistolae* nach dem Tode des bekannten Nürnberger Druckers Levin Hulsius erworben. Diesem hatten, wie es scheint, Tychos Erben dessen Briefe verkauft. Einige Exemplare der Epistolae tragen daher den Erscheinungsvermerk: ‚Norimbergae, apud Levinum Hulsium MDCI.'

[21] Johannes Kepler, *Dissertatio cum nuncio sidereo* [...], Florenz 1610

Galilei hatte Anfang 1610 seine berühmte Schrift *Sydereus Nuncius* in Venedig publiziert. Darin machte er die auf seinen ersten teleskopischen Beobachtungen beruhenden Entdeckungen bekannt (Mondgebirge, Bestehen der Milchstraße aus einzelnen Sternen, Phasen der Venus, Existenz von vier Jupitermonden, welche heute die Galileischen genannt werden).

Kepler rezipiert in seiner *Dissertatio cum nuncio sidereo* Galileis Entdeckungen durchaus anerkennend – als einer der wenigen Gelehrten seiner Zeit. Die Dissertatio wurde innerhalb weniger Tage im April 1610 in Form eines fiktiven Briefes abgefaßt (daher auch der Titel „Unterredung [...]"). M. Caspar urteilt (Bibliographia Kepleriana, p. 58): „So ist diese Schrift unter dem unmittelbaren Eindruck der Galileischen Entdeckungen verfaßt worden und man spürt auf jeder Seite die starke Erregung im Geiste Keplers, der von einem leidenschaftlichen Drang nach Erkenntnis besessen war [...]. Er [Kepler] schaut rückwärts in die Geschichte der Optik und vorwärts in Erwartung neuer Entdeckungen, wobei er bei aller Anerkennung für Galileis Leistungen [...] dessen bisweilen zu weit gehende Ansprüche in die Schranken zu weisen sich veranlaßt sieht. Er geht der Wirkungsweise des Fernrohrs nach und kann es nicht erwarten, selber mit dem Wunderinstrument vertraut zu werden. [...] Er ist befriedigt, aus den neuen Entdeckungen ein Argument gegen die Lehre Giordano Brunos von der Unendlichkeit der Welt ableiten zu können, er ist ‚beseeligt' durch die Erklärung des Phänomens der Milchstraße."

Zum Druck (Florenz 1610) ist noch zu bemerken, daß die vorliegende Auflage ein unautorisierter Nachdruck des Prager Erstdrucks ist.

[22] Johannes Kepler, *Narratio de Observatis a se quatuor Jovis satellitibus erronibus*, Florenz 1611

Die *Narratio* stellt eine Fortsetzung von Keplers positiver Rezeption der Galileischen Entdeckungen dar, wobei es hier speziell um die vier Jupitermonde geht. Bereits im Oktober 1610 war die *Narratio* fertig gedruckt; vgl. Keplers Brief an Galilei vom 25. Oktober jenes Jahres. Keplers Intention war es, durch den Bericht über eigene Beobachtungen der Jupitermonde und der Mondgebirge Galileis Beobachtungsbefunde zu bestätigen. Kepler hatte seine Beobachtungen zwischen Ende August und Anfang September 1610 angestellt, und zwar mit einem kleinen Teleskop, das ihm der Kurfürst Ernst von Köln zur Verfügung gestellt hatte (vgl. M. Caspar, Bibliographia Kepleriana, München 1936, S. 60).

Auch bei diesem Druck handelt es sich um eine zweite Auflage. Sie enthält die Epigramme, in welchen Kepler Galilei preist, im Unterschied zur Originalausgabe (die in Frankfurt gedruckt wurde) nicht.

[23] Johannes Kepler, *Epitome Astronomiae Copernicanae*, Linz 1618ff

Das am 10. Mai 1619 auf den *Index Librorum Prohibitorum* gesetzte kleinformatige Lehrbuch der kopernikanischen Theorie wurde von Kepler – in Anlehnung an das noch geozentrische Werk *Epitome Astronomiæ* (siehe dort) seines Lehrers Michael Mästlin – *Epitome Astronomiae Copernicanae* betitelt. Es enthält die erste systematische Darstellung des neuen Weltbildes, wurde in drei Teilen zwischen 1618 und 1621 publiziert und stützt sich im wesentlichen auf Keplers *Astronomia nova* von 1609 (siehe dort) und *Harmonices mundi* von 1619.

Keplers *Epitome* überträgt die Gesetze, die er ursprünglich für den Mars abgeleitet hatte, auf die anderen Planeten, einschließlich des Erdmondes und der neu entdeckten Monde Jupiters. Die auch noch bei Kopernikus vorhandenen Hilfskreise sind verschwunden, und das Sonnensystem zeigt sich erstmals in der heute geläufigen Form. Es war Keplers umfangreichste Arbeit und die bedeutendste systematische Darstellung der Astronomie seit dem *Almagest* des Ptolemäus. Angesichts dessen ist es bedauerlich, daß es von diesem Werk bis jetzt keine deutsche Übersetzung gibt.

Lit.: E. Zinner, Geschichte und Bibliographie der Astronomischen Literatur in Deutschland zur Zeit der Renaissance, Leipzig 1941; ders., Entstehung und Ausbreitung der Coppernicanischen Lehre, Erlangen 1943

[24] Tommaso Campanella, *Apologia pro Galileo*, Frankfurt a. M. 1622

Der italienische Philosoph Campanella, Anhänger Bernardino Telesios (1509-88), verfaßte seine „Verteidigung Galileis" im Jahre 1616 im Kerker von Neapel (fast 30 Jahre mußte Campanella, von der Inquisition in Gewahrsam genommen, im Kerker verbringen). Der Verfasser wollte damit jene Kreise in Rom, die er dem geozentrischen Weltbild gegenüber für aufgeschlossen hielt, dazu bewegen, den repressiven Maßnahmen gegen Galilei entgegenzuwirken.

Der Grundgedanke der *Apologia* ist, daß naturwissenschaftliche Untersuchungen der Offenbarung nicht widersprechen können, zumal die Natur ein lebendiges Buch Gottes ist. Außerdem sucht Campanella Autoritäten aus der Kirchengeschichte namhaft zu machen, deren Äußerungen zur Unterstützung des heliozentrischen Weltbilds herangezogen werden können. Eine weitere, rein philosophische Argumentation für den Heliozentrismus ist die folgende: Campanella knüpft an Telesios Hervorhebung des Gegensatzes von Wärme und Kälte im Universum an, interpretiert diese aber so um, daß die heiße Sonne im Zentrum des Universums stehen müsse, um das Bewegungsprinzip für den Umlauf der Planeten bereitstellen zu können.

Zum Druck der Schrift in Frankfurt am Main kam es dadurch, daß Campanella sie einem Besucher aus Deutschland, Tobias Adami, aushändigte, welcher sie dann drucken ließ.

Lit.: F. Volpi (Hg.), Großes Werklexikon der Philosophie, 2 Bde., Stuttgart 1999, Bd. 1, S. 258f.

[25] Christian S. Longomontanus, *Astronomia Danica*, Amsterdam 1622 und 1640

Longomontanus war ursprünglich Schüler Tycho Brahes und half diesem nicht nur bei dessen Beobachtungen, sondern trug auch nach dessen Tod sehr zur Verbreitung des Tychonischen Planetenmodells bei. In der *Astronomia Danica* nennt Longomontanus das kopernikanische Konzept absurd, er akzeptiert allerdings die Drehung der Erde um ihre Achse.

Lit.: E. Zinner, Entstehung und Ausbreitung der Coppernicanischen Lehre, Erlangen 1943

[26] Tommaso Campanella, *Astrologicorum Libri VII*, Frankfurt a. M. 1630

Dieses Werk erschien erstmals 1629 als *Astrologicorum Libri VI* in Lyon; die vorliegende Ausgabe wurde ein Jahr später in Frankfurt publiziert, gegenüber der Erstauflage erweitert um ein siebentes Buch „De fato syderali vitando". Campanella versucht darin, die Prinzipien der Astrologie, wie er sie versteht, mit den Lehren des Thomas von Aquin, des Albertus Magnus und mit der Heiligen Schrift in Einklang zu bringen.

[27] Christoph Scheiner, *Rosa Ursina*, Bracciano 1630

Die *Rosa Ursina*, eine der frühesten naturwissenschaftlichen Abhandlungen über die Sonne, entstand während Scheiners Rom-Aufenthalt (1624 bis 1633). Die Arbeit an diesem Buch wurde 1626 begonnen und 1630 abgeschlossen. Der merkwürdige Titel erklärt sich aus der Widmung des Werkes an den Herzog von Bracciano, Paulus Jordanus II aus dem Adelsgeschlecht der Orsini (Ursi).

Den Inhalt der *Rosa Ursina* hat Anton von Braunmühl in seiner Scheiner-Biographie relativ ausführlich dargestellt (*Christoph Scheiner als Mathematiker, Physiker und Astronom*, Bamberg 1891, S. 57ff.). Wir lesen dort: „[Das Werk] zerfällt in vier Bücher, von denen das erste [...] der Geschichte der Entdeckung [der Sonnenflecken] und der Verteidigung gegen *Galileis* Angriffe im Saggiatore gewidmet ist [Galilei hatte Scheiner des Plagiats bezichtigt], es enthält aber ausserdem ein Verzeichnis der Irrtümer die *Galilei*, wie *Scheiner* sagt, in seinen Briefen über die Sonnenflecken beging. Diese Irrtümer, welche in vierundzwanzig Punkten mit sichtlichem Behagen auseinandergesetzt werden [vgl. *Rosa Ursina*, S. 44], sind nun thatsächlich vorhanden und wurden von *Galilei* erst in den 1632 erschienenen Dialogen über die beiden Weltsysteme verbessert. *Scheiners* Zusammenstellung derselben versetzte *Galilei* in nicht geringen Zorn [...]." So schreibt Galilei in seinem Brief an Fulgenzio Micanzio vom 1. Dezember 1635: „Dieses Schwein, der boshafte Esel katalogisiert meine Irrtümer, welche die Folge eines einzigen Übersehens sind, das anfangs ihm ebenso wie mir passierte, nämlich die Vernachlässigung der sehr kleinen Neigung der Rotationsaxe des Sonnenkörpers gegen die Ebene der Ekliptik: ich entdeckte sie vor ihm, das weiss ich sicher, aber ich hatte erst in den Dialogen [Dialog über die beiden Weltsysteme] Gelegenheit, davon zu sprechen [...]" (zitiert nach der Übs. von Braunmühls). Auch wenn Galilei die Entdeckung der Neigung der Rotationsachse der Sonne gegen die Erdbahnebene seinem Kontrahenten Scheiner streitig macht, so ist zuzugestehen, daß Scheiner zuerst darüber publizierte und auch schon einen quantitativen Wert für diese ableitete, nämlich 7.5°, was ziemlich nahe am wahren Wert liegt.

Das zweite Buch der *Rosa Ursina* handelt von den optischen Hilfsmitteln, die Scheiner verwendete. Er gilt als einer der Ersten, die die später gängig gewordene Methode der Sonnenprojektion zur Anwendung brachten.

Das dritte Buch enthält das Beobachtungsmaterial, das Scheiner 1618-1627 sammelte. 70 große Sonnenbilder dokumentieren diese Beobachtungen. Sie zeigen u.a. die Gestalt der Sonnenflecken und Fackeln sowie deren Form- und Positionsveränderungen im Zuge der Rotation der Sonne.

Das vierte Buch beinhaltet die Theorie der Sonnenflecken und ihrer Bewegungen. Die zahlreichen Beobachtungen, die Scheiner durchgeführt hatte, brachten ihn von seiner ursprünglichen Ansicht, daß die Flecken gleichsam kleine um die Sonne kreisende Planeten seien, ab. Sie führten ihn zu der Überzeugung, daß sie am Sonnenkörper selbst haften. Eine unvermeidliche Schlußfolgerung daraus war, daß die Sonne um ihre Achse rotiert. Galilei hatte die Zeit dieser Bewegung auf ungefähr dreißig Tage angegeben, Scheiner erschloß aus seinem umfangreichen Material eine Dauer der synodischen Rotation von 27 Tagen. Für die Periode der siderischen Umdrehung ergeben sich daraus 25.33 Tage.

Die Rezeptionsgeschichte der *Rosa Ursina* wurde maßgeblich durch die Feindschaft zwischen Scheiner und Galilei präfiguriert. Nur relativ wenige Fachkollegen waren bereit, beide Gelehrte anzuerkennen. Unter jenen, die dies versuchten, war Pierre Gassendi. Er äußerte sich in einem Brief vom 1. November 1632 an Scheiner lobend über dessen Werk.

Lit.: Yallop B.D., Hohenkerk C., Murdin L., Clark D.H., 1982, „Solar Rotation from 17th Century Records", Quarterly Journal of the R.A.S. 23, 213 (auch zu: Johannes Hevelius: Selenographia, Danzig 1647)

[28] Argoli, Andrea, *Ephemeridum juxta Tychonis hypotheses et coelo deductas observationes,* Padua 1638

Andrea Argoli vertritt ein eigenes geozentrisches, dem Tychonischen verwandtes Weltbild, bei dem die inneren Planeten zwar die Sonne umkreisen, die äußeren jedoch die Erde als Zentrum ihrer Bewegung haben. Argoli, der die längste Zeit in Padua tätig war, hat einen besonderen Bezug zu Wien: Er hat sich höchstwahrscheinlich bei einem Wien-Aufenthalt im leider nicht erhaltenen „Federlhof" eine der ersten Sternwarten Wiens eingerichtet. Auch gibt es Hinweise darauf, daß Wallenstein ihn dort besuchte bzw. in astrologischen Angelegenheiten kontaktierte.

Lit.: Nora Pärr, Wiener Astronomen – Ihre Tätigkeit an Privatobservatorien und Universitätssternwarten, Diplomarbeit, Wien 2001

[29] Maria Cunitz, *Urania propitia*, Oels 1650

Maria Cunitz gilt als erste Autorin eines Astronomie-Lehrbuchs. Da es verhältnismäßig schwierig ist, zuverlässige biographische Informationen über sie zu erhalten, folgt hier eine kurze Skizze ihres Lebenslaufs und ihres Schaffens.
Cunitz wurde in Schweidnitz (Swidnica) in Schlesien am Anfang des 17. Jahrhunderts geboren (das genaue Jahr ihrer Geburt ist nicht bekannt). Schon in ihrer Jugendzeit hatte sie die alten und neuen Sprachen, Geschichte, Medizin und Mathematik gelernt. Nach Vollendung ihrer Studien widmete sie sich ganz der Astronomie und Astrologie. Etwa 1630 heiratete sie einen gewissen Elias von Löwen, einen schlesischen Aristokraten, der ihr Astronomie- und Mathematik-Stunden gegeben hatte. Um ihre Berechnungen durchzuführen, bediente sie sich, wie auch ihr Ehemann, der *Astronomia Danica* des Longomontanus; aber die beiden überzeugten sich bald davon, daß diese Tafeln nicht mit den Beobachtungen übereinstimmten, die sie selbst durchführten.
Keplers *Rudolfinische Tafeln* waren genauer; aber sie anzuwenden war schwierig wegen der darin verwendeten Logarithmen, die man oft korrigieren mußte. So beschlossen Cunitz und von Löwen, die *Astronomia Danica* ganz beiseite zu legen und Mittel zu finden, um die Keplerschen Tafeln in der Praxis leichter handhabbar zu machen.
Nachdem sie ein so großes Projekt begonnen hatten, zwang der Dreißigjährige Krieg das Ehepaar Cunitz, nach Polen zu flüchten. Dort wurden die beiden in einem Frauenkonvent aufgenommen, wo Maria Cunitz (die nach der Heirat ihren Namen behal-

ten hatte) ihre astronomischen Tafeln zusammenstellte, welche 1650 erschienen, in einem Folio-Band, in Oels (Oelsnica), Schlesien, und in Frankfurt, unter dem Titel *Urania propitia*, mit einer Einleitung in lateinischer Sprache und einer Widmung an den Kaiser Ferdinand III.

Von Löwen, der das Vorwort zu dem Werk verfaßt hatte, bekräftigt, daß dieses ganz von seiner Frau verfaßt worden sei und er es nur durchsehen und an einigen Stellen Korrekturen habe anbringen müssen; die Cunitz wiederum zitiert in ihrem Werk einige Beobachtungen ihres Mannes, und kündigt die Publikation von weiteren an. Sie kritisiert häufig die Tafeln von Lansbergen, dem sie vorwirft, sich entgegen der Wahrheit angemaßt zu haben, daß diese den Beobachtungen aller Zeiten entsprächen. Nach Lalande ist Maria Cunitz am 22. August 1664 in Pitschen verstorben.

Noch Christian Wolff rühmt in seinen *Anfangsgründen der mathematischen Wissenschaften* (dt. 1710) die Tafeln der Cunitz.

Lit.: Bibliografia universale antica e moderna, Vol. XIV, Venezia 1823, S. 293-294; Ingrid Guentherodt: Maria Cunitia: Urania Propitia. Intendiertes, erwartetes und tatsächliches Lesepublikum einer Astronomin des 17. Jahrhunderts. In: Daphnis, Zeitschrift für Mittlere deutsche Literatur, 20 (1991), S. 311-353. - Dies.: Kirchlich umstrittene Gelehrte im Wissenschaftsdiskurs der Astronomin Maria Cunitia (1604-1664): Copernicus, Galilei, Kepler. In: Religion und Religiosität im Zeitalter des Barock. Hg. von Dieter Breuer. Wiesbaden 1995, S. 857-872. – J. Lalande: Bibliographie Astronomique avec l'Histoire de l'Astronomie depuis 1781 jusqu'à 1802. Paris 1803.

[30] Christoph Scheiner, *Prodromus pro Sole mobili* [...], Prag 1651

Scheiners letztes Werk *Prodromus* sollte ursprünglich in Wien erscheinen, wo sich der Astronom 1633-39 aufhielt und wo das Buch auch vollendet wurde. Infolge von Kriegswirren konnte es jedoch überhaupt erst ein Jahr nach Scheiners Tod gedruckt werden. Wie aus der abgebildeten Titelseite ersichtlich, ist es Kaiser Ferdinand III. gewidmet.

Abgesehen vom Namen des Kaisers sticht auf dem Titelblatt jener des Galileo Galilei am meisten ins Auge. Diesen greift Scheiner auch hier (wie schon in seiner *Rosa Ursina*) scharf an. Beweisziel ist u.a. zu zeigen, daß aus der Rotation der Sonnenflecken um die von Scheiner entdeckte, etwa 7° gegen die Ekliptikebene geneigte Achse keineswegs zwingend auf die Richtigkeit des kopernikanischen Weltsystems geschlossen werden könne: Daher die Wendung „pro sole mobili et terra stabili" im Titel.

Die gezeigte Abbildung trägt die Aufschrift „Viennae. Maculae a reducis cursus secundus tempore pomeridiano Viennae in Austria observatus a P. Ioanne Battista Cysato Soc.[tis] Iesu anno 1629 ab 11. ad 22. Augusti in ordinem vero digestus et cursui Romano collatus atque inventus similis a P. Christophoro Scheinero Romae in Domo Professa Soc.[tis] Iesu anno eodem." Scheiner vergleicht hier also von seinem

Schüler J.B. Cysat in Wien Mitte August 1629 gemachte Beobachtungen von Sonnenflecken mit solchen, die er selbst zur gleichen Zeit in Rom angestellt hatte.

[31] Christiaan Huygens, *Systema Saturnium* [...], Den Haag 1659

Das *Systema Saturnium* berichtet vornehmlich von Huygens' Entdeckungen betreffend den Ringplaneten Saturn und seinen Satelliten Titan. Das Buch ist Leopold von Medici („Leopoldo ab Hertruria") gewidmet.

Huygens legt zunächst (im Vorwort) dar, inwiefern seine Sicht des Saturnsystems die kopernikanische Theorie des Sonnensystems stütze. In weiterer Folge beschreibt der Autor seine Fernrohre und einige seiner früheren Beobachtungen – so etwa jene des Orionnebels (Abb. S. 8 des Huygensschen Buches, im Katalogteil wiedergegeben). Er gibt auch einen mit heutigen Messungen recht gut übereinstimmenden Wert für die Umlaufperiode des Titan an: 15 Tage, 23 Stunden und 13 Minuten (S. 30: „Fiuntque dies 15, horae 23, scr. 13. [...] Atque illud etiam medium tempus est quo nostri respectu ad apogaeum suum Saturni comes revertitur, sive quod cum Saturno bis conjugitur."). Schließlich geht Huygens dazu über, den Saturnring zu beschreiben und eine Erklärung dieses Phänomens zu versuchen. Entgegen vordem (u.a. von Hevelius) vorgelegten Hypothesen stellt er den Saturnring als eine feste Scheibenstruktur dar, die gravitativ an den Planeten gebunden sei, wobei die Äquatorebene der Scheibe ihre räumliche Lage relativ zum Planetenkörper nicht ändere. Das zeitlich wechselnde Erscheinungsbild des Saturnrings wird auf die Neigung der Saturn-Äquatorebene gegen die Ekliptik und die Umlaufbewegung des Saturn um die Sonne zurückgeführt.

Gegen Ende enthält Huygens' Buch noch Berichte über Beobachtungen der anderen Planeten und einen Versuch, deren relative Größen zu ermitteln (eine Aufgabe, die seit Kepler ungelöst geblieben war – vgl. auch Hevelius' Ausgabe des Horrocksschen Werkes *Venus in sole visa* von 1662, S. 192 bzw. S. 123).

Huygens' 1659 publizierte Saturnring-Hypothese wurde nicht sofort von der Fachwelt akzeptiert, doch um 1670 begann die Zustimmung zu überwiegen. Was allerdings – wie wir seit den theoretischen Arbeiten von Laplace und Maxwell wissen – der Korrektur bedurfte, war die Vorstellung eines festen, dicken Ringes. Einen ersten Hinweis darauf, daß der Saturnring nicht ein in sich zusammenhängender Festkörper sei, lieferte bereits Domenico Cassinis Entdeckung der nach ihm benannten Ringteilung (1675).

Lit.: A. van Helden, Saturn and His Anses, Journal for the History of Astronomy 5 (1974), 105; Ders.: „Annulo Cingitur": The Solution of the Problem of Saturn, Journal for the History of Astronomy 5 (1974), 155; A.F. O'D. Alexander, The Planet Saturn. A History of Observation, Theory and Discovery. London 1962.

[32] Johannes Hevelius, *Venus in Sole pariter visa*, Danzig 1662

Als Beilage zu einem Werk des Hevelius, das seine Beobachtungen eines Merkurtransits und anderer Himmelsphänomene beschriebt, stellt *Venus in Sole visa* die kommentierte Erstveröffentlichung der historisch ersten Beobachtung eines Venustransits dar – nämlich jender von *Jeremiah Horrox* im Jahre 1639. Bemerkenswert sind die vielen ergänzenden Bemerkungen des Herausgebers, die sich an die einzelnen Kapitel anschließen. Sie vermitteln ein vielfältiges Bild dieser ersten „internationalen" Rezeption des Schaffens des so jung verstorbenen englischen Astronomen. Horrox, Autodidakt, früher Kenner und einer der ersten Verehrer Keplers auf den Britischen Inseln, berichtet detailliert über seine denkwürdigen Beobachtungen und diskutiert auf sehr moderne Weise mögliche Fehler und Irrtümer. Dabei werden auch die Vorhersagen der unterschiedlichen Planetentheorien bzw. der daraus abgeleiteten Ephemeriden verglichen.

Hevelius kommentiert nun in seinen *Notae* die Ausführungen und Ergebnisse von Horrox. Nicht alle von diesen Anmerkungen halten einer heutigen kritischen Überprüfung stand, doch stellt dieses Werk einen hervorragenden Überblick über viele wesentliche astronomische Probleme des 17. Jahrhunderts dar, so etwa: Größenverhältnisse im Sonnensystem, wahre Bewegungsformen der Planeten, Natur der Sonnenflecken, optische Wirkung von Planetenatmosphären, Physiologie des beobachtenden Auges bis hin zum Wechselspiel von Theorie und Beobachtung.

Lit.: Th. Posch, F. Kerschbaum, Kepler, Horrocks, Hevelius und der Venustransit von 1631, Acta Universitatis Carolinae – Mathematica et Physica, Vol. 46, 2005

[33] Giovanni Battista Riccioli, *Astronomia reformata*, Bologna 1665

G. B. Riccioli, Mitglied des Jesuitenordens, gab sich als Geozentriker (siehe auch die Abbildungen zu Riccioli 1651 im Katalogteil). Dennoch zollte er auch den heliozentrisch arbeitenden Astronomen Anerkennung und bezog sich in seiner *Astronomia reformata* auch auf deren Beobachtungen. Gemeinsam mit seinem Ordensbruder Francesco Maria Grimaldi beobachtete er u.a. den Mond und schuf die Grundlagen für die Nomenklatur der Mondkrater und sonstigen Strukturen der Mondoberfläche.

Trotz seiner erklärten Gegnerschaft zur Theorie des Kopernikus benannte er einen sehr auffallenden Mondkrater nach diesem; auch andere größere Krater wurden nach prominenten Heliozentrikern benannt (Kepler, Galilei und Lansbergius). Noch merkwürdiger ist, daß jene Krater, die Grimaldi und Riccioli nach ihnen selbst benannten, gleichfalls – wie *Copernicus, Keplerus, Galilaeus* und *Lansbergius* – im „8. [ostsüdöstlichen] Oktanten" der uns zugewandten Mondhemisphäre liegen, hingegen andere nach jesuitischen Astronomen benannte Mondkrater (z.B. Scheinerus) in räumlicher Nähe zum Krater Tycho.

Zu Ricciolis weiteren Werken zählen: *Geographiae et hydrographiae reformatae libri* (1661), *Chronologia reformata* (1669) und *Tabula latitudinum et longitudinum* (postum 1689 erschienen).

[34] Stanislaw Lubieniecki, *Theatrum cometicum*, Amsterdam 1667

Lubieniecki, ein polnischer Adeliger, beobachtete die großen Kometenerscheinungen von 1664 und 1665 von Hamburg aus. Er sammelte zahlreiche – in verschiedenen Sprachen abgefaßte – Berichte über diese beiden Kometen. Diese und einige prächtige Darstellungen der genannten Kometen füllen den fast 1000 Seiten starken ersten Band des *Theatrum cometicum*. Der zweite Band ist eine Zusammenfassung der Kometensichtungen *vor* 1664, die ebenfalls z.T. auf Originalberichten beruht. Der dritte, knapp 80 Seiten umfassende Band handelt – wie der Untertitel *De significatione cometarum* bereits andeutet – von der Bedeutung der Kometen in astrologischer Hinsicht.

Obwohl Lubieniecki Ansichtsexemplare an zahlreiche Fürstenhäuser sandte, blieb der Verkaufserfolg des insgesamt etwa 1500seitigen Folianten aus. Der Verfasser, dem Unitarismus anhängend, wurde als Häretiker angeklagt und verfolgt, sodaß er letztlich Hamburg verlassen mußte. Ob Lubienieckis Tod im Jahre 1675 eine Getreidepilzvergiftung oder ein Verbrechen zur Ursache hatte, gilt als ungeklärt.

Lit.: K.E. Jordt Jörgensen, Stanislaw Lubieniecki, Göttingen 1968

[35] Johannes Hevelius, *Machina Coelestis*, Danzig 1673

Dieses Buch beschreibt ausführlich die von Hevelius in seiner Danziger Sternwarte verwendeten Beobachtungsinstrumente (v.a. Winkelmeßinstrumente). U.a. enthält das Werk auch eine Abbildung, die Hevelius beim Beobachten mit seiner Gattin zeigt: eine der ersten überlieferten Darstellungen einer astronomisch tätigen Frau.

[36] Erhard Weigel, *Himmelsspiegel*, Jena 1681

Erhard Weigel, der an der Universität Leipzig 1647-50 Philosophie studiert hatte, wurde 1653 zum Mathematikprofessor an die Universität Jena berufen. Dort entfaltete er eine breite Wirksamkeit, und zwar nicht nur als Astronom und Mathematiker (Leibniz hörte bei ihm im Sommersemester 1663 Vorlesungen), sondern auch als Erfinder. So konstruierte er beispielsweise einen im Durchmesser 5.4m großen, von einer Armillarsphäre umgebenen drehbaren Himmelsglobus, unter dessen Wölbung meherere Personen Platz finden und am Tag einen künstlichen Sternhimmel bewundern konnten – es handelte sich also um eine (ausgerechnet in Jena entwickelte!) frühe Form eines Planetariums.

Da Weigel bei der Ausbildung seiner Studenten großen Wert auf praktische Beobachtungtätigkeit legte, veranlaßte er 1656 die Aufstockung des damalige Torgebäudes der Universität und die Errichtung einer Plattform für astronomische Beobachtungen. Diese Plattform ist – als kleiner Teil einer Gesamtdarstellung des Collegium Jenense, nach einem Kupferstich von J. Dürr – im *Himmelsspiegel* anschaulich (samt Weigel und seinen Studenten) dargestellt.

Weigels Weltbild war noch ein geozentrisches, wobei er näherhin – wie nach J. Dorschner mit einiger Wahrscheinlichkeit aus dem *Himmelsspiegel* geschlossen werden kann – die Tychonische Variante desselben bevorzugte. Bezeichnend ist in diesem Zusammenhang, daß Weigel, obwohl er große Wertschätzung für Kepler hegte, in seinen Lehrbüchern die Keplerschen Gesetze nicht erwähnte.

Lit.: J. Dorschner, Erhard Weigel – ein Jenaer Universalgelehrter und früher Erfinder technischer Geräte. In: Jenaer Jahrbuch zur Technik- und Industriegeschichte, Bd. 6, Glaux Verlag 2004, S. 9-29; vgl. auch R.E. Schielicke, K.-D. Herbst und S. Kratochwil (Hrsg.): Erhard Weigel – 1625 bis 1699. Barocker Erzvater der deutschen Frühaufklärung. Thun und Frankfurt am Main 1999.

[37] René Descartes, *Les Principes de la Philosophie*, Paris 1681

Bei diesem Buch handelt es sich um eine französische Übersetzung des erstmals 1644 in Amsterdam erschienenen Werkes *Principia Philosophiae*. Dieses war während Descartes' Aufenthalt in den Niederlanden entstanden, welcher von 1629 bis 1649 dauerte.

Die *Principes de la Philosophie* bestehen aus vier Teilen: 1.) Metaphysischer Teil, handelnd von den Anfangsgründen der menschlichen Erkenntnis; 2.) Über die Prinzipien der körperlichen Dinge; 3.) Über die sichtbare Welt; 4.) Über die Erde. (Ursprünglich hätten noch ein fünfter und ein sechster Teil – über Tiere und Pflanzen sowie über den Menschen – hinzukommen sollen, doch diese kamen nicht zustande).

Der Grund dafür, daß dieses philosophische Werk in die Bibliothek der Wiener Universitätssternwarte Eingang fand, ist wohl primär in den Ausführungen des dritten Teils zu suchen. Darin entwickelt Descartes seine Ätherwirbeltheorie, welche dazu dienen soll, die Bewegungen im Sonnensystem mechanistisch – ohne die Annahme einer Fernkraftwirkung – zu erklären.

Lit.: F. Volpi (Hg.), Großes Werklexikon der Philosophie, 2 Bde., Stuttgart 1999, Bd. 1, S. 372f.

Literaturverzeichnis

- Adams, H. M.: Catalogue of books printed on the continent of Europe 1501-1600 in Cambridge libraries. 2 Bde., Cambridge (Cambridge Univ. Press) 1967 (zitiert als: Adams)

- Aiton, E. J.: Peurbach's Theoricae novae planetarum: A Translation with Commentary. In: *Osiris*. A Research Journal devoted to the History of Science and its cultural influences, Second series, Vol. 3 (1987), S. 5-44.

- Alexander, A. F. O.: The Planet Saturn. A History of Observation, Theory and Discovery. London 1962

- Aschbach, J.: Geschichte der Universität Wien im ersten Jahrhunderte ihres Bestehens, Wien 1865

- Bezzel, I. (Hg.): Verzeichnis der im deutschen Sprachbereich erschienenen Drukke des XVI. Jahrhunderts. Hrsg. von der Bayerischen Staatsbibliothek in München, Redaktion Irmgard Bezzel. Stuttgart 1983ff. (zitiert als: VD 16)

- Biografia universale antica e moderna, Venezia 1822ff.

- Biographisch-Bibliographisches Kirchenlexikon, Hamm (Verlag Traugott Bautz), 1975ff.

- Bohatta, J., Holzmann, M.: Adressbuch der Bibliotheken der Oesterreichisch-ungarischen Monarchie, Wien 1900

- Braunmühl, A.: Christoph Scheiner als Mathematiker, Physiker und Astronom, Bamberg 1891

- Caspar, M. (Hrsg.): Bibliographia Kepleriana. Ein Führer durch das gedruckte Schrifttum von Johannes Kepler. Im Auftrag der Bayerischen Akademie der Wissenschaften unter Mitarbeit von Ludwig Rothenfelder hrsg. von Max Caspar. München (C. H. Beck) 1936 (zitiert als: Caspar)

- Copinger, W.A.: Supplement to Hain's Repertorium Bibliographicum towards a new edition of that work, London 1895-1902 (3 Bde.; zitiert als: Hain-Coppinger)

- Dreyer, J.L.E.: Tycho Brahe. A Picture of Scientific Life and Work in the Sixteenth Century. Edinburgh 1890

- Dorschner, J.: Erhard Weigel – ein Jenaer Universalgelehrter und früher Erfinder technischer Geräte, in: Jenaer Jahrbuch zur Technik- und Industriegeschichte, Bd. 6, 2004, Glaux Verlag Christine Jäger KEG

- Durstmüller, A.: 500 Jahre Druck in Österreich. Die Entwicklungsgeschichte der graphischen Gewerbe von den Anfängen bis zur Gegenwart. 3 B., Wien 1982-89

- Ferrari d'Occhieppo, K.: Die Osterberechnung als Kalenderproblem von der Antike bis Regiomontanus. In: Regiomontanus-Studien. Hg. von Günther Hamann. Wien 1980, S. 91ff.

- Ferrari d'Occhieppo, K.: Der Stern von Bethlehem, aus der Sicht der Astronomie beschrieben und erklärt, 4. Auflage, Gießen 1994

- Frankfurt, S.: Die Universitäts-Bibliothek, in: Die Universität Wien. Ihre Geschichte, ihre Institute und Einrichtungen. Herausgegeben vom Akademischen Senat. Düsseldorf 1929, S. 73ff.

- Gingerich, O.: An Annotated Census of Copernicus' *De Revolutionibus* (Nuremberg, 1543 and Basel, 1566). Leiden/Boston/London 2002

- Grössing H. (Hg.): Der die Sterne liebte – Georg von Peuerbach und seine Zeit, Wien 2002

- Guentherodt, I.: Kirchlich umstrittene Gelehrte im Wissenschaftsdiskurs der Astronomin Maria Cunitia (1604-1664): Copernicus, Galilei, Kepler. In: Religion und Religiosität im Zeitalter des Barock. Hg. von Dieter Breuer. Wiesbaden 1995, S. 857-872

- Guentherodt, I.: Maria Cunitia: Urania Propitia. Intendiertes, erwartetes und tatsächliches Lesepublikum einer Astronomin des 17. Jahrhunderts. In: Daphnis, Zeitschrift für Mittlere deutsche Literatur, 20 (1991), S. 311-353

- Hamel, J.: Zentralkatalog alter astronomischer Drucke in den Bibliotheken der DDR, Berlin 1987 (zitiert als: Hamel)

- Hamel, J.: Die Vorstellung von der Kugelgestalt der Erde im europäischen Mittelalter bis zur Mitte des 13. Jh. – dargestellt nach den Quellen. Münster 1996

- Hamel, J.: Geschichte der Astronomie. 2. Aufl., Stuttgart 2002

- Handbuch der historischen Buchbestände in Österreich. Herausgegeben von der Österreichischen Nationalbibliothek. Bearbeitet von Wilma Buchinger und Konstanze Mittendorfer unter Leitung von Helmut W. Lang. Hildesheim/Zürich/New York 1994

- Haupt, H., Holl, P.: Datenbank Österreichischer Astronomen (1330-2000). CD-ROM. Wien (Verlag der Österreichischen Akademie der Wissenschaften) 2000

- Janzin, M., Güntner, J.: Das Buch vom Buch. 5000 Jahre Buchgeschichte. 2., verb. Auflage, Hannover 1997

- Jordt Jörgensen, K. E.: Stanislaw Lubieniecki. Zum Weg des Unitarismus von Ost nach West im 17. Jh., Göttingen 1968

- Kästner, A.G.: Geschichte der Mathematik, 4 Bde., Göttingen 1796ff.

- Kepler, J.: Gesammelte Werke, Hg. Von W. v. Dyck, M. Caspar u. F. Hammer, München 1937ff.

- Klebs, A.C.: Incunabula scientifica et medica, Hildesheim 1963 (zitiert als: Klebs)

- Lalande, J.: Bibliographie Astronomique avec l'Histoire de l'Astronomie depuis 1781 jusqu'à 1802. Paris 1803 (zitiert als: Lalande)

- Langenstein, H.: De contemptu mundi, neu hg. in: Zeitschr. f. Kath. Theol. 29 (1905) 406-412

- Österreichische Zentralbibliothek für Physik: Geschichte – Dokumente – Dienste. Hrsg. vom Verein für Informationsmanagement, Wien 2004

- Pärr, N.: Wiener Astronomen – Ihre Tätigkeit an Privatobservatorien u. Universitätssternwarten, DA, Wien 2001

- Posch, Th., Kerschbaum, F.: Kepler, Horrocks, Hevelius und der Venustransit von 1631, Acta Universitatis Carolinae – Mathematica et Physica, Vol. 46, 2005

- Przechlewski, H.: Heinrich von Langensteins *Quaestio de cometa* und der astrologische Irrwahn seiner Zeit, Diss., Breslau 1924

- Regiomontanus, J.: Hec opera fient in oppido Nuremberga Germanie ductu Ioannis de Monteregio (1473/74), in: Regiomontanus-Studien. Hg. von Günther Hamann. Wien 1980, S. 267ff.

- Samhaber, F.: Die Zeitzither – Georg von Peuerbach und das helle Mittelalter. Raab 2000

- Schielicke, R.E., Herbst, K.-D., Kratochwil, S. (Hrsg.): Erhard Weigel – 1625 bis 1699. Barocker Erzvater der deutschen Frühaufklärung. Thun un Frankfurt am Main 1999 (= Acta Historica Astronomiae, Vol. 7)

- Schmeidler, F.: Einleitung zu: Joannis Regiomontani Opera Collectanea, Osnabrück 1972

- Schmeidler, F.: Regiomontans Wirkung in der Naturwissenschaft. In: Regiomontanus-Studien. Hg. von Günther Hamann. Wien 1980, S. 75ff.

- Smyth, M. F., Smyth, M. J.: Supplement to the Catalogue of the Crawford Library of the Royal Observatory Edinburgh. Edinburgh (Royal Observatory) 1977

- Tychonis Brahe Dani Opera Omnia, Hg. Von J.L.E. Dreyer, Kopenhagen 1913ff.

- Van Helden, A.: Saturn and His Anses, Journal for the History of Astronomy 5 (1974), 105

- Van Helden, A.: „Annulo Cingitur": The Solution of the Problem of Saturn, Journal for the History of Astronomy 5 (1974), 155

- VD 17: Das Verzeichnis der im deutschen Sprachraum erschienenen Drucke des 17. Jahrhunderts. http://www.vd17.de

- Volpi, F. (Hg.): Großes Werklexikon der Philosophie, 2 Bde., Stuttgart 1999

- Yallop, B.D., Hohenkerk, C., Murdin, L., Clark D.H.: 1982, Solar Rotation from 17th Century Records, Quart. Journal of the Royal Astronomical Society 23, 213

- Zinner, E.: Geschichte und Bibliographie der astronomischen Literatur in Deutschland zur Zeit der Renaissance, Leipzig 1941 (zitiert als: Zinner, Renaissance)

- Zinner, E.: Entstehung und Ausbreitung der Coppernikanischen Lehre. Erlangen 1943 (unveränderter Nachdruck 1978)

- Zinner, E.: Astronomische Instrumente des 11. bis 18. Jh., München 1956

- Zinner, E.: Leben und Wirken des Joh. Müller von Königsberg genannt Regiomontanus, 2. Aufl., Osnabrück 1986 (zitiert als: Zinner, Regiomontanus)

Zeittafel

2005 jährt sich der Baubeginn der ersten Wiener Universitätssternwarte zum 250. Mal. Folgende Tabelle bietet eine Übersicht der Direktorate und der wichtigsten baulichen Veränderungen.

1755	Baubeginn	Erste Universitätssternwarte auf dem Dach des neuen Universitätsgebäudes	
5. April 1756	Eröffnung	Erste Universitätssternwarte	
1756-1792		P. Maximilian Hell SJ	*1721, †1792
1792-1817	Direktor	P. Franz de Paula Triesnecker SJ	*1745, †1817
1819-1840	Direktor	Joseph Johann Edler von Littrow	*1791, †1840
1840-1877		Carl Ludwig Edler von Littrow	*1811, †1877
15. Juni 1874	Baubeginn	Neue Universitätssternwarte auf der Türkenschanze	
5. Juni 1883	Eröffnung	Neue Universitätssternwarte durch Kaiser Franz Josef I	
1877-1908	Direktor	Edmund Weiß	*1837, †1917
1909-1928	Direktor	Joseph von Hepperger	*1855, †1928
1928-1938	Direktor	Kasimir Graff [17]	*1878, †1950
1941-1945	Direktor	Bruno Thüring [18]	*1905, †1989
1945-1949	Direktor	Kasimir Graff	*1878, †1950
1952-1962	Direktor	Josef Hopmann	*1890, †1975
1962-1979	Direktor	Josef Meurers	*1909, †1987
13. Sept. 1966	Baubeginn	L. Figl-Observatorium für Astrophysik am Mitterschöpfl, Niederösterreich	
25. Sept. 1969	Eröffnung	L. Figl-Observatorium für Astrophysik	
1979-1981	Vorstand	Karl Rakos	*1925
1981-1984	Vorstand	Werner M. Tscharnuter	*1945
1984-1986	Vorstand	Michel Breger	*1941
1986-1994	Vorstand	Paul Jackson	*1932
1994-	Vorstand	Michel Breger	*1941

(Quellen: Haupt, H., Holl, P.: Datenbank Österreichischer Astronomen, CD-Rom, Wien 2000 sowie Archiv und Personalakten der Universitätssternwarte Wien)

---

[17] 1938 wurde Graff von den Nationalsozialisten in den einstweiligen Ruhestand versetzt, da man ihm Unterschlagung vorwarf; ein von ihm beantragtes Disziplinarverfahren wurde abgelehnt. Der eigentliche Grund der Absetzung war aber wohl Graffs Herkunft und seine Ablehnung nationalsozialistischer Politik.

[18] Thüring trat 1930 in die NSDAP ein, 1933 in die SA. Er ist u.a. Verfasser der antisemitischen Schrift „Albert Einsteins Umsturzversuch der Physik". Thüring wurde 1949 von der bayerischen Spruchkammer als „Minderbelasteter" und „Mitläufer" eingestuft und nicht weiter verfolgt.

Gabriele Melischek / Josef Seethaler (Hrsg.)

Die Wiener Tageszeitungen

Eine Dokumentation
Bd. 4: 1938–1945
Mit einem Überblick über die österreichische Tagespresse der NS-Zeit

Frankfurt am Main, Berlin, Bern, Bruxelles, New York, Oxford, Wien, 2003.
530 S., zahlr. Abb. und Tab.
ISBN 3-631-39753-4 · br. € 79.50*

Der vierte Band des Werkes *Die Wiener Tageszeitungen* dokumentiert ausführlich die während der NS-Zeit (1938–1945) erschienenen Wiener Tageszeitungen und gibt darüber hinaus einen Überblick über die gesamte österreichische Tagespresse in diesem Zeitraum. Neben einem einführenden Beitrag zum Forschungsstand sind dem umfangreichen Datenmaterial Beiträge vorangestellt, die sich mit pressepolitischen und wirtschaftsgeschichtlichen Aspekten beschäftigen. Zwei weitere Beiträge sind der Wiener Ausgabe des *Völkischen Beobachters* gewidmet. Ein Namenindex seiner gezeichneten Artikel beschließt den Band.

Aus dem Inhalt: Hans Bohrmann: Fortschritt und Desiderate – In welchem wissenschaftlichen und politischen Kontext steht die Erforschung der Presse in der nationalsozialistischen Zeit heute? · Wolfgang Mueller: NS-Presselenkungsinstitutionen in Wien und ihre Leiter · Isabella Matauschek: Nationalsozialistische Kontrolle über die Wiener Zeitungsbetriebe 1938–1945 · Thomas Tavernaro: Die Wiener Zweigniederlassung des Eher-Verlags · Christian Oggolder: Zur redaktionellen Eigenständigkeit der Wiener Ausgabe des „Völkischen Beobachters" · Frank Khauer: Franz Ronneberger und die Wiener Ausgabe des „Völkischen Beobachters" · Gabriele Melischek/Josef Seethaler: Zur Entwicklung der österreichischen Tagespresse 1938–1945 · Susanne Fritsch/Gabriele Melischek/Josef Seethaler (Redaktion): Die Wiener Tageszeitungen 1938–1945 · Josef Seethaler: Die Tageszeitungen der österreichischen Bundesländer (ohne Wien) 1938–1945 · Christian Oggolder/Josef Seethaler: Namenindex der gezeichneten Beiträge in der Wiener Ausgabe des „Völkischen Beobachters"

Frankfurt am Main · Berlin · Bern · Bruxelles · New York · Oxford · Wien
Auslieferung: Verlag Peter Lang AG
Moosstr. 1, CH-2542 Pieterlen
Telefax 00 41 (0) 32 / 376 17 27

*inklusive der in Deutschland gültigen Mehrwertsteuer
Preisänderungen vorbehalten

Homepage http://www.peterlang.de